前 言 PREFACE

中国西南地区峨眉山玄武岩广泛分布，多形成深切峡谷地貌，往往被选为大型水电工程大坝坝位的理想场所。历史上峨眉山玄武岩大型高位远程滑坡造成了大量人员伤亡、财产损失以及深远的环境效应。而对于这类滑坡的孕育过程，目前在国内外缺乏较为深入系统的总结与研究，难以满足中国西南地区高位大型滑坡危险性的客观评价。因此，对于峨眉山玄武岩大型高位远程滑坡形成机制的研究，具有重要的科学和现实意义。

本书以峨眉山玄武岩大型高位远程滑坡为研究对象，运用遥感解译、现场大比例尺调查、室内试验以及数值模拟等研究手段，对滑坡分布特征、发育特征、地质类型、启动条件、运动演化过程等方面展开深入研究，在此基础上结合西南地区独特的地质环境条件、峨眉山玄武岩体的工程地质特性以及滑坡运动学的研究成果，对峨眉山玄武岩大型高位远程滑坡的形成机制进行了系统分析，取得了以下主要认识与进展：

（1）峨眉山玄武岩大型高位远程滑坡在西南地区高烈度高山峡谷区最为发育。滑坡在空间上主要沿大型河流的干流及其支流呈条带状密集成群分布，在研究区内主要形成 4 个分布区：金沙江上游及各级支流分布区（滑坡数量占比为 35%）、金沙江中下游及各级支流分布区（滑坡占比为 51%)、大渡河中游及各级支流分布区（滑坡占比为 9%)、大渡河下游及各级支流分布区（滑坡占比为 5%)。多孕育于顺层中倾、中缓倾斜坡结构的坡体中。

（2）西南地区峨眉山玄武岩由多个溢流旋回组成，如溪洛渡地区发育 14 个溢流层，具有巨厚层构造、岩体强度高、软硬相间的特点。强烈的构造改造致使峨眉山玄武岩多期褶皱叠加，切层节理及层间剪切错动发育；新构造期强烈内、外动力耦合，在玄武岩分布区形成地形反差极大的峡谷地貌，谷坡岩体强烈卸荷，河谷区凝灰岩水岩相互作用强烈，顺倾斜坡层间结合力大幅度降低。

（3）峨眉山玄武岩大型高位远程滑坡主要分为 3 种地质类型：隔挡式背斜翼部顺层滑坡、单斜中缓倾高位顺层滑坡和断层上盘顺层滑坡。

隔挡式背斜翼部顺层滑坡发育于隔挡式褶皱的背斜侧翼。由于峨眉山玄武岩属于脆硬性岩，褶皱作用在埋深数千米深度的脆韧性环境中完成，在背斜与向斜过渡带因产状突变形成折断带，平面及剖面 X 长大节理发育，将玄武岩切割成板状结构体。该带岩体破碎，溪流、沟谷沿该带发育，玄武岩顺层谷坡坡脚临空，岩体因坡脚蠕变发生顺层滑移，削弱层间结合力，强震事件最终造成岩体拉裂失稳。

单斜中缓倾高位顺层斜坡因层面倾角小于坡角，致使高位斜坡凝灰岩出露位置（潜在剪出口）与坡脚之间的高差达数百米，上部坡体在重力作用下沿凝灰岩向临空面顺层滑移，后缘拉裂，并受到卸荷风化、流水侵蚀等其他不利因素的耦合作用，最终在强震触发下发生大规模顺层高位滑坡。

断层上盘顺层斜坡坡脚有断层通过，坡脚临空后断层带受压塑性挤出，牵动斜坡岩体顺层滑移，大幅度削弱层间结合力，当与两侧长大结构面耦合形成侧裂面时，形成巨型顺倾板状结构体；在强震等外力作用下断层附近的岩体能够发生拉破坏，以压致-滑移-拉裂模式而形成大型高位滑坡。

（4）峨眉山玄武岩大型高位远程滑坡的形成机理：硬岩夹软岩的岩性组合，强烈的构造改造致岩体断层、节理及层间错动发育；活跃的新构造运动使变形、破裂的峨眉山玄武岩形成峡谷地貌，河谷应力场背景下岩体强烈卸荷及水-岩的反复作用，斜坡岩体顺层滑移、顺侧裂面剪切，层间联结力及斜坡岩体整体性遭到彻底破坏，分割的顺倾板状结构体在地震惯性力作用下突然失稳形成大型高位滑坡。因此，滑坡孕育经历了长期的"变形累积"和"触发失稳"两个阶段。变形破坏模式主要有折断-滑移-拉裂，滑移-拉裂，压致-滑移-拉裂三种类型，典型代表分别为马湖滑坡、矮子沟滑坡及脚盆坝滑坡。

玄武岩滑坡能够发生远程滑动，需要满足 4 个要素：滑坡体处于高位，具有较高的势能；滑源区存在原生结构面及构造结构面分割的结构体，岩体的碎裂化程度较高；解体后的颗粒近乎等轴状（球度好），缺乏细颗粒物质；滑坡体启程剧动后，颗粒间摩擦耗能偏弱，能够长时间保持高速运动。

（5）通过室内滑槽模型试验对高位滑坡碎屑流运动学特性进行研究：破碎程度较高的玄武岩碎屑颗粒具备较好的颗粒球度（研究区内颗粒球度值在 0.6 以上的碎屑颗粒占比约为 60%），球度良好的颗粒在运动过程中易发生弹跳和滚动现象，这种运动方式下颗粒与滑面的有效摩擦系数更低，并且在运动过程中具有动量传递作用，使玄武岩碎屑颗粒表现出更强的运动性，进而能够滑动更远的距离，滑坡的治灾范围也会更大。

（6）运用三维离散元数值模拟软件 3DEC 对滑坡运动堵江全过程进

行分析,可划分为四个连续的运动阶段:启程活动阶段、近程活动阶段、高速远程碎屑流阶段、堆积堵江阶段。研究结果表明,随着滑源区坡体高程的增加,斜坡水平及竖直向加速度均存在显著的放大效应,结构面附近地震加速度产生倍增效应(放大 6~7 倍),地震加速度的显著放大是地震诱发高位滑坡的主要原因。

  本书在编写过程中参考了大量文献资料,在此对相关作者表示衷心感谢。由于时间仓促,书中不足之处在所难免,敬请广大读者批评指正。

作 者

2021 年 12 月

目 录 CONTENTS

第1章 绪 论 ·· 1
  1.1 研究背景与研究意义 ·· 1
  1.2 国内外研究现状 ·· 5
  1.3 待解决的科学问题 ·· 16
  1.4 研究内容及技术路线 ··· 17
  1.5 主要创新点 ·· 19

第2章 区域地质背景 ·· 22
  2.1 研究区大地构造背景及构造演化史 ································ 22
  2.2 峨眉山玄武岩的时空分布及构造分区 ······························ 33
  2.3 峨眉山玄武岩的物理力学特性 ······································ 37
  2.4 本章小结 ·· 45

第3章 峨眉山玄武岩大型高位远程滑坡的发育规律 ····················· 47
  3.1 峨眉山玄武岩大型高位远程滑坡分布 ······························ 47
  3.2 峨眉山玄武岩大型高位远程滑坡发育特征 ························ 56
  3.3 峨眉山玄武岩大型高位远程滑坡的类型 ··························· 67
  3.4 本章小结 ·· 75

第 4 章 隔挡式背斜翼部顺层滑坡的孕育机制 …………………… 78
4.1 滑坡区的地质环境 …………………………………………… 78
4.2 马湖滑坡群的发育特征 ……………………………………… 91
4.3 马湖滑坡形成的控制因素分析 ……………………………… 105
4.4 马湖滑坡孕育机制分析 ……………………………………… 112
4.5 马湖滑坡的远程滑动机理分析 ……………………………… 118
4.6 本章小结 ……………………………………………………… 121

第 5 章 断层上盘顺层滑坡孕育机制 …………………………… 124
5.1 滑坡区的地质环境 …………………………………………… 124
5.2 滑坡分区及形态特征 ………………………………………… 133
5.3 滑坡发生的主控因素分析 …………………………………… 146
5.4 滑坡变形破坏机理分析 ……………………………………… 150
5.5 滑坡碎屑流远程滑动机理分析 ……………………………… 157
5.6 本章小结 ……………………………………………………… 168

第 6 章 单斜中缓倾高位顺层滑坡孕育机制 …………………… 172
6.1 滑坡区的地质环境概况 ……………………………………… 172
6.2 滑坡基本特征 ………………………………………………… 176
6.3 古堰塞湖沉积物特征 ………………………………………… 187
6.4 矮子沟滑坡形成条件 ………………………………………… 188
6.5 滑坡运动过程数值模拟 ……………………………………… 192
6.6 本章小结 ……………………………………………………… 202

第 7 章　峨眉山玄武岩大型高位远程滑坡危险性分析 ················ 204
　　7.1　峨眉山玄武岩大型高位远程滑坡的规模 ················ 205
　　7.2　峨眉山玄武岩大型高位远程滑坡的运动性 ············· 206
　　7.3　峨眉山玄武岩大型高位远程滑坡的灾害链效应 ········· 230
　　7.4　本章小结 ······························· 231
结　论 ··· 233
参考文献 ··· 238

第 1 章 绪 论

1.1 研究背景与研究意义

滑坡是全世界都普遍存在的地质灾害事件,其发生频率高、规模大、危害严重,引起了世界各国的广泛关注。地震和降雨是诱发滑坡发生的重要因素,特别是强震或者强降雨过后,往往能够造成众多大规模滑坡事件。大型滑坡往往位于高陡斜坡的上部,由于滑源区位于高位(拔河高度上百米),滑坡剪出口高于坡脚,滑坡具有极大的势能,称之为高位滑坡。在地震和降雨等内外动力地质作用下,斜坡上部高位岩体易于拉裂并产生滑动破坏,若地形容许,高位滑坡体能够转变成碎屑流继续沿沟或坡下运动几千米甚至数十千米,损坏公路、桥梁、隧道,掩埋村庄,堰塞河流,造成严重的后果。

我国西南地区地处青藏高原东南缘,该地区在新生代以来受到印度洋板块与欧亚板块碰撞的东构造侧向挤压的控制与影响,青藏高原持续隆升,地质构造复杂,地震频发;而且河流水系众多,由于河流长期侵蚀下切及强卸荷改造作用,广泛发育高山峡谷地貌。以上因素的综合作用,使得西南地区成为我国滑坡灾害发生的重灾区,而在高山峡谷区发生的滑坡往往能够转化为高速远程滑动的碎屑流,具有高位、高速、远程的特点。根据以往对滑坡灾害的研究表明,高位远程滑坡碎屑流灾害在我国西南深切河谷地区频频发生,因其具有超乎寻常的运动速度、超远的运动距离、高度的隐蔽性和突发性,会酿成灾难性的事故,成为我国西南地区危害最大的地质灾害。

中国西南地区峨眉山玄武岩（$P_2\beta$）广泛分布，在云南、贵州和四川三省的峨眉山玄武岩覆盖面积为 $30×10^4$ km^2，露头面积达 37 538 km^2。由于峨眉山玄武岩岩性坚硬、强度高，岩体常以高陡斜坡等天然地貌单元出现，经常成为大型水电工程的工程边坡及建基岩体。在西南地区的一些大型水电工程，如已建的大渡河铜街子水电站、雅砻江二滩水电站、雅砻江官地水电站、金沙江溪洛渡水电站、金沙江金安桥水电站、金沙江龙开口水电站，在建的金沙江白鹤滩水电站等均是以峨眉山玄武岩作为库岸边坡的（图1-1）。虽然峨眉山玄武岩强度高，斜坡岩体一般较为稳定，但是玄武岩具有特殊的岩性特征以及岩体力学特性，这类玄武岩高位坡体一旦失稳，往往能够发展为规模巨大的高速远程滑坡灾害。研究表明，峨眉山玄武岩是一套能够孕育大规模高位远程滑坡灾害的特殊岩系，历史上此类滑坡造成了大量人员伤亡和财产损失（各典型滑坡分布如图1-2所示）。例如：发生于1965年11月22日的云南省禄劝县马鹿塘公社烂泥沟滑坡，掩埋了4个村庄，造成444人死亡，灾害发生的过程持续不到10 min，是1949年以来在国内造成人员伤亡最严重的一次灾难性滑坡事件；发生在1991年9月23日的云南省昭通市盘河乡头寨沟滑坡，体积达到 $900×10^4$ m^3，摧毁多个自然村，216人在此次滑坡中丧生，整个灾害过程持续约3 min，滑体运动的最大距离约3.65 km，平均滑移速度约28 m/s，是世界范围内一起典型的大型灾难性高速远程滑坡事件；发生在2010年7月27日的四川省汉源县万工乡二蛮山大型滑坡碎屑流，最终造成20人失踪，97户房屋受损，1 500人被迫紧急转移；2014年云南省鲁甸县发生Ms6.5级地震，诱发了位于牛栏江支流沙坝河右岸的甘家寨大型滑坡，滑坡堵塞了沙坝河，致使甘家寨32户房屋和55名村民被掩埋。这类峨眉山玄武岩大型高位远程滑坡灾害规模巨大，往往阻塞河流，滑坡堵江后形成的堰塞湖对下游地区构成了严重的威胁，堰塞湖溃决后产生的突发性洪水能够造成灾难性的后果。在地质历史过程中，有些滑坡坝曾经保存长达数十年甚至更长时间，其形成发展对区

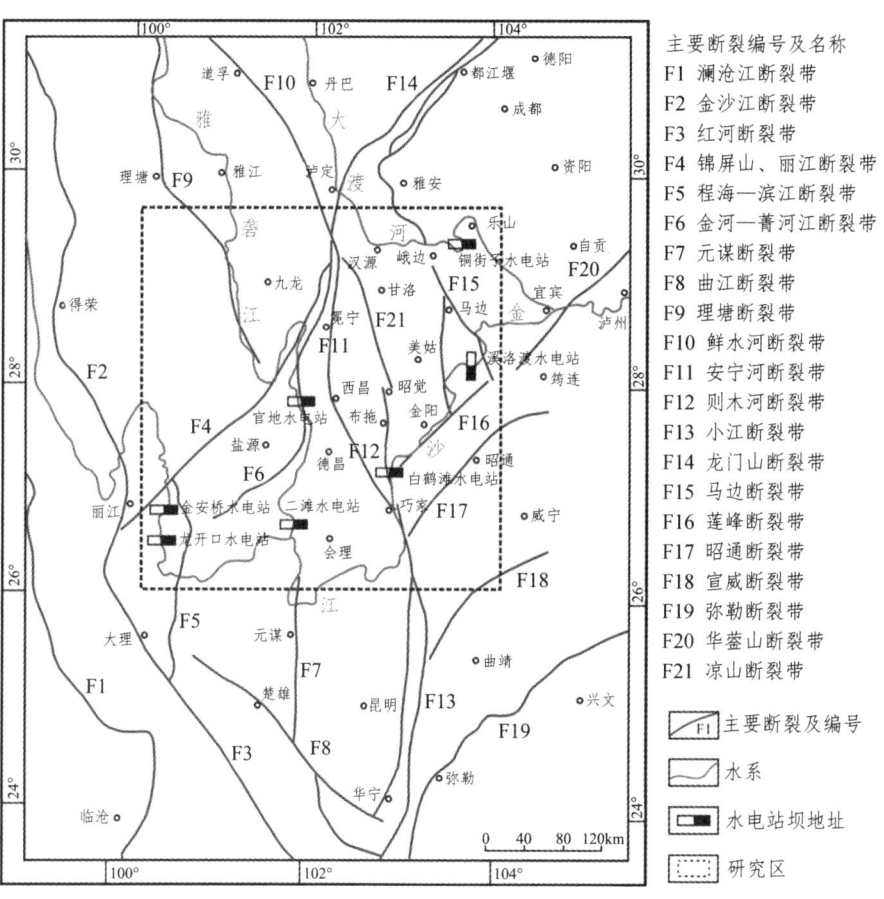

图 1-1 中国西南峨眉山玄武岩分布地区构造及水电工程分布（改自魏云杰）

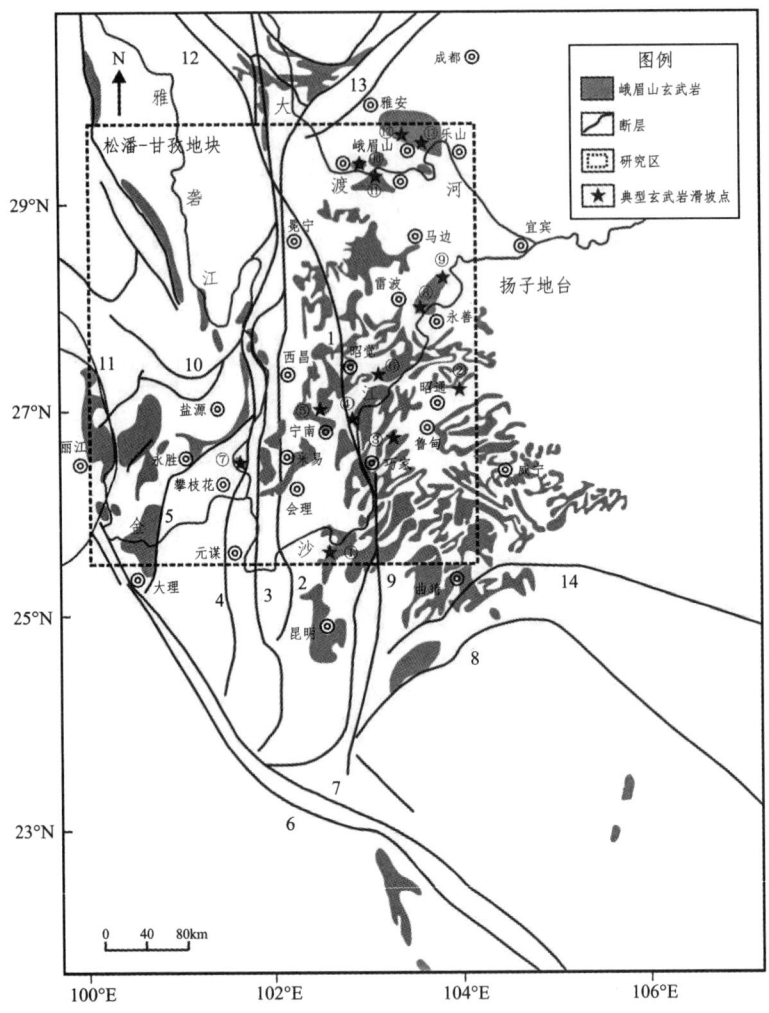

1—凉山断裂；2—安宁河断裂；3—磨盘山-绿汁江断裂带；4—攀枝花断裂；
5—菁河断裂；6—哀牢山断裂；7—红河断裂；8—弥勒断裂；9—小江断裂；
10—小金河断裂；11—金沙江断裂；12—鲜水河断裂；13—龙门山断裂；
14—宣威断裂；①—烂泥沟滑坡；②—头寨沟滑坡；③—甘家寨滑坡；
④—矮子沟滑坡；⑤—底古滑坡；⑥—美姑河火洛滑坡；
⑦—金龙山谷坡滑坡；⑧—杨家坪滑坡；⑨—马湖滑坡；
⑩—二蛮山滑坡；⑪—核桃坪滑坡；⑫—脚盆坝滑坡；
⑬—王山-抓口寺滑坡。

图 1-2 中国西南峨眉山玄武岩分布地区地质简图

域地形地貌演化也产生了重要影响。然而，这类滑坡是如何形成的，目前在国内外仍然缺乏较为深入系统的研究。因此，对于峨眉山玄武岩大型高位远程滑坡形成机制的研究，具有重要的科学意义和现实意义。

为何峨眉山玄武岩坡体会发生如此多规模巨大的灾难性滑坡，这类滑坡的分布发育特征、类型和形成条件有哪些，其启动机理是什么，又为何能够保持高速远程运动？本研究旨在解决这些问题。

本书研究的课题依托国家创新研究群体科学基金（41521002）研究项目、国家重点研发计划项目"强震山区特大地质灾害致灾机理与长期效应研究"（2017YFC1501000）以及成都理工大学地质灾害防治与地质环境保护国家重点实验室自主课题项目"川西北地区大型堆积体发育特征及其环境效应研究"（SKLGP2015Z001）的资助，以西南地区典型的峨眉山玄武岩大型高位远程滑坡为研究对象，通过对研究区内典型滑坡的环境地质特征进行深入详细的地质调查，结合西南地区独特的地质环境条件、峨眉山玄武岩体的工程地质特性及滑坡运动学的研究成果，利用遥感解译、室内试验以及数值模拟等手段，对峨眉山玄武岩大型高位远程滑坡的形成机制进行了系统分析。该领域的研究是维护人民生命财产安全和实现社会经济可持续发展的迫切需要，研究成果为我国西南地区峨眉山玄武岩 $30 \times 10^4 \ \text{km}^2$ 分布区内大型高位远程滑坡灾害的科学减灾和应急避险提供了科学依据，对区域地质环境的演变也提供了重要的启示，为这一特殊岩类大型高位远程滑坡形成机理研究提出了科学解释。

1.2 国内外研究现状

1.2.1 高速远程滑坡的概念及运动特征研究

滑坡灾害在全世界都普遍存在，根据研究统计，滑坡灾害已成为全世界范围内第二大地质灾害，仅次于地震灾害，而在众多滑坡灾害中，又以高速远程滑坡灾害造成的破坏力最为巨大。因其具有超乎寻常的运动速度、超远的运动距离、高度的隐蔽性和突发性,往往会酿成灾难性的事故。目前,对于高速远程滑坡的运动特征及动力学机理方面的研究已成为国际地质学科研究的重点及热点。

一般意义上的滑坡,是指在重力或者其他因素作用下向下滑移的岩土体。所谓高速远程滑坡,则是具有高速远程特点的崩滑体,其往往在失稳滑动过程中进一步碰撞解体转化为更为破碎的碎屑流而具有流体的性质。因此,较一般的滑坡而言,高速远程滑坡具有更快的运动速度和更远的运动距离。对于滑动速度问题,高速远程滑坡的运动速度一般都在 20 m/s 或 30 mm/s 以上,国际地科联滑坡工作组在 1995 年根据运动速度将滑坡分为"极缓慢、很缓慢、缓慢、中速、迅速、很迅速、极迅速" 7 个等级(表 1-1),显然,高速远程滑坡属于"极迅速"类滑坡。目前世界上已知运动速度最快的滑坡,是加拿大的 Avalanche Lake 滑坡,最大速度为 213 m/s。对于滑坡运动距离的问题,国际上一般采用等值摩擦系数(滑坡体运动的垂直位移 H 与水平位移 L 的比值)作为判断依据,当 H/L 值小于 0.6 时,可判断为远程滑坡,而高速远程滑坡的 H/L 值一般小于 0.33,即高速远程滑坡通常可以在较为平缓的路径上运动数千米甚至几十千米。目前全球已知运动距离最远的滑坡,为发生在中更新世的美国 Mount Shasta 滑坡,运移了大约 43 km。

表 1-1　滑坡速度分类

速度等级	描述	临界速度/(mm/s)	典型速度	人类反应
7	极快速	5×10^{3}	5 m/s	无反应时间
6	非常快	5×10^{1}	3 m/min	无反应时间
5	快速	5×10^{-1}	1.8 m/h	可逃离
4	中速	5×10^{-3}	13 m/月	可逃离
3	慢速	5×10^{-5}	1.6 m/a	保持观察
2	非常慢	5×10^{-7}	16 mm/a	保持观察
1	极慢			长期观察

高速远程滑坡除具有以上高速远程的特点之外,还具有以下 6 个基

本特征：

（1）高速远程滑坡在运动过程中具有显著的"流体化"特征，这是保持高速远程运动的重要原因。

（2）体积效应：研究统计发现，滑坡的运动距离与滑坡的体积成正比，滑坡体积越大，则运动速度越高，滑坡运移就越远。高速远程滑坡的体积一般都大于 $1\times10^6\ \mathrm{m}^3$，当滑坡体积较小时（$<1\times10^6\ \mathrm{m}^3$），滑坡物质不存在显著的流体化特征，不具有高速远程的特点。根据体积效应规律，Scheidegger 研究了高速远程滑坡体积与等效摩擦系数之间的关系。

（3）层序稳定现象：高速远程滑坡发生后，滑坡堆积物质的岩体层位与岩体失稳前的原岩层位基本上是一致的。

（4）反粒序结构现象：高速远程滑坡的堆积物在纵向剖面上由上部的粗颗粒逐渐过渡到下部的细颗粒。堆积物表层主要由大块石组成，向下到达一定的深度，滑坡物质则全部由细颗粒构成，表现出与正常的堆积层序相反的现象，这种特殊现象在国内外很多高速远程滑坡事件中得到了证实。

（5）冲击性强：高速远程滑坡具有强大的冲击破坏力，在运移的沟道内常表现出弯道超高、俯冲、冲撞折返和冲击爬坡现象。高速远程滑坡体积巨大、速度高，在运动过程中能够瞬间压缩前方空气，形成陡立的波阵面，产生冲击气浪，是高速远程滑坡产生强大冲击力的重要原因。强烈的气体冲击波可以推倒房屋，吹折树木，致灾范围大，毁灭性强。这种动力学现象在国内外很多高速远程滑坡事件中均有出现。

（6）广泛发育：高速远程滑坡在地球上广泛存在，随着对地外星体的研究，科学家在月球上以及在火星上也发现了高速远程滑坡的存在。高速远程滑坡的广泛存在现象，表明该类滑坡在地球以及地外星体上的成因机制具有一定的相似性。

1.2.2　高速远程滑坡的研究手段

地质学界对高速远程滑坡的研究始于 20 世纪 30 年代，经过几十年对该领域的研究，已经初步形成了一套较为系统的研究方法。目前对高速远程滑坡的研究，主要采用现场调查、统计分析、模型与室内试验以及数值模拟的方法。

（1）现场调查。高速远程滑坡灾害发生突然、速度快、距离远，因此在现场很难对高速远程滑坡的失稳运动过程进行监测。而高速远程滑坡堆积物的堆积特征、粒度组成以及力学属性等，是滑坡运动过程中滑体内部结构、颗粒的运动以及相互作用等动力学机制的最直观揭示，因此对于灾害现场的调查，可以通过对滑坡堆积体的粒度分布特征以及滑坡运动路径上不同位置处的物质组成及结构的分布规律进行研究，从而揭示高速远程滑坡的运动过程及其运动状态，找到研究高速远程滑坡运动机制所基于的重要地质依据。由于高速远程滑坡的体积巨大，大部分堆积体在野外不具备良好的出露条件，很难对堆积体内部的物质组成及结构进行深入细致地调查，所以早期研究人员大多利用堆积物因遭受后期河流侵蚀而出露地表的剖面，来观察其内部的物质组成及结构的分布规律。例如，Yarnold通过对位于亚利桑那州Artillery山附近，因河流侵蚀滑坡堆积物深部而良好出露的剖面进行调查，研究了高速远程滑坡的运动特征。随着勘查技术的发展，研究者能够更深入详细地对滑坡堆积物进行研究。例如，Chevalier使用地面穿透雷达技术，探测研究了澳大利亚Wanganui-Wilberg滑坡堆积物的内部结构。

（2）统计分析。在各个影响因子的作用下，通过统计学的方法对高速远程滑坡的危险性进行分析。很多专家学者，就是利用统计分析方法得出了该领域的一些重要的规律性的认识。例如，众多学者基于大量高速远程滑坡实例，利用统计学方法分析滑坡体积与运动距离之间的关系，从而得出"体积效应"这样规律性的认识。基于全世界33个典型的高速远程滑坡事例的研究，运用统计分析的方法，Scheidegger又进一步研究了高速远程滑坡体积与等效摩擦系数之间的关系。Davies根据对全球26个大型高速远程滑坡（$V>1\times10^7 \mathrm{m}^3$）事例的研究，统计分析了滑坡运动距离与体积的关系式。Nicoletti通过对全世界40多个高速远程滑坡的研究，统计分析了地形条件对滑坡致灾范围的影响。

（3）模型与室内试验。因为高速远程滑坡的失稳运动过程在现场很难被监测和观察到，因此试验手段成为研究高速远程滑坡动力学机理的重要方法。目前，模型试验和室内试验是广泛应用的技术手段，其中模型试验用于再现高速远程滑坡的运动演化过程，室内试验通常用于研究滑体的物理力学参数。

颗粒流试验、崩滑模型试验、流槽试验以及风洞试验是目前经常采用的模型试验。Bagnold通过典型的颗粒流试验-牛顿流体实验，揭示了高速远程滑坡堆积体内部所特有的反粒序结构现象。利用颗粒流试验，可以研究高速远程滑坡运动的流体特性。崩滑模型试验可使用膨润土、岩块或其他人造岩土体材料，通过缩放模型尺寸，来研究高速远程滑坡的运动过程，可以揭示滑坡体积、下滑高度、滑床条件、碰撞效应、气垫效应等对滑坡运动特征的影响。例如，Hsu通过使用膨润土材料模拟了Elm高速远程滑坡的运动过程，研究结果表明滑坡体积与滑坡运动距离呈正相关；Manzella and Labiouse使用砂子和砾石材料进行了高速远程滑坡的运动模拟实验，揭示了滑体的体积对滑坡运动距离具有重要的影响；Iverson通过一系列大型流槽实验，对高速远程滑坡的运动特征进行研究；邢爱国通过风洞试验，测定了高速远程滑坡在凌空飞行阶段的空气动力学参数，并研究了地面效应对滑体空气动力学行为的影响；张维等通过滑体模型的风洞试验，对抛射型高速远程滑坡运动过程中的气垫效应进行了研究。

环剪试验和三轴试验是目前最常采用的室内试验手段。Sassa等详细介绍了滑坡动力学研究中环剪试验方法的运用；Okada等将环剪试验应用于高速远程滑坡液化现象的研究；Zhang等利用环剪试验研究了孔隙水化学对饱和黄土不排水剪切特性的影响；邢爱国等运用三轴剪切试验，研究了滑带孔隙水压力与剪切速率的关系；龚宇运用三轴试验，对高速远程滑坡的液化机理进行了研究。

随着新的技术手段的应用，滑坡试验得以不断深入发展。例如，

Friedman 等通过共焦影像法和 X 光微观影像法，呈现颗粒流体的三维影像，对滑体物质的结构变化进行了研究；刘动和陈晓平结合环剪试验和电镜扫描技术，研究了古滑坡滑动带剪切前后微观结构的变化。

（4）数值模拟研究。随着计算机技术的不断发展，计算机数值模拟方法被越来越多地应用到高速远程滑坡的研究中。数值模拟的研究主要是对高速远程滑坡的成因机制、动力学过程进行数值计算与仿真。由于数值模拟方法可以较为科学和定量地分析高速远程滑坡的运动机理，并能节省大量人力和物力，相比其他方法更具灵活性和适应性，因此得到了更加广泛的应用，但该领域的一些数值模拟技术还不够成熟，需要进一步地发展完善。目前，用于高速远程滑坡模拟研究的数值方法，主要有连续介质模型、离散介质模型以及耦合模型。其中，连续介质模型适用于相对连续的土质高速远程滑坡的研究，离散介质模型适用于岩质高速远程滑坡的研究，而它们的耦合模型适用范围更广，能够模拟高速远程滑坡涌浪等更为复杂的动力学问题。

用于高速远程滑坡模拟的连续介质模型通常采用不同的流变模型，如摩擦模型、宾厄姆流变模型，这些方法最初都被用来处理流体力学问题，后被逐步发展到高速远程滑坡的模拟。O Brien 等首次提出了 FLO-2D 模型，并逐步发展成为一款用于模拟碎屑流的商用软件，得到了广泛应用，该模型计算可得到滑体的速度、厚度、运动路径和堆积范围，但无法模拟滑坡的动力侵蚀过程。Hungr 基于拉格朗日差分法提出了动力模拟方法（DAN），该方法提供了 3 种本构模型，可以适应滑坡的不同运动状态，并能考虑沟谷地形对滑体运动的影响。在此基础上，Mcdougall 等又提出了 DAN-3D 模型，可用于模拟滑坡动力侵蚀过程。杜鹃等学者基于有限体积法的三维计算模型，采用 Voellm 流变准则模型对高速远程滑坡的运动过程进行了模拟，计算结果和实际测量结果能够较好吻合，结果表明侵蚀作用是影响滑坡高速远程的主要原因。

离散介质模型中最常用的是离散单元法。离散元法（DEM）最早由 Cundall 提出，适用于节理系统或者离散颗粒系统在静力条件下或动力作用下的不连续体的变形分析，与连续介质模型不同，单元可以有大的变形和位移。高速远程滑坡的研究中，最常用的离散元数值模拟软件包括 2D-Block/3D-Block、UDEC/3DEC、DDA 和 PFC^{2D}/PFC^{3D}。Bell、Cleary 等通过离散元方法，对颗粒介质的动力过程进行数值计算。Zhao 等利用离散元软件 3D-Block，对滑坡运动进行了模拟研究。苏生瑞等通过 2D-Block 数值模拟软件，对谢家店子滑坡的运动过程进行了研究。申通等应用离散元软件 UDEC 对重庆黔江小南海滑坡的成因机制进行了探究，分析得出了该滑坡的运动模式以及其间伴随的铲刮效应。DDA 较适用于研究地震等动力作用下斜坡的失稳问题，能够较好应用于地震高速远程滑坡的研究。目前对于高速远程滑坡的数值模拟研究，离散元颗粒流软件 PFC^{2D}/PFC^{3D} 应用较为广泛。

国内外学者开始探索将连续介质模型和离散介质模型相结合，用于高速远程滑坡数值模拟的研究。例如，Zhou 等通过 DEM-FDM 耦合模型，对东河口高速远程滑坡的启程和失稳滑动的动力全过程进行数值计算。Mikola 通过 DDA-SPH 耦合模型，对岩质坡体失稳滑动产生的涌浪现象进行了三维数值模拟研究。Feng 等通过 FEM-DEM 耦合模型，模拟研究了鸡尾山滑坡的失稳滑动过程。相比较来说，耦合模型适用范围更广，会成为高速远程滑坡数值模拟研究将来重要的发展趋势。

1.2.3　滑坡动力学机理的研究

在内外动力地质作用下，斜坡会发生失稳滑动，从物理学上看属于动力学行为，研究滑坡的动力学机理，有助于更好地认识滑坡的成因机制及其运动演化过程，对防灾减灾具有重要意义。有关滑坡动力学机理方面的研究，很多学者在该领域已经做了大量的工作。目前，有关斜坡稳定性分析以及运动演化方面的研究主要包括工程地质学分析、力学分析计算、数值模拟、物理模拟等方法（表 1-2）。

表 1-2 斜坡稳定性分析以及运动演化方面的研究方法

研究方法	具体方法
工程地质分析方法	主要是在现场勘察的基础上，依托工程地质专业知识，开展滑坡稳定性的定性评价
力学分析计算方法	基础是极限平衡法，主要根据滑面形态与条块划分的不同，并以条块间是否考虑作用力为条件，导出不同的计算方法
数值模拟方法	主要有限差分法（如 FLAC 软件）、有限单元法（如 RFPA、ABAQUS 软件等）、离散单元法（如 UDEC、PFC 等）、非连续大变形分析方法等。数值模拟方法的应用使地震滑坡的研究得到三个方面成果：① 地震力作用下概化边坡模型的动力响应与破坏研究；② 汶川地震中实际边坡的地震响应与数值模拟；③ 地震滑坡堰塞坝的稳定性数值模拟
物理模拟试验方法	主要是指相似材料物理试验模拟，可单独开展研究，也可与数值模拟方法相结合，两者结果可互为验证

早在1965年，Newmark 运用概化的滑块模型，通过地震临界加速度预测出滑坡位移量。Keefer 依据物质组成及运动演化特征，将岩质滑坡进行分类，并根据内部地下水的含量及其破坏程度，也将土质滑坡进行了分类。Hutchinson 根据现场滑坡模拟试验以及室内试验，得出地震造成孔隙水压力上升，进而造成土体发生液化形成滑坡的观点。Kramer S L 在研究中把斜坡失稳概括为惯性失稳和弱化失稳两大类。Ausilio 将伪静力法应用于坡体的稳定性评价中，提出了计算斜坡加固力的公式。Helmstetter 将滑块模型应用到滑坡实例中，对滑坡动力过程进行研究。Kuo 通过数值模拟，研究了台湾集集地震中草岭滑坡的运动演化过程，并对运动速度进行了计算。Aoi 等在 Iwate-Miyagi 地震中发现了地面垂直强震动现象，提出了解释地震触发的地面垂直加速度不对称现象的"蹦床"模型。

斜坡变形破坏机制是滑坡动力学研究的核心课题。早在 20 世纪 90

年代，张倬元、王士天和王兰生等专家就对斜坡失稳机制进行了研究，在《工程地质分析原理》一书中，阐述了斜坡失稳主要表现为累积效应和触发效应，并根据岩体变形破坏的力学机制，将岩体变形的基本力学模式概括为：滑移-拉裂、滑移-压致拉裂、弯曲-拉裂、塑流-拉裂和滑移-弯曲5种类型，为斜坡变形破坏地质力学方面的研究奠定了良好的理论基础。

地震是诱发斜坡失稳的重要因素，对于斜坡动力失稳机制的研究，胡广韬提出了坡体波动振荡加速效应假说，由其编写的《滑坡动力学》一书，是我国第一部较为系统介绍滑坡动力学机理方面的专著。毛彦龙等研究得出，地震作用下斜坡岩土体变形破坏过程中，坡体波动震荡产生3种效应，即累进破坏效应、启动效应和启程加速效应，并计算出坡体在地震作用下启程剧动的公式。祁生文等研究发现，地震惯性力的作用以及地震产生的超静孔隙水压力快速升高和积累作用，这两方面的因素导致了斜坡的失稳。当孔隙水压力的积累作用占主导时，斜坡易发生塑性流动失稳破坏；当地震惯性力占主导时，斜坡易发生崩塌型、层体弯折型破坏，而两方面的因素共同作用时，一般产生滑动型破坏。崔芳鹏等通过离散元数值模拟研究了地震动作用下震中附近斜坡失稳破坏的形成机制，研究表明震中附近斜坡崩滑灾害是地震纵波的周期拉压和地震横波的周期剪切耦合作用的结果。汶川地震后，许多专家学者们对地震灾区大量的滑坡事件进行了研究，黄润秋分析总结了汶川地震诱发地质灾害的变形模式和失稳机制，根据斜坡失稳的动力过程划分5个大类，分别为溃滑型、溃崩型、抛射型、剥皮型和震裂型。殷跃平认为汶川地震诱发的大型滑坡具有"地震抛掷"—"撞击崩裂"—"高速滑流"三阶段特征，在高速滑流中，发生3种效应：高速气垫效应、碎屑流效应和铲刮效应。许强研究发现，强震条件下大型滑坡失稳破坏最基本和内在的破坏模式可用"拉裂-滑移"来概括，并提出了拉裂-顺走向滑移型、拉裂-顺（层）倾向滑移型、拉裂-水平滑移型、拉裂-散体滑移型、拉裂-剪断滑移型等几类典型的滑坡成因模式。梁庆国等将斜坡的破坏类型划分为滑坡、崩塌、剥落、塌陷、地裂缝和岩体松动等6种形式，并对地震滑坡与非地震滑坡做了区别。张永双等研究了山区滑坡灾害形成过程中内外动力耦合作用的主要形式，主要包括活动断裂和风化作用的耦合、岩土体结构与变形破坏形式的耦合、地震力与地形地貌的耦合以及地震力与地下水的耦合等。胡卸文等分析了唐家山滑坡的运动演化过程，可概括为：顺层岸坡结构地震诱发滑坡体前缘剪切、后缘拉裂-高速下滑、形成气浪、前缘刨蚀河床、对岸阻化隆起-后缘边坡坐落下滑-堰塞堵江。李秀珍等研究了青川东河口滑坡的破坏滑动机制，其运动阶段大致可分为启程滑动、近程飞越、碰撞和远程流动3个阶段，其失稳模式可概括为拉裂、裂纹扩展、趋于贯通、斜坡失稳凌空飞出、滑坡解体流动、堆积的过程。

有关高速远程滑坡动力学机理方面的研究，最早开始于瑞士地质学家 Heim 对发生于 1881 年的 Elem 滑坡失稳滑动过程的研究。然而，直到 1963 年意大利瓦依昂发生大型灾难性滑坡后，高速滑坡机理的研究才真正引起地质学界的广泛关注，随后国内外众多学者对这一领域开展了研究，并取得了丰硕的科研成果。高速远程滑坡动力学机理的研究主要包括滑坡高速启动机理和滑坡远程运动的机理。

对于高速远程滑坡高速启动机理的研究，始于 1963 年意大利瓦依昂滑坡的发生。对于瓦依昂滑坡高速启动的原因，Skempton 研究后发现，是岩体的残余强度太低造成，Muller 提出了触变液化的观点，而 Romeo 等学者主要从滑带孔隙水压力方面进行了研究。通过查阅国内外有关滑坡高速启程的研究文献可知，岩土体抗滑力的不断降低，导致了滑坡高速启程。在地震等外力的激发作用下，滑体内储存的应变能得到释放，提供了滑坡物质启动的初速度。国外专家有关滑坡高速启程的理论主要包括"块体触变理论""液化减阻高速启动理论""峰残强降启动理论"。国内王兰生教授提出了高速滑坡启动的"平卧支撑拱"理论。胡广韬教授系统研究了剧动式高速滑坡的动力学机理，提出了启程速度计算公式。程谦恭基于胡广韬的研究理论，研究了在临床弹冲和峰残强降作用下，剧冲式高速岩质滑坡运动全过程动力学机制，进一步丰富了滑坡动力学理论。此外，国内有关滑坡高速启程的理论主要还有"溃屈破坏理论""闸门效应""锁固效应"和"挡墙溃决理论"。

有关滑坡远程运动机理的理论主要包括"空气润滑理论""颗粒流理论""能量传递理论""底部超孔隙水压力理论"。以上4种理论对滑坡远程运动机理的研究产生了比较深远的影响。除了这4种理论外，学者们还提出了其他有关滑坡远程运动的机理，例如："气垫效应""声波液化理论""滚动摩擦理论"。从以上理论的研究可以看出，由于空气、水或者蒸汽等物质提供的浮托力，降低了滑体底部的有效应力，也使得摩擦阻力大大降低，因此滑坡能够进行远程运动。

1.2.4 峨眉山玄武岩滑坡实例研究

"峨眉山玄武岩系"为赵亚曾先生在1929年首次提出，用于称谓四川西南部峨眉山地区覆盖于二叠系茅口组灰岩之上的玄武岩，后被广泛推广，指代喷发于二叠纪时期的以玄武岩为主体的，位于川滇黔西南三省出露面积巨大的火成岩系，是我国唯一被国际地质学界认可的大火成岩省。峨眉山玄武岩整体厚度大，强度高，斜坡岩体一般较为稳定，常形成高陡的坡体。但是，峨眉山玄武岩是在多期次的喷发旋回过程中形成的，具有特殊的岩性特征以及岩体力学特性，表现出了沉积岩成层性的结构特征，这类层状结构的高位坡体一旦失稳，往往能够发展为规模巨大的高速远程滑坡碎屑流灾害，历史上在峨眉山玄武岩的分布区发生过多起此类滑坡事件，造成了大量人员伤亡和财产损失。目前，对于大规模峨眉山玄武岩高速远程滑坡的研究，多来自国内学者，国外相关研究不多。

王红晓研究了烂泥沟高速远程滑坡的形成环境，对玄武岩滑坡体的整个运动过程进行了分析。胡厚田研究了头寨玄武岩高速远程滑坡各个活动阶段的运动特征，并分析了该滑坡的启程高速滑动机制。徐则民对头寨滑坡的工程地质特征及其发生机制进行了研究。王品以头寨滑坡为研究对象，分析了滑坡源岩体碎裂化机理。王志兵从地球化学的角度，分析了头寨滑坡发生的岩土体的矿物组成和组构等特征，研究表明玄武岩岩体的风化过程是水-岩（土）相互作用过程。邢爱国对头寨滑坡的高速远程滑动机理做了系统的研究，通过试验研究了滑坡凌空飞行的空气动力学效应以及滑坡运动过程中滑面高速摩擦的规律，并从流体动力学的角度分析了头寨滑坡高速远程的流体动力学机理。许强等对四川汉源二蛮山高速远程滑坡的特征及成因机理进行了研究，结果表明，滑源区相对突出的地形条件、风化破碎的玄武岩体和有利的结构面组合是滑坡发生的基本条件。顾成壮等对二蛮山滑坡孕育的地质演化史进行了研究。田颖颖对鲁甸 Ms6.5 地震震前与同震滑坡的空间分布规律进行了对比分析，研究揭示了在地震力的作用下，玄武岩和火山角砾岩分布区的坡体稳定性大大降低，从而产生大量滑坡。魏云杰对四川省峨眉山市王山-抓口寺滑坡进行研究后发现，凝灰岩夹层是岩体失稳滑动的控制性结构面，受"5·12"汶川地震的影响，滑坡源区玄武岩岩体结构破碎。

1.3 待解决的科学问题

通过对高速远程滑坡研究现状的综述以及峨眉山玄武岩的地质特性、玄武岩高速远程滑坡滑动机理研究的总结可以看出，现今国内外学者对峨眉山玄武岩的空间分布、地质年代、岩石学、岩相学、地球化学基本特征及其在扬子地台西缘和西南地区地质演化中的作用等方面进行了深入系统的研究，取得了丰硕的成果。对于峨眉山玄武岩大型高速远程滑坡灾害的研究，主要采用传统工程地质学理论和方法，研究内容主要包括滑坡灾害特征、岩体演化过程与失稳机制、坡体运动学与动力学特征等，在这些研究领域也取得了不少成绩。但是，对于峨眉山玄武岩高速远程滑坡的研究还需要不断深入，特别是对地处高烈度地区的峨眉山玄武岩大规模高位远程滑坡碎屑流依然缺乏较为深入、系统性的研究。以往的研究主要集中于单体滑坡方面，诸如典型峨眉山玄武岩分布区内多个滑坡是否具有统一的发育规律及成因机理，峨眉山玄武岩大型滑坡的启动及高速远程运动机理等问题还不清楚。施雅风等提出，西南地区的不少崩滑灾害发生在玄武岩中,这与玄武岩特有的岩性和构造有关,应引起注意和重视。钟立勋则更为明确地指出,应加强我国西南地区分布范围广泛、厚度巨大的峨眉山玄武岩滑坡的危险性预测研究,以多个区域性大滑坡为典型实例,进行剖析、类比。目前,对于区域性的玄武岩大型滑坡的研究,由于其复杂性和多变性,还处于探索阶段,相关的研究文献还比较少,因此对于玄武岩地区滑坡的研究还有待加强和深入。

1.4 研究内容及技术路线

1.4.1 研究内容

研究内容具体包括以下几个方面:

1. 峨眉山玄武岩分布地区的区域地质背景研究

分析区域相关地质构造运动以及地形地貌演化过程资料,重点研究滑坡调查区内的地质构造、地层岩性以及相关组合特征、岩体结构发育、岩体风化特征、降雨规律、岩体裂隙水渗透、运动途径等影响坡体稳定性的因素。

2. 峨眉山玄武岩大型高位远程滑坡的发育分布规律研究

对滑坡现场进行详细地质调查,对滑坡源区、运移路径、滑坡堆积体、滑坡堰塞坝、典型独特的地质现象等进行测量、描述、拍照记录;绘制坡面工程地质素描图,进行岩体结构面发育规律统计分析;结合已收集的有关峨眉山玄武岩滑坡的资料,总结峨眉山玄武岩大型高位远程滑坡的发育分布规律,对峨眉山玄武岩大型高位远程滑坡的地质类型进行划分。

3. 典型峨眉山玄武岩大型高位远程滑坡发育特征研究

分析收集的地质资料,结合现场地质调查以及遥感解译的成果,绘制出对滑坡研究具有重要意义的典型剖面图、平面图,研究堆积体物质组成及结构特征,对滑坡进行分区。在此基础上,针对不同类型的峨眉山玄武岩大型高位远程滑坡,对各个典型滑坡的发育特征进行详细研究。

4. 峨眉山玄武岩大型高位远程滑坡形成机制综合分析

通过对峨眉山玄武岩大型高位远程滑坡的发育分布规律以及发育特征的研究，并结合峨眉山玄武岩的岩相、岩体结构特征以及滑坡动力学等方面的研究，揭示峨眉山玄武岩大型高位远程滑坡的变形失稳、启程剧动以及高速远程运动的机理，研究总结出峨眉山玄武岩大型高位远程滑坡的形成条件，并通过三维离散元数值模拟方法对典型的峨眉山玄武岩大型高位远程滑坡的整个运动演化过程进行模拟，研究其滑动失稳到堆积堵江的动力学过程。通过以上研究，对峨眉山玄武岩大型高位远程滑坡形成机制进行了综合分析。

5. 峨眉山玄武岩大型高位远程滑坡危险性分析

从峨眉山玄武岩大型高位远程滑坡的规模、运动特性和滑坡灾害链效应这3个方面对滑坡的危险性进行分析。

1.4.2 研究方法及技术路线

本书以西南高烈度地区典型的峨眉山玄武岩大型高位远程滑坡为研究素材，强调地质原型现场调研与地质过程分析，重视内外动力地质作用下玄武岩坡体的变形失稳及滑动的演化过程，在了解国内外研究现状和收集前人资料的基础上，通过大量扎实的野外地质工作，把握研究区的地质环境特征，采用原型调研与室内分析相结合、宏观分析与微观分析相结合、工程地质与力学分析相结合的思路，旨在对峨眉山玄武岩大型高位远程滑坡的形成机制进行深入研究。

在遥感解译峨眉山玄武岩滑坡分布的基础上，对峨眉山玄武岩滑坡进行分类，选择各类代表性滑坡进行深入详细的地质调查，通过室内试验以及数值模拟等手段，研究峨眉山玄武岩大型高位远程滑坡的发育分布规律及发育特征；在分析玄武岩工程地质特性的基础上，利用力学分析揭示滑坡启程剧动的动力学机制；然后以综合理论为基础，以实验、计算等为研究手段，分析并总结了玄武岩大型滑坡的高速远程运动机理；最后，结合滑坡堵江堰塞以及流域河谷演化特征的研究，对峨眉山玄武岩大型高位远程滑坡的形成机制进行了综合研究，并对滑坡危险性进行分析。

本书拟采用以下分析途径：区域及滑坡区地质环境特征分析→峨眉山玄武岩大型高位远程滑坡的发育分布规律及滑坡的分类→不同类型的典型滑坡发育特征→玄武岩工程地质特性研究→滑体的变形失稳机理分析→滑体启程剧动的动力学机制→地质-力学概念模型及数值模拟→滑坡高速远程运动机理→滑坡堵江堰塞及其对流域河谷演化的影响→峨眉山玄武岩大型高位远程滑坡的形成机制及危险性分析，如图1-3所示。

1.5 主要创新点

本研究通过深入详细的地质调查，并结合遥感解译、室内试验以及数值模拟等手段，首次对西南地区大型玄武岩滑坡的总体分布情况进行了调查总结，首次对西南地区峨眉山玄武岩大型高位远程滑坡的发育分布规律、地质类型和形成机制开展了系统的讨论和研究。研究的创新点主要有：

（1）首次大区域、系统性地研究了西南地区峨眉山玄武岩大型高位远程滑坡的发育分布规律（滑坡高位、构造特征、地形地貌特征、水系展布和斜坡结构特征等）。

玄武岩体具有巨厚层状的岩体结构特性，且岩体质硬，性脆，单层巨厚，层间发育凝灰岩等软弱夹层，产出状态倾斜。以上特性决定了玄武岩斜坡体难以发生大规模的倾倒破坏和玄武岩横向坡切层破坏。研究结果揭示了玄武岩大型滑坡的形成环境为顺层坡体，并提出峨眉山玄武岩大型高位远程滑坡的形成机理：硬岩夹软岩的岩性组合，强烈的构造改造致岩体断层、节理及层间错动发育；活跃的新构造运动使变形、破裂的峨眉山玄武岩形成峡谷地貌，河谷应力场背景下岩体强烈卸荷及水-岩的反复作用，斜坡岩体顺层滑移、顺侧裂面剪切，层间联结力及斜坡岩体整体性遭到彻底破坏，分割的顺倾板状结构体在地震惯性力作用下失稳形成大型高位滑坡。

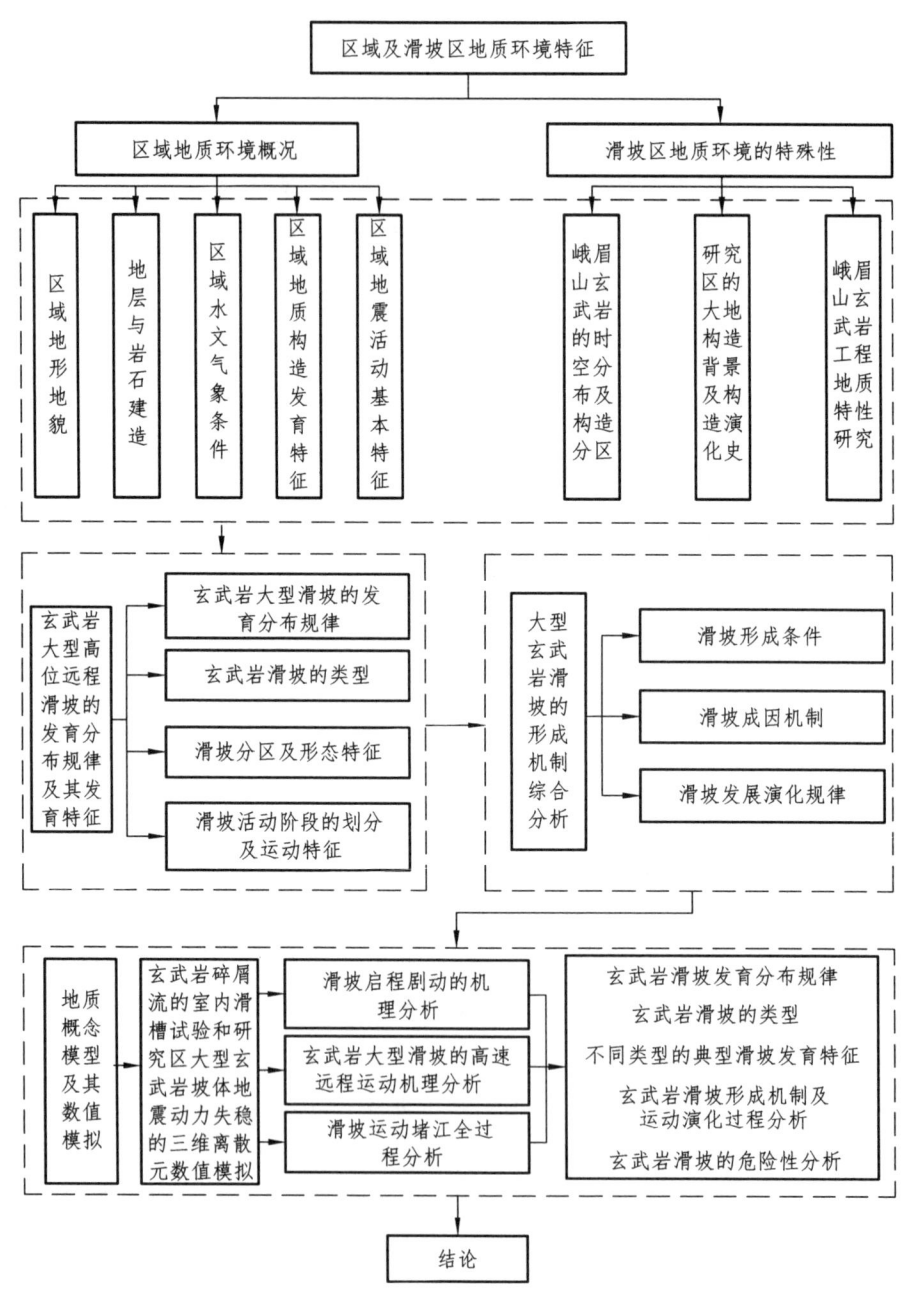

图 1-3 技术路线示意图

（2）通过对影响大型滑坡分布的主要因素进行研究，首次对西南地区峨眉山玄武岩大型高位远程滑坡的集群分布区进行了详细划分，并对峨眉山玄武岩大型高位远程滑坡的地质类型进行了科学分类。峨眉山玄武岩大型高位远程滑坡在地质类型上主要分为 3 类：隔挡式背斜翼部顺层滑坡（例如马湖滑坡等）、单斜中缓倾高位顺层滑坡（例如矮子沟滑坡等）和断层上盘顺层滑坡（例如脚盆坝滑坡等）。

滑坡的变形破坏模式主要有折断-滑移-拉裂、滑移-拉裂、压致-滑移-拉裂 3 种类型，典型代表分别为马湖滑坡、矮子沟滑坡及脚盆坝滑坡。

（3）通过室内滑槽模型试验研究了玄武岩高位滑坡碎屑流的运动学特性：玄武岩体的节理裂隙发育，结构面切割较均匀，破碎程度较高的玄武岩碎屑颗粒具备较好的颗粒球度，球度良好的颗粒在运动过程中易发生弹跳和滚动现象。这种运动方式下，颗粒与滑面的有效摩擦系数更低，并且在运动过程中具有动量传递作用，使玄武岩碎屑颗粒表现出更强的运动性，进而能够滑动更远的距离，滑坡的治灾范围也会更大。

第 2 章　区域地质背景

2.1　研究区大地构造背景及构造演化史

2.1.1　大地构造背景

板块边界作为重要的活动构造带，强烈活动的地震带、现在造山带以及火山带往往形成于此，而大陆内部也存在具有相对运动，且活动程度有所区别的板内块体，因此在两者共同的作用下就形成了我国大陆活动程度不同的活动块体和活动构造带。断块构造（fault-block）理论这一著名的大地构造理论是由张文佑院士在 20 世纪中叶提出的。根据断块构造理论，可把中国划分为六大板块，它们是一级构造单元，分别为塔里木-华北板块、华南板块、藏滇板块、西伯利亚板块、印度板块以及菲律宾海板块，并且根据活动块体和活动构造带，将板块单元再细分为二级构造单元。

研究区地处华南板块西部，主要范围涉及扬子陆块西缘的康滇地轴（云南称为川滇台背斜）及其以东的广阔区域，属于华南板块和藏滇板块的结合区域，受到了印度洋板块、欧亚板块和太平洋板块的综合作用，使得该地区的地质构造运动异常复杂和活跃（图 2-1）。

研究区内的大型断裂带的分布，对该地区的大地构造整体的发展和演化都会产生深远的影响（图 1-1、图 1-2）。在区域上，起主要控制作用的深大断裂带由康滇南北向构造带（包括鲜水河断裂带、安宁河断裂带、小江断裂带以及凉山断裂带,断裂带走向都为近南北向),龙门山断裂带(走向为北东向)和金河-菁河断裂带(走向为北东向)组成。区域上,次一级的断裂构造有则木河断裂带(走向为北北西向)、莲峰-华蓥山断裂带(走向为北东向),峨边-金阳断裂带(走向为南北向),昭通断裂带(走向为北东向),宣威断裂带(走向为北东向)以及弥勒断裂带(走向为北东向)等。

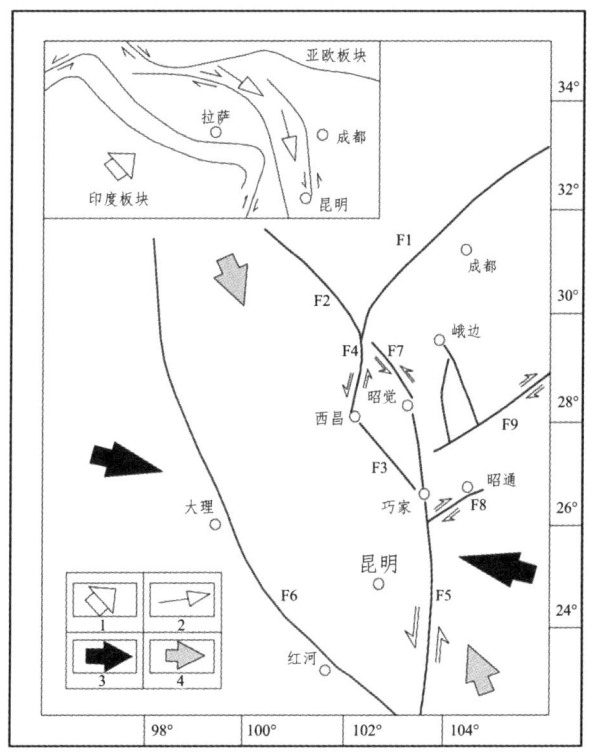

1—板块运动方向；2—物质流动方向；3—NWW-SEE 向构造应力场方向；
4—NNW-SSE 向构造应力场方向；F1—龙门山断裂带；F2—鲜水河断裂带；
F3—则木河断裂带；F4—安宁河断裂带；F5—小江断裂带；
F6—元江断裂带；F7—凉山断裂带；F8—昭通断裂带；
F9—莲峰-华蓥山断裂带。

图 2-1　喜马拉雅运动期研究区构造应力场特征

南北向构造带是本区内最主要的深大构造带，规模大、活动性强，对该地区的地质发展起到控制性的作用，而北西向构造带的发育较不完善，规模和活动性相对较小。鲜水河断裂带、安宁河断裂带、则木河断裂带、小江断裂带，它们与西侧的小金江断裂带以及红河断裂带一起在川滇地区形成了独特的川滇菱形块体，这些断裂构造切割深度大，活动性较强，为岩浆的多期侵入和喷发提供了通道，控制着该地区大地构造格局的发展演化。南北向构造带以东的滇东台褶带地区，主要由北东向构造带构成了本区的次一级的断裂构造，这些次级的北东向构造带严格控制了本区不同规模的褶皱和一般性断裂带的展布方向，使该地区褶皱轴和一般性断裂的走向多数呈现为北东向。

2.1.2 区域构造及应力场演化史

中国西南地区在区域构造上处于华南板块和藏滇板块的结合区域，该区域受到印度板块向北的俯冲，并且受到塔里木板块和阿拉善板块在北侧的阻挡（图 2-2），于是西南地区便成为一个构造密集发育、地应力集中、构造活动复杂而强烈的地区。在区域内众多大型断裂带的重要影响下，该地区经历了多期次的构造活动及构造应力场的发展演化阶段。

晚二叠世时期，受到海西运动的作用，扬子板块的地壳活动剧烈，板块西缘地区大陆裂谷发育，产生了自北边的四川冕宁到南边的云南元谋延伸多达 300 km，并以甘洛-小江断裂带为东界、以菁河-程海断裂带为西界的大陆裂谷地区，也即攀西裂谷地区。在强烈的拉张作用下，一系列的深大断裂带成为地壳的薄弱地带，发生脆性破坏并形成了众多的张裂带，深入贯穿了整个岩石圈，地幔处岩浆便顺着这些深大张裂带上涌喷发，并最终覆盖了云贵川三省，形成了分布面积广阔的峨眉山玄武岩系（$P_2\beta$）。扬子地台西缘各大断裂带在这一时期，均处于拉张应力状态，其运动状态多表现为张性或张剪性（鲜水河断裂带、安宁河断裂带、小江断裂带和凉山断裂带的运动表现为张剪性,金河-菁河断裂带的运动表现为张性)。

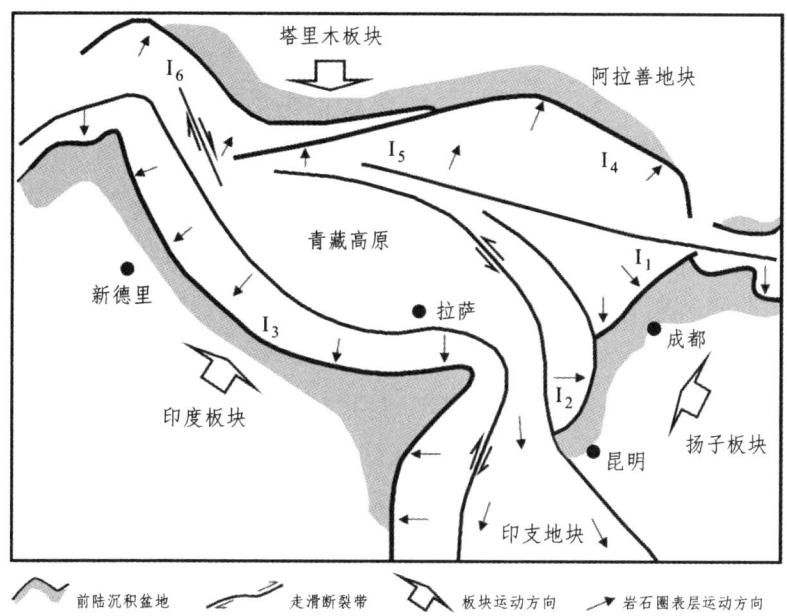

I_1—龙门山逆冲推覆构造;I_2—锦屏山逆冲推覆构造;I_3—喜马拉雅山逆冲推覆构造;
I_4—北祁连逆冲推覆构造;I_5—阿尔金走滑-逆冲推覆构造;
I_6—西昆仑走滑-逆冲推覆构造。

图 2-2 中国西南及邻区板块运动简图

研究区在海西运动形成玄武岩之后,三叠纪末的印支运动,区域构造应力场由引张转变为挤压,使本区受到了 EW-NWW 向的挤压力,在挤压力作用下本区岩体发生褶皱变形,并顺着大型断裂发生逆冲推覆运动。燕山运动早期,本区的构造格局主要表现为近 SN 向主压力场作用和近 EW 向构造的形成,区内地应力状态主要经历了潜在走滑型—潜在逆断型—潜在走滑型的阶段,该期间在盐津附近形成了一系列近 EW 向的褶断体系。随着构造活动的继续进行,区域构造应力场由近 SN 向慢慢转变为 NW 向且应力强度有所增加，也产生了规模明显的构造变形，并形成了一系列近 NE 向的构造带（莲峰-华蓥山断裂带、昭通断裂带和宣威断裂带），该阶段褶皱构造也较为发育。

随着燕山运动的结束，研究区进入了喜马拉雅运动阶段。地处欧亚板块中的中国大陆东南缘受到了印度板块北东向的强烈挤压，地壳隆起，青藏高原慢慢形成。该区在喜马拉雅运动前期主要受到 NNW-SSE 向构造主应力的作用（图 2-1），主压应力轴的方向小角度斜交于扬子地台西缘的主干断裂展布方向，从而使得区内主干断裂安宁河断裂、小江断裂和凉山断裂发生左行走滑运动。喜马拉雅运动晚期，区内构造主应力的方向转变为 NWW-SEE 向（图 2-1），主压应力轴的方向近乎正交于扬子地台西缘的南北向主干断裂的方向，使区域上南北向主干断裂受到挤压而重新运动，例如在该阶段，小江断裂带的活动更加剧烈，主要表现为逆冲运动。喜马拉雅运动还在该区产生了大量构造行迹，如宁南-雷波地区的近 NE 向褶断体系。

综上所述，白垩纪晚期的燕山运动及其后，由于印度板块向北运移，与欧亚板块发生猛烈碰撞，使得西藏板块向 SE 方向运动，研究区内的主要区域构造应力场转变为 NW 向。由此可见，对研究区内玄武岩体进行改造的主要构造应力场方向为 NW 向，但因为地壳结构非常复杂，并受到构成地质块体边界的深大断裂的影响，因此玄武岩体地处不同的构造单元，其构造改造方式及改造程度也会表现出一定的差异（表 2-1）。

2.1.3 新构造运动及地震

川滇地区位于新生代强烈活动的青藏高原东南缘，断裂构造十分发育，新构造运动十分强烈，其中许多深大断裂在晚第四纪直至全新世仍有强烈活动，并且与中、强地震的发生密切相关。该地区的新构造运动上，由于块体之间运动的差异，主要表现在垂直向块体的不均匀抬升，

表 2-1 峨眉山玄武岩体的构造改造过程（据沈军辉）

地质时代		构造运动分期	地史演化、构造变形及岩体结构改造特征	
			西岩区，中岩区（弱于西岩区）	东岩区
Q		新构造期	地壳间歇性差异抬升，形成区域Ⅱ、Ⅲ级夷平面和多级河谷阶地。发生强烈的浅表生改造	间歇性差异抬升。形成区域宽谷面和多级河谷阶地。发生较强烈的浅表生改造
R	N_2 / N_1	夷平期	—横断运动—	稳定阶段。夷平作用，形成第Ⅰ级夷平面，横断运动使Ⅰ级夷平面解体	
R	E_3	喜马拉雅期	—喜山运动Ⅲ幕~	近NWW-SEE向挤压作用，近EW向断裂构造挤压或逆冲改造	NE向挤压作用下，NW向构造形成，SN向断裂顺扭；溪洛渡坝区表现较弱
	E_2		—喜山运动Ⅱ幕~	发生差异性块断活动。强烈NW向挤压作用，使SN向断裂发生反扭活动；形成晚期平面共轭X断裂组（官地坝区）	EW向挤压，SN向褶皱形成，SN向断层逆冲活动；溪洛渡坝区改造弱
	E_1		—喜山运动Ⅰ幕—		强烈NW向挤压，形成NE向褶皱，SN向断裂反扭活动；溪洛渡坝区改造强烈，追踪原生弱面形成缓倾角错动带
K / J		燕山期	—燕山运动—	强烈近EW向挤压，地块沿SN向断裂向东推覆，岩层强烈褶皱；形成层间断裂和剖面旋转断裂组	受燕山运动影响，上升为陆，地层缺失
T		印支期	—印支运动—	强烈近EW向挤压，盐源-丽江地块上升，形成早期平面共轭X断裂组（官地坝区）	攀西裂谷成谷；受印支运动影响，地壳动荡，沉积海陆交互地层
P		海西期	—海西运动—	金河裂陷带喷溢海相玄武岩，形成从深水到浅水的海相玄武岩组（EW拉张）	晚二叠世产生地裂运动（EW拉张），攀西裂谷喷溢陆相玄武岩

以及在水平向块体之间的侧向滑移。因为垂直向块体的不均匀抬升效应，本区呈现出"两垒夹一堑"的地貌格局：海拔在西北区域最高（高程 4 000~4 500 m），中部区域最低（高程 2 400~2 500 m），海拔往东在凉山一带又再次升高（高程在 3 000 m 以上）。由于欧亚板块遭受到来自印度板块的持续碰撞挤压，使青藏地区迅速隆升成为高原，并且高原物质向东发生侧向运移，在川滇地区形成 NW-SE 向的水平主压力（图 2-3），因为主应力轴方向斜交于扬子地台西缘的主干断裂的展布方向，因此会产生平行于断裂的应力分量，在该应力分量的作用下断裂带主要表现为走滑运动（表 2-2），该地区的新构造作用大多都属于这种走滑运动机制。

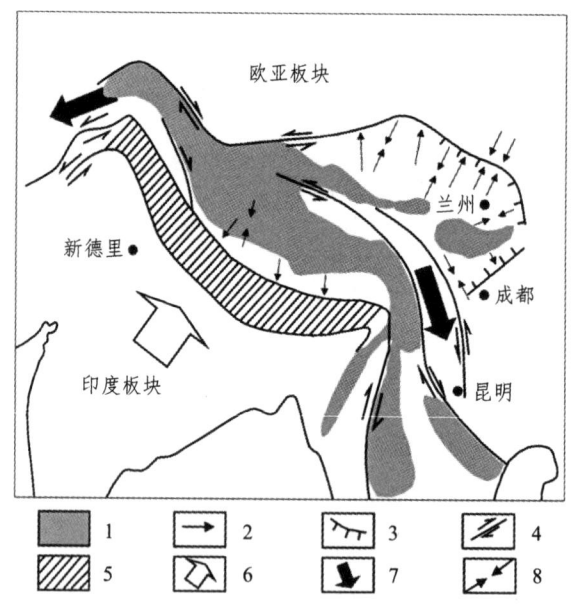

1—压缩变形区；2—压力作用方向；3—逆冲断层带；4—走滑断层；
5—碰撞挤压过渡带；6—板块运动方向；7—物质优势运动方向；
8—震源主压应力轴方向。

图 2-3 川滇地区构造应力场特征

表 2-2 区域主要断裂活动特征

断裂名称	产状	最近活动时代	运动性质	地震活动	分段特征
安宁河断裂带	N0°~10°W，W/SW∠50°~80°	Q_1—Q_2/Q_4	左旋走滑	地震活动强烈，最大地震 7.5 级	以西昌为界分南北两段。北段 Q_4 活动。南段 Q_1—Q_2 活动
则木河断裂带	N30°W，SW∠60°~80°	Q_4	左旋走滑	地震活动强烈，最大地震 7.5 级	以宁南为界，分两个破裂段
小江断裂带	N0°~10°W，W/SW∠60°~80°	Q_4	左旋走滑	地震活动强烈，最大地震 8 级	分东西两支，北、中、南三段
凉山断裂带	N0°~10°W，W/SW∠60°~80°	Q_4	左旋走滑	北段越西、昭觉一带曾发生 5 级左右地震	分四段

由于我国西南地区在晚更新世以来受到印度洋板块与欧亚板块碰撞的东构造侧向挤压的控制与影响，地质构造复杂，地震频发，康滇构造带及其周边地区也成为我国地震的高发区，地震强度大，该地区大部分处于Ⅶ度以上地震设防烈度区。在历史上，该地区多次记录有 6 级和 6 级以上的大地震事件，并且地震通常为浅源地震，据统计，该区域内的地震震源深度一般发生在 35 km 的范围内，而超过 84% 的地震事件的震源深度小于 20 km。特别是在东经 104°以西的云南和四川西部，是 7 级以上的大地震的主要分布地区，地震带的分布受到区域地质构造的严格约束，这些地震的发生与安宁河断裂带、则木河断裂带、凉山断裂带、小江断裂带、甘孜-理塘断裂带和红河断裂带以及通海曲江断裂带等深大断裂带的活动密切相关（图 2-4）。

南北向构造带是本区内的主要构造方向，对各断裂带基本特征情况的研究如下：

（1）安宁河断裂带。该断裂带近似呈南北向贯穿了康滇地轴，形成于晋宁期，又历经了海西、印支、燕山期的多期构造运动，到喜山期时形成了宽 10~20 km、全长 350 km 的断裂带，断裂带切穿了莫霍面，是一条深大断裂带。它对本区的沉积建造、岩浆活动以及构造变动具有长期重要的影响。自晚新生代以来，该断裂带依然拥有强烈的活动性，而且表现出明显的分段特点。

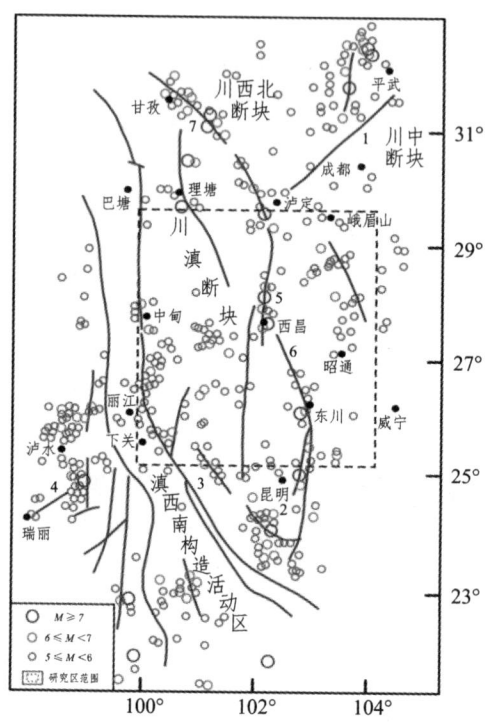

1—龙门山断裂带；2—小江断裂带；3—金沙江-红河断裂带；4—腾冲-瑞丽断裂带；5—安宁河断裂带；6—则木河断裂带；7—鲜水河断裂带。

图 2-4 西南地区 5 级以上强震震中和主要断裂分布

① 石棉-冕宁段：一系列左阶羽列的断裂组成此段。早更新世到晚更新世中后期，断块运动较强烈；自晚更新世晚期以后，相较以前断层活动强度有所降低，据四川省地震局 1990 年的统计研究后发现，平均的左旋走滑速率是 3 mm/a，根据历史记录，该段有一次 6.0 级以上的地震发生。

② 冕宁-西昌段：该段近期的活动性属于安宁河断裂带中最强的，第四系堆积体较厚，并且发生了较大变形。该区域内的断层地貌（断层沟谷、断层崖等）非常发育，是证明历史上发生大地震的重要依据，自第

四纪以来,该段断层的平均左旋走滑速率是 4~6 mm/a。据历史记载,该段上曾产生 7 级以上地震 2 次,6.0 级左右的地震 2 次。

③西昌以南段:自全新世以来,该段断层的新构造运动的强度很弱。断裂的活动变形较不显著,仅在局部地区发育有小型张裂性断层。历史上,也没有 6 级以上的地震事件发生。经过西昌后,安宁河断裂不再向南发展,断裂活动继而沿则木河断裂带继续活动。

(2)小江断裂带。以小江断裂带为界,西侧为康滇地轴区,东侧为上扬子台褶带。该断裂带最北端始于巧家县以北地区,向南发展经过东川、寻甸,并继续发展至区外。经过东川以南后,断裂带发展为两支,并在巧家县同凉山断裂(南北向)以及则木河断裂(北西向)汇合。自新生代特别是晚第三纪以来,断裂带的活动性更强,断裂活动前期主要表现为逆冲,到了后期则主要表现为左旋走滑。第四纪晚期,左旋走滑运动形成了一系列标志性的断裂地貌,证明了一系列强震事件的产生,如发生在 1833 年的嵩明 8 级大地震以及发生在 1733 年的东川 7¾级大地震等地震事件。

(3)凉山断裂带。断裂带的北端始于石棉,并向东南延伸穿过越西、普雄、布拖、交际河,最终在金沙江边头道沟以北地区结束,总长约 240 km,走向近南北,断面倾向西,并具有较大倾角。断裂带自北向南共分为 4 段:石棉-越西断裂、普雄河断裂、布拖断裂以及四开-交际河断裂。布拖断裂和四开-交际河断裂都位于研究区附近。

新生代早期,凉山断裂带的活动主要表现为挤压逆冲;自第四纪晚期以后,其活动主要表现为左旋走滑。水系受到断裂带左旋走滑的影响,发生了不同程度的左旋位移,并产生了一些新的断裂地貌(断裂槽地,断陷盆地)。经过研究得出,自晚更新世以来,该断裂带的平均左旋走滑速率是 3.5 mm/a;自全新世以来,该断裂带的平均左旋走滑速率是 3.3 mm/a。凉山断裂带近期的活动性很弱,据历史记载,并没有出现过 6 级以上的地震事件,现过 3 次 5.0~5.5 级地震事件。

北东向断裂构造在区内较为发育,对各断裂带基本特征情况的研究如下所述：

① 锦屏山断裂带。该断裂带北端始于石棉县，往西南穿过小金河、玉龙雪山东、丽江，向东北伸展并最终和鲜水河断裂带交汇，该断裂带是盐源-丽江台缘褶带与松潘-甘孜地槽褶皱系的界线断裂。锦屏山-丽江断裂带会同东北部的龙门山断裂带，一起构成了走向北东的巨型推覆构造带。其中，丽江-剑川断裂带自第四纪以来，构造运动活跃，主要表现为左旋走滑活动。该断裂带与其他断裂带相交的地方，通常都是孕育中强地震的区域。

② 莲峰断裂带。广义上，该断裂带由三部分组成：华蓥山断裂带、莲峰-巧家断裂带以及宁南-会理断裂带组成。

莲峰断裂的北端始于永善县东面，并往西南方向延伸过莲峰，最后在临近六城镇的金沙江旁结束，延续 150 km 左右，断层活动以挤压为主，产生了 5~40 m 宽的断层角砾岩、断层泥和断层破碎带。研究表明，新生代早中期，该断裂带活动频繁；中更新世末至晚更新世初，断裂带活动趋于平静；到第四纪晚期，该断裂带活动已很微弱。

宁南-会理断裂带产状大致为 N45°E∠45°，倾向 SE 或 NW，断层活动主要表现为挤压。该断裂带是在喜马拉雅运动初期产生的，自第四纪至今，断裂带活动性不强，断裂带沿途伴随的是规模较小的槽状地形，历史上记录该断裂带上有 5~5.5 级地震事件产生。

③ 昭通断裂带。该断裂带北端始于盐津县，并往西南方向延伸过彝良县、昭通市、鲁甸县，最终在巧家县南部的小江断裂带以东地区结束，断裂带延续 185 km 左右，走向大致为 N35°~45°E，倾向 NW。

该断裂带近乎平行于莲峰断裂带，对区域的地形地貌演化起到了重要的影响。该断裂带由多条不连续的次级断裂构成，昭通、鲁甸盆地的发展演化受到了该断裂带的严格约束，呈现出显著的线性地貌特征。研究表明，该断裂带在早更新世时期活动性强烈，但是晚更新世以来断层的活动性较不显著。根据历史记录，曾经有一系列 5~5.5 级地震由该断裂带产生，据此判断该断裂带现今具有一定的活动性。

北西向断裂构造在区内较不发育，区域内最为重要的断裂带是则木河断裂带。该断裂带走向近 NW，断层的北端和安宁河断裂带相交在西昌市一带，南端则同小江断裂交汇于巧家县一带，断裂带延续 140 km 左右，倾向 NE，倾角超过了 60°。自晚古生代时，则木河断裂带产生，并对断层区域内的地形地貌的形成演化产生了重要的影响。该断裂带的新构造运动十分活跃，形成了一系列断层崖等第四纪断裂地貌，受断裂构造的控制，温泉在断层附近呈线状分布，断陷盆地呈串珠状分布，此外，该断层对邛海湖盆和宁南盆地的发展演化也起到了控制性作用。则木河断裂构成了川滇菱形块体的东部边界，在第四纪晚期的活动十分活跃，其活动主要表现为左旋走滑运动。历史上自公元 624 年，该断裂带上记录有 6 级以上强震 5 次，其中最强烈的地震发生在清朝年间（1850 年 09 月 12 日），震级 7½ 级；唐朝年间（814 年），发生了 7 级地震；明朝年间（1489 年），发生了 6¾ 级地震；清朝初年（1732 年），发生了 6¾ 级地震；唐朝初年（624 年），发生了 6 级地震。则木河断裂带自 1850 年 7½ 级地震之后，构造活动较为缓和，据统计共产生了 5 次中强震（4.7~5.5 级）。

2.2 峨眉山玄武岩的时空分布及构造分区

峨眉山玄武岩分布区西北界大致为道孚-小金-理县一带（北纬 32°附近）；西界及西南界大致为金沙江-哀牢山-红河断裂带（东经 99°附近）；南界在中越边界，甚至到越南境内（北纬 22°附近）；东界达川东及贵州部分地区（东经 107°附近）。整个分布区呈菱形分布在南北向超过 1 000 km（图 1-2）、东西向超过 900 km 的范围内，出露面积约 $3.8 \times 10^4 \text{ km}^2$，根据出露情况判断玄武岩形成时总覆盖面积为 $3 \times 10^5 \sim 5 \times 10^5 \text{ km}^2$，厚度平均约 705 m，粗略计算出总体积约为 $5 \times 10^5 \text{ km}^3$；其分布具有从南到北、从西往东，厚度逐渐变薄的趋势，整体表现为南西厚、北东薄。箐河断裂带以西的丽江-盐源一带的厚度为 2 000~3 000 m，厚度最大可达 5 384 m；攀西地区厚度大都超过了 1 000 m；小江断裂带以东的云贵川大范围区域，沿昭觉、东川一带厚度一般为700~1 000 m；往东到达贵州水城地区厚度降至200~500 m；再往东到达安顺以西地区玄武岩逐渐尖灭（图2-5）。峨眉山玄武岩的空间分布情况受到了断裂构造的控制，受攀西裂谷两侧的南北向大型区域断裂带的影响，玄武岩最大厚度分布区域及厚度陡变区域的走向也呈现为近南北向，而且表现出一些异常增厚的中心，说明玄武岩的喷溢是以多中心裂隙式溢流的形式为主。

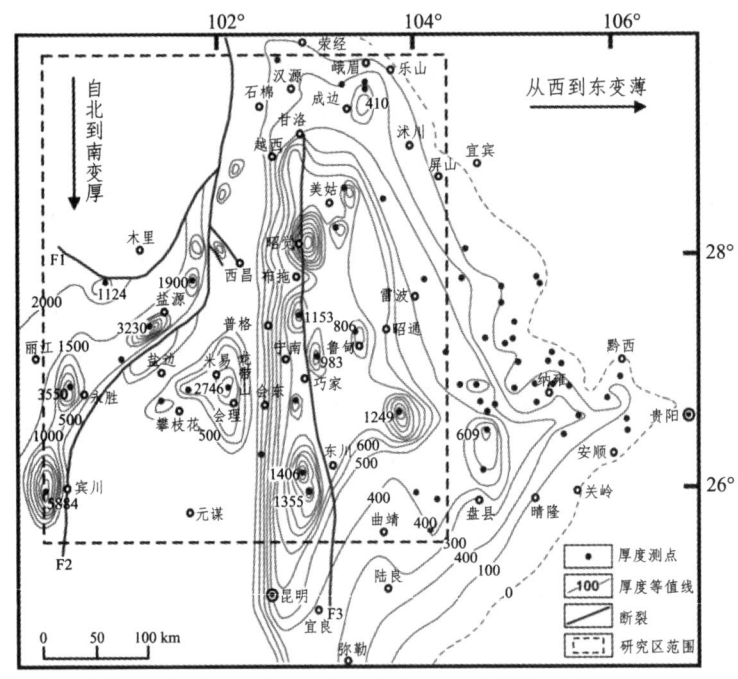

F1—锦屏山-小金河断裂带；F2—箐河-程海断裂；F3—千洛-小江断裂。

图2-5 峨眉山玄武岩分布等厚线图（改自张云湘等）

玄武岩的喷发时代及喷出相，整体表现为从西向东，时代由早至晚，由海相过渡到陆相。西部的丽江-盐源一带，在下部的灰岩夹层中发现早二叠世海相化石，玄武岩一般具有枕状构造；此外，在盐源地区晚二叠世煤系底部发现夹有2~3层玄武岩，证明了西部喷发始于早二叠世，结束于晚二叠世，属于海相喷发。攀西及以东的广大区域，玄武岩下伏地层为二叠系下统茅口组灰岩（P_1m），上覆地层为上二叠统宣威组（P_3x）等陆源碎屑岩系；玄武岩具有成层性，柱状节理发育，并表现出红色氧化顶的现象，证明了东部喷发于晚二叠世早期，喷发相属于陆相。

峨眉山玄武岩处于不同的构造单元，其喷发时间、喷出相、岩石组合系列、主要造岩矿物组成、岩石化学以及微量元素特征等，在时空分布上都会表现出有规律的差异，张云湘认为玄武岩这种规律性的时空变化，与其所处的板块构造背景及深部过程差异有关，据此将峨眉山玄武岩在区域上划分为三个岩石构造分区（图2-6）。

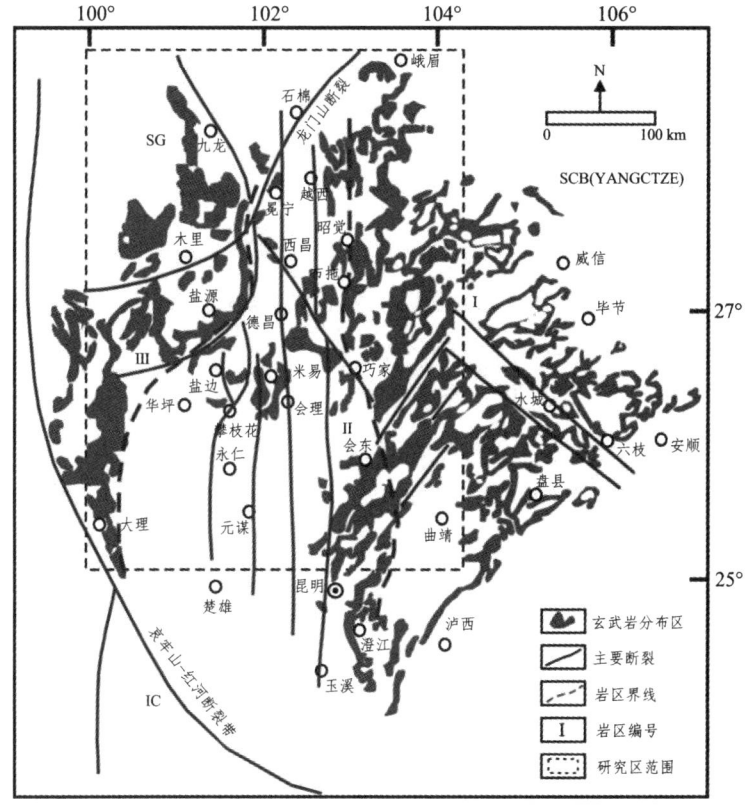

SCB—华南地块；SG—松潘-甘孜地块；IC—印支地块；
Ⅰ—东岩区；Ⅱ—中岩区；Ⅲ—西岩区。

图2-6 峨眉山玄武岩分区图（改自孙书勤）

（1）东岩区（图2-6）：地处扬子板块的内陆部分，以甘洛-小江断裂带为界，断裂带以东分布在云、贵、川三省广大区域的峨眉山玄武岩即为东岩区，是狭义上的峨眉山玄武岩分布地区，也是大陆溢流玄武岩的典型分布区域。

玄武岩的喷发受到了大型断裂带的控制，本区玄武岩主要沿小江断裂带形成的喷发通道喷发，东岩区的玄武岩体多发育柱状节理，该岩区主要是内陆、河湖相的喷发环境。沿小江断裂带分布，该区域内形成了多个玄武岩喷发中心，包括了位于四川省的昭觉、布拖、雷波、会东一带，以及位于云南省的永胜、巧家、会泽等区域。在这些火山活动的中心区域，其底部一般多见玄武质集块岩（由火山岩碎块和凝灰岩为基质固结而成，碎屑岩块主要包括玄武岩和下伏地层灰岩构成的碎块），地层再向上则是隐晶质玄武岩、斑状玄武岩、柱状节理玄武岩、气孔状玄武岩、杏仁状玄武岩以及角砾熔岩，最上部多见由凝灰岩形成的红色氧化壳顶面，即为一套完整的玄武岩喷发，韵律层在东岩区通常有3～4套，最多为十几套。该岩区的溢流层发育最多，如白鹤滩地区发育11套韵律层；溪洛渡地区的玄武岩厚度为520 m，发育14套溢流层；铜街子地区的玄武岩厚度为200 m，共发育5套溢流层。东岩区玄武岩整体分布厚度较薄，但是分布范围最广，厚度由西向东逐渐变薄，从云南滇东的1 500 m过渡到贵州西部不足100 m。

（2）中岩区（图2-6）：又称为攀西岩区（或称为康滇古陆区），是攀西裂谷火成岩分布区。康滇古陆因构造抬升而受到强烈剥蚀，使得区内玄武岩呈零星分布，在3个岩区中，中岩区玄武岩的分布面积最小。该区发育双峰式火山岩套，火山岩以玄武质熔岩为主，并有基性层状岩体、碱性岩侵入体共生。根据火山喷发时间和岩石组合，划分为3个主要的喷发序列。岩体中柱状节理广泛发育，而且其中多见碱性矿物。中岩区的玄武岩分布厚度变化大，厚度一般大于100 m。因为中岩区火山喷发以溢出相为主，喷发较连续，间歇较少，因此该岩区的溢流层发育较少，如二滩地区的玄武岩厚度达1 100 m，共发育4套溢流层。

（3）西岩区（图2-6）：该岩区地处康滇古陆以西的丽江-盐源一带，是仅次于东岩区的峨眉山玄武岩另一大范围分布区域，即分布于程海-菁河断裂和金沙江断裂之间的地区，是由陆缘海域水下喷溢的玄武岩流组成。西岩区的玄武质熔岩主要包括橄榄玄武岩、辉斑玄武岩、斜斑玄武岩和无斑玄武岩，并有火山口相玄武质角砾岩、次火山相辉绿辉长岩床及岩颈和蛇纹石化灰橄榄岩体伴生。玄武岩层形成之后，又上覆了厚度超过 6 000 m 的海相三叠系盖层。该区玄武岩多发育枕状构造，一般以含橄榄石斑晶为特点，苦橄岩作为地幔热柱柱尾的标志性产物，在该岩区分布密集。西岩区的玄武岩分布厚度最厚，可达 5 384 m。西岩区火山喷发较连续，因此相对于东岩区，该岩区的溢流层发育较少，如金安桥地区的玄武岩厚度达 3 000 m，共发育 10 套溢流层。

2.3 峨眉山玄武岩的物理力学特性

峨眉山玄武岩系一般有多个喷发旋回，玄武岩的喷发过程大致包括猛烈的中心式喷发→平稳的裂隙式溢流→间歇性喷溢。一个完整的喷发旋回主要表现为：底端呈现出厚度多变的火山角砾岩或集块岩；中间呈现出巨厚的熔岩流，具多层韵律，每个喷发韵律表现为多组岩石序列，大体包括致密状玄武岩→斑状玄武岩→气孔或杏仁状玄武岩；顶端一般为凝灰岩层。西南地区的峨眉山玄武岩系属于大陆溢流玄武岩，强烈的火山爆发事件被认为是造成全球气候环境变化和生物大灭绝的主要诱因。

Morgan 首次提出了地幔柱理论，它来自地幔的边界或者核幔边界的炽热熔融物质，在地幔热对流运动中涌起并穿透岩石圈而成的热地幔物质柱状体。地幔柱活动能够在短期内（几百万年）造成大规模岩浆喷发，因此大火成岩省的形成被认为与地幔柱活动有关。20 世纪 90 年代，Chung 等经过对峨眉山玄武岩地球化学方面的深入调查，开创性地提出了地幔柱活动使峨眉山玄武岩能够形成的观点。这一观点对以后有关峨眉山玄武岩的研究产生了深远影响，随后越来越多的研究证实了这一观点，地幔柱理论也逐渐被大多数学者所认可，目前该领域的研究还在进一步地深入。

根据成生环境的不同，峨眉山玄武岩可以分为隐晶质玄武岩、斑状玄武岩、柱状节理玄武岩、气孔状玄武岩、杏仁状玄武岩、角砾熔岩以及凝灰岩等。不同的岩石类型也具有不同的岩石结构，主要包括斑状结构、气孔结构、杏仁结构、枕状及柱状节理等构造。峨眉山玄武岩岩石类型多样，分布区域广阔，不同区域的岩体所受的构造环境以及后期浅表生改造又具有明显的差异，以上岩石类型、结构构造、岩性组合以及后期改造等因素的综合作用对玄武岩的工程地质特性产生了重要影响，其中对工程地质特性影响较大的主要有玄武岩体的物理力学特性、软弱结构面、层间错动带、柱状节理等原生结构以及风化特征等。

岩体的物理力学性质包含了两方面的内容，分别为物理性质和力学性质。岩体的物理性质是指在天然条件下，岩石三相组成部分的相对比例关系不同所表现的物理状态。与岩体的物理性质相关的指标主要有：岩石的密度、空隙率、吸水率、渗透率、软化系数、抗冻性、膨胀性以及崩解性。岩体的力学性质是指岩体在受力状态下抵抗变形和破坏的能力，它包括变形特征和强度特征两个方面。岩石在外力或其他物理因素（如温度、湿度）作用下发生形状或体积的变化的特征，即为岩石的变形特征，而岩石的强度特征能够表示岩块抵抗外力破坏的能力，岩体的力学性质可以通过室内外的试验去研究，主要研究出应力同应变的作用以及应力-应变-时间三者之间的作用情况，并获取相关的物理学参数，这些参数主要包括了抗压强度、抗拉强度、变形模量、弹性模量、泊松比、流变常数等。

目前，规模巨大的水电站在玄武岩的各个分区内都有建设，如金沙江的白鹤滩水电站、溪洛渡水电站以及大渡河的铜街子水电站均建设在东岩区，雅砻江的官地水电站和二滩水电站都建设在中岩区，金沙江的金安桥水电站、龙开口水电站都建设在西岩区。作为西南地区的这些大型水电站的工程边坡及建基岩体，峨眉山玄武岩的物理力学性质通过大量科学实验进行了细致地分析,如表 2-3 ~ 表 2-7 和图 2-7 所示。

表 2-3　白鹤滩水电站坝区玄武岩岩石物理性质(据华东勘测设计研究院资料)

岩性	取值	密度			颗粒密度	天然含水率	自然吸水率	饱和吸水率	孔隙率
		天然	干	湿	g/cm^3	%			
		g/cm^3							
角砾熔岩	最小值	2.58	2.55	2.67	2.75	0.36	0.73	0.76	2.19
	最大值	2.87	2.86	2.88	3.04	1.22	4.14	4.61	13.04
	平均值	2.71	2.74	2.79	2.90	0.76	2.19	2.25	6.88
	统计个数	20	9	9	20	9	20	20	20
杏仁状玄武岩	最小值	2.65	2.71	2.77	2.85	0.29	0.58	0.62	1.9
	最大值	2.89	2.87	2.89	3.01	1.29	2.69	3	8.97
	平均值	2.79	2.81	2.84	2.92	0.63	1.36	1.41	4.63
	统计个数	38	22	22	38	22	38	38	38
隐晶质玄武岩	最小值	2.79	2.85	2.87	2.91	0.4	0.23	0.24	1.01
	最大值	2.94	2.89	2.92	3.04	0.6	1.43	1.47	6.91
	平均值	2.89	2.88	2.90	2.97	0.50	0.63	0.65	2.93
	统计个数	24	9	9	24	9	24	24	24
柱状节理玄武岩	最小值	2.85	2.83	2.86	2.90	0.21	0.31	0.32	0.95
	最大值	2.94	2.93	2.94	2.97	0.75	0.89	0.93	2.67
	平均值	2.90	2.89	2.90	2.93	0.46	0.55	0.58	1.68
	统计个数	17	17	17	17	17	17	17	17
斜斑玄武岩	最小值	2.72	2.77	2.81	2.87	0.28	0.46	0.5	1.46
	最大值	2.92	2.91	2.92	3.00	0.83	1.72	1.73	7.36
	平均值	2.86	2.87	2.89	2.95	0.51	0.90	0.93	3.38
	统计个数	17	8	8	17	8	17	17	17

表2-4　白鹤滩坝段岩石饱和单轴抗压强度取值（据华东勘测设计研究院资料）

岩石类型	岩石饱和单轴抗压强度 R_b/MPa		
	弱风化上段	弱风化下段	微风化～新鲜
斜斑玄武岩	60	70	90
隐晶质玄武岩	60	75	100
杏仁状玄武岩	60	70	90
柱状节理玄武岩	54	60	80
角砾熔岩	50	60	70
角砾凝灰岩	18	21	31
凝灰岩	9	12	17

表2-5　白鹤滩坝段岩石坚硬程度划分（据华东勘测设计研究院资料）

岩质类型	坚硬岩	中硬岩	软质岩
岩石单轴饱和抗压强度 R_b/MPa	$R_b>60$	$60 \geq R_b > 30$	$R_b<30$
岩石类型	杏仁状玄武岩、隐晶玄武岩、柱状节理玄武岩、斜斑状玄武岩	角砾凝灰岩	凝灰岩

表2-6　溪洛渡水电站坝区玄武岩物理力学性质（据成都勘测设计研究院资料）

岩石类型	比重	干容重/（kN/m³）	普通吸水率/%	软化系数	抗压强度/MPa	静弹性模量/GPa	纵波速/（m/s）
含斑玄武岩	2.93	28.5	0.155	0.78	228	84.7	6 375.6
斑状玄武岩	2.93	28.5	0.17	0.71	206	79.8	6 201.5
致密玄武岩	2.96	28.6	0.13	0.64	263	84.4	5 560
角砾熔岩	2.90	26.7	1.73	0.75	108.3	52.2	5 893

表2-7　官地水电站坝区玄武岩岩石物理力学性质（据沈军辉）

岩石类型	比重	干容重/（kN/m³）	最大吸水率/%	软化系数	抗压强度/MPa	抗拉强度/MPa	泊松比 μ	纵波速/（m/s）
斑状玄武岩	3.02	30.0	0.076	0.80	241.6	12.83	0.24	6 344
杏仁状玄武岩	3.04	30.0	0.147	0.79	242.0	11.05	0.23	6 019
致密状玄武岩	3.04	30.3	0.103	0.78	312.7	14.7	0.26	6 423

续表

岩石类型	比重	干容重/(kN/m³)	最大吸水率/%	软化系数	抗压强度/MPa	抗拉强度/MPa	泊松比 μ	纵波速/(m/s)
凝灰熔岩	2.98	29.6	0.068	0.85	347.3	8.84	0.24	5 985
角砾集块熔岩	2.98	29.8	0.112	0.80	188.6	9.87	0.21	6 179
枕状玄武岩	2.95	29.3	0.164	0.54	201.1	12.94	0.24	6 105
沉凝灰岩	2.89	28.6	0.090	0.76	298.7	14.47	0.24	6 451
火山角砾岩	2.92	28.8	0.194	0.95	136.7	7.21	0.29	6 372

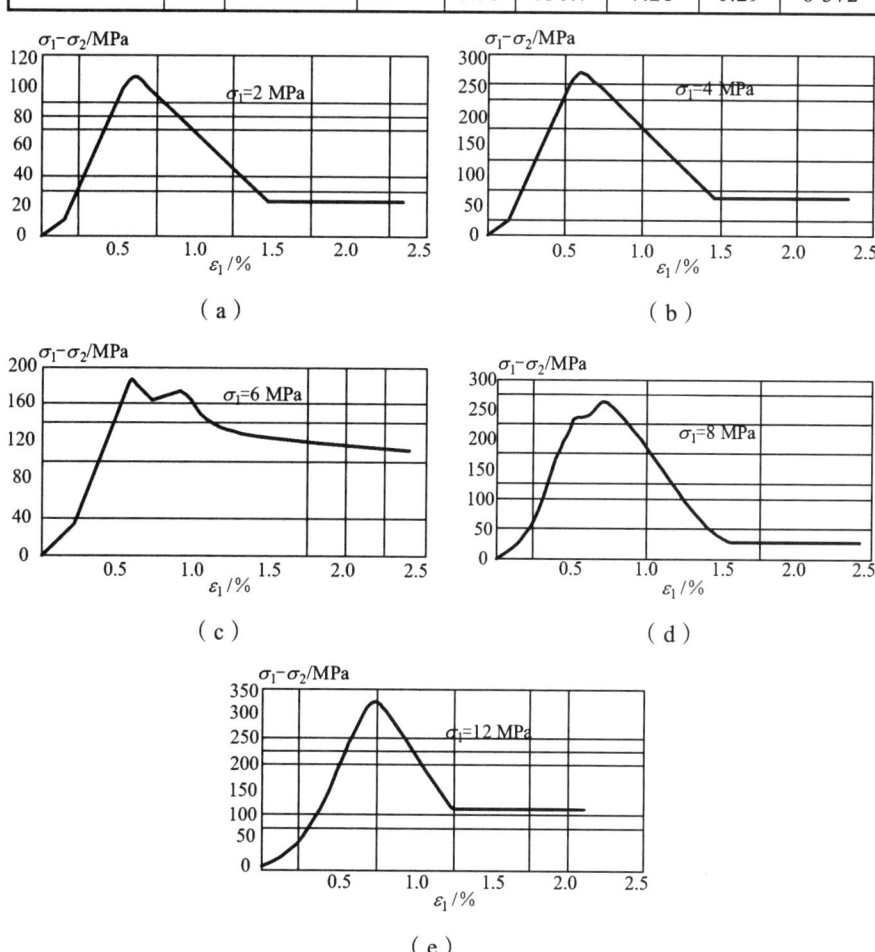

图 2-7 玄武岩常规三轴应力-应变曲线（据邢爱国）

通过以上的研究可知，玄武岩具有岩浆岩的岩性特征，整体来说，峨眉山玄武岩密度大、强度大、孔隙率较小、吸水率和渗透性低，并且岩石强度和弹性模量高，具有很好的储能条件，属于典型的脆性岩石。玄武岩在三轴压缩试验中（图2-7），当岩石受到低围压的作用，应力-应变曲线表现为弹脆性体的变形破坏特征。岩石发生破坏的前后，玄武岩的峰值强度和残余强度均会随着围压的增大而表现出增大的趋势。实验结果表明玄武岩能够抵御较强的外力作用，具备较好的储能条件，并且表现出较大的峰残差（峰值强度与残余强度之差）。

另一方面，由于峨眉山玄武岩形成于多期喷发旋回，玄武岩又具有多个岩性层，表现出了类似沉积岩成层性的特征，岩体的成层性，更有利于岩体接受浅表生改造。此外，玄武岩体柱状节理发育，受到原生及次生构造结构面的切割，破坏了岩体的整体性，后期又遭受长时间的浅表生改造作用，使得节理裂隙发育，加剧了玄武岩岩体的散体化程度，成为滑坡转化为碎屑流的重要物质基础。由表2-3~表2-7中各玄武岩组的物理力学参数可知，相较于巨厚的熔岩层，凝灰岩层以及火山角砾岩层的力学强度相对较低，且都具有疏松多孔、易风化、遇水易软化的特性，使得它们所在位置成为工程上的一个薄弱面。由于玄武岩体韵律层发育较多，各韵律层都会有凝灰岩层以及火山角砾岩层出露。根据水电站工程建设对坝址区玄武岩体的调查可知：位于东岩区的白鹤滩水电站坝址区出露的凝灰岩层单层厚度最大为9.3 m，平均为1~3 m；铜街子水电站也位于东岩区，坝址区出露的玄武岩总厚度为200 m，凝灰岩层单层厚度变化范围为0~12.5 m；二滩水电站位于中岩区，坝址区的玄武岩总厚度为1 100 m，而凝灰岩层单层厚度仅为0.5 m；金安桥电站位于西岩区，坝址区的玄武岩总厚度为3 000 m，凝灰岩层单层厚度为0.5~3 m。虽然相较于巨厚的熔岩层，凝灰岩层的厚度不大，但是其作为工程上的薄弱面对工程质量影响很大，调查发现白鹤滩水电站坝区岩体中沿凝灰岩层多发育层间错动带（表2-8）。溪洛渡水电站位于东岩区，坝址区的玄武岩总厚度为490~520 m，其中的火山角砾岩层厚度变化较大，单层厚度变化范围为 3～20 m，调查发现该坝区岩体的层间、层内错动带多是沿火山角砾岩层发育的，是影响坝区岩体稳定性的一项重要因素。

表 2-8　白鹤滩水电站坝区岩体层间错动带特征（据华东勘测设计研究院资料）

编号	发育层位	产状	厚度/cm	特征
C_2	$P_2\beta_2^4$	N45°～55°E/SE $\angle$15°～20°	8～60	凝灰岩的厚度（0.3～1.75 m）不等，破碎带厚度 8～60 cm，（平均 26 cm）变化较大。破碎带主要由砾、岩屑组成
C_3	$P_2\beta_3^4$	N40°～55°E/SE $\angle$15°～20°	5～30	凝灰岩厚度 0.1～1.3 m，错动带主要由砾和岩屑组成，局部有 1～5 cm 的泥质条带
C_4	$P_2\beta_3^6$	N40°～55°E/SE $\angle$15°～20°	20～30	凝灰岩厚度较稳定，为 0.3～0.5 m，错动带主要由砾和岩屑组成，中上部有 1～3 cm 的泥化带
C_5	$P_2\beta_5^2$	N40°～55°E/SE $\angle$15°～20°	10～30	凝灰岩厚度 0.5～0.8 m，错动带位于顶部，充填岩屑夹泥
C_6	$P_2\beta_6^3$	N40°～55°E/SE $\angle$15°～20°	10～30	凝灰岩厚度 0.5～0.8 m，错动带位于顶部，岩屑夹泥为主
C_7	$P_2\beta_7^3$	N40°～55°E/SE $\angle$15°～20°	10～60	分布于右岸高程 950 m 以上，凝灰岩厚度 0.4～1.7 m，错动带以岩屑为主
C_8	$P_2\beta_8^3$	N40°～55°E/SE $\angle$15°～20°	10～17	凝灰岩厚度 0.5～1.25 m，错动带以岩屑为主
C_9	$P_2\beta_9$～$P_2\beta_{10}$	N40°～55°E/SE $\angle$15°～20°	20～30	凝灰岩厚度 3.2～9.0 m，错动带以岩屑为主
C_{10}	$P_2\beta_{10}$～$P_2\beta_{11}$	N40°～55°E/SE $\angle$15°～20°	30	凝灰岩厚度 0.65～9.3 m，错动不明显，充填岩屑为主
C_{11}	$P_2\beta_{11}^2$	N40°～55°E/SE $\angle$15°～20°	10	凝灰岩厚度 0.3～3.2 m，错动带不明显，局部缺失

由于岩石结构、构造及岩性等方面的差异，玄武岩的物理力学性质不能一概而论，不同的岩性组合对玄武岩的岩体结构稳定性具有明显的控制作用，特别是不同的岩性原生结构的差异，后期经受构造及浅表生改造作用，表现出不同的破裂特征，使裂隙发育表现出显著的分层现象。例如，由致密状玄武岩、杏仁状玄武岩夹凝灰岩组成的岩石组合中，岩体中的凝灰岩夹层产生的层间错动带，力学属性相对软弱，裂隙相对发育，往往成为玄武岩体发生顺层滑移的控制性软弱结构面。

浅表部的玄武岩体易于遭受风化侵蚀，经过长期的风化作用，玄武岩表层成为腐岩壳，腐岩是新鲜岩石遭受长期风化向松散的黏土矿物转变的一种类似土体的地质材料，具有强度低、内部结构疏松、吸水膨胀等特性。当内部较新鲜的玄武岩核心石被外部腐岩壳包裹时，成为类似"土夹石"的壳状结构，岩体的强度明显降低，岩石转变成松散介质。马毅杰等通过对我国南方地区玄武岩风化过程进行研究后发现，矿物的演化过程为：

① 玄武岩风化形成砖红壤：

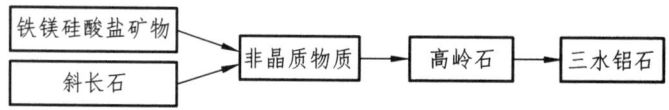

② 玄武岩风化形成红壤和赤红壤：

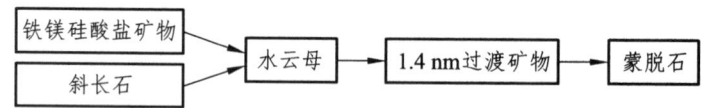

前人研究了玄武岩风化壳野外的展布特征，从外至内通常表现为：表部是褐红色含铁质黏土层；然后是褐红色、土黄色含黏土质铝土矿层；紫红色黏土层；然后过渡为风化、半风化玄武岩；最后内部为新鲜玄武岩。Ngecu 曾调查了位于肯尼亚中部山区的基性火山岩分布区，那里滑坡灾害发育，滑坡物质主要为风化作用形成的高岭石、蒙脱石、伊利石以及三水铝石等矿物组成的火山灰土。

2.4 本章小结

研究区地处华南板块西部，主要范围涉及扬子陆块西缘的康滇地轴（川滇台背斜）及其以东的广阔区域，属于华南板块和藏滇板块的结合区域，受到了印度洋板块、欧亚板块和太平洋板块的综合作用，使得该地区的地质构造运动异常复杂和活跃。南北向构造带是本区内最主要的深大构造带，规模大、活动性强，对该地区的地质发展起到控制性的作用，而北西向构造带的发育较不完善，规模和活动性相对较小。鲜水河断裂带、安宁河断裂带、则木河断裂带、小江断裂带，它们与西侧的小金江断裂带以及红河断裂带一起在川滇地区形成了独特的川滇菱形块体，这些断裂构造切割深度大，活动性较强，为岩浆的多期侵入和喷发提供了通道，控制着该地区大地构造格局的发展演化。南北向构造带以东的滇东台褶带地区，主要由北东向构造带构成了本区的次一级的断裂构造，这些北东向构造带严格控制了本区不同规模的褶皱和一般性断裂带的展布方向，使该地区褶皱轴和一般性断裂的走向多数呈现为北东向。

由于欧亚板块遭受到来自印度板块的持续碰撞挤压，在川滇地区形成 NW-SE 向的水平主压力，因为主应力轴方向斜交于扬子地台西缘的主干断裂的展布方向，因此会产生平行于断裂的应力分量，在该应力分量的作用下断裂带主要表现为走滑运动，该地区的新构造作用大多都属于这种走滑运动机制。由于我国西南地区在晚更新世以来地震频发，康滇构造带及其周边地区也成为我国地震的高发区，地震强度大。在历史上，该地区多次记录有 6 级和 6 级以上的大地震事件，并且通常为浅源地震。特别是在东经 104°以西的云南和四川西部，是 7 级以上大地震的主要分布地区，这些地震的发生与安宁河断裂带、则木河断裂带、凉山断裂带、小江断裂带、甘孜-理塘断裂带和红河断裂带以及通海曲江断裂带等深大断裂带的活动密切相关。

位于川滇黔西南三省的峨眉山玄武岩出露面积巨大，呈菱形分布在南北向超过 1 000 km，东西向超过 900 km 的范围内，出露面积约 $3.8 \times 10^4 \text{ km}^2$，厚度平均约 705 m，总体积大约为 $5×10^5 km^3$；其分布具有从南到北、从西往东，厚度慢慢变薄的特点，整体表现为南西厚、北东薄。峨眉山玄武岩处于不同的构造单元，其喷发时间、喷出相、岩石组合系列、主要造岩矿物组成、岩石化学以及微量元素特征等，在时空分布上都会表现出有规律的差异，玄武岩这种规律性的时空变化，与其所处的板块构造背景及深部作用过程差异有关，据此将峨眉山玄武岩在区域上划分为东岩区、中岩区以及西岩区三个岩石构造分区。

岩石类型、结构构造、岩性组合以及后期改造等因素的综合作用对玄武岩的工程地质特性产生了重要影响，其中对工程地质特性影响较大的主要涉及玄武岩体的物理力学特性、软弱结构面、层间错动带、柱状节理等原生结构以及风化特征等。整体来说，峨眉山玄武岩密度大、强度大、孔隙率较小、吸水率和渗透性低，并且岩石强度和弹性模量高，具有很好的储能条件，属于典型的脆性岩石。玄武岩在三轴压缩试验中，当岩石受到低围压的作用，应力-应变曲线表现为弹脆性体的变形破坏特征；岩石发生破坏的前后，玄武岩的峰值强度和残余强度均会随着围压的增大而表现出增大的趋势；实验结果表明玄武岩能够抵御较强的外力作用，具备较好的储能条件，并且表现出较大的峰残差（峰值强度与残余强度之差）。另一方面，玄武岩又具有沉积岩的特征，岩体的成层性，更有利于岩体接受浅表生改造。此外，玄武岩体柱状节理发育，受到原生及次生构造结构面的切割，破坏了岩体的整体性，后期又遭受长时间的浅表生改造作用，使得节理裂隙发育，加剧了玄武岩岩体的散体化程度。相较于巨厚的熔岩层，凝灰岩层以及火山角砾岩层的力学强度相对较低，且都具有疏松多孔、易风化、遇水易软化的特性，使得它们所在位置成为工程上的一个薄弱面。

第 3 章　峨眉山玄武岩大型高位远程滑坡的发育规律

3.1　峨眉山玄武岩大型高位远程滑坡分布

高位滑坡是指位于高陡斜坡上部或顶部，滑坡体重心位置高，剪出口高于坡脚，具有极大势能的滑坡。当坡体从高陡位置剪出后发生凌空加速坠落，并具有撞击粉碎效应和动力侵蚀效应，如果地形条件允许，往往转化为高速-远程滑坡，产生滑坡-碎屑流等复杂地质灾害链，造成河流阻塞、形成堰塞湖等重大地质灾害。历史上发生的滑坡如脚盆坝滑坡、二蛮山滑坡、马湖滑坡、杨家坪滑坡、矮子沟滑坡、烂泥沟滑坡、头寨滑坡等大型峨眉山玄武岩滑坡，均属于典型的高位滑坡。

通过前文对峨眉山玄武岩岩性特征以及物理力学特性的研究可知，峨眉山玄武岩整体密度大、强度高、弹性模量大、孔隙率较小、吸水率和渗透性低，属于典型的脆硬质岩，峨眉山玄武岩具有很好的储能条件，能够长期经受西南地区强烈的构造作用以及卸荷、风化侵蚀而保持稳定，进而形成高陡的坡体；另一方面，玄武岩经历了多期喷发溢流的成生环境，形成多个韵律层，具有巨厚层状的岩体结构特征；岩体中的凝灰岩以及火山角砾岩夹层的力学强度相对较低，且易遭受风化侵蚀，使得它们所在层位成为工程上的软弱结构面。玄武岩所具有的这些岩性特征，使其经常表现为不同倾斜状态的巨厚层状的高位岩体，该类岩体一般较为稳定。但是，巨厚层状的顺倾坡体高陡，后期遭受长期的构造作用以及浅表生改造作用的影响，在地震和降雨等内外动力耦合作用下，该类坡体一旦失稳，其内部储存的巨大势能得到释放，往往能够发展为规模巨大的高位远程滑坡碎屑流，因此，峨眉山玄武岩是一套能够孕育大规模高位远程滑坡灾害的特殊岩系，历史上此类滑坡造成了大量人员伤亡和财产损失。

研究团队经过多年的地质调查，并结合多位学者对峨眉山玄武岩大型滑坡灾害的研究，对我国西南地区典型的峨眉山玄武岩高位远程滑坡事件进行了详细调查与统计分析，主要包括了脚盆坝滑坡（位于峨眉山境内）、二蛮山滑坡（位于大渡河中游四川省汉源县万工乡境内）、马湖滑坡（位于金沙江中下游雷波县马湖境内）、杨家坪滑坡（位于四川省雷波县金沙江左岸）、矮子沟滑坡（位于金沙江下游四川省宁南县矮子沟境内）、烂泥沟滑坡（位于金沙江中游云南省禄劝县境内）、头寨滑坡（位于云南省昭通市盘河乡境内）等 43 处大型-巨型滑坡，这些典型滑坡的具体位置、滑向、滑动方量、滑坡体前后缘高差、滑动最远距离、滑坡类型等发育特征信息如图 3-1 和表 3-1 所示。通过研究发现，这些大型峨眉山玄武岩滑坡在大地构造单元划分上主要位于一级构造单元扬子准地台（I_1）的西部（图 3-1、图 3-2），主要包括了康滇地轴（云南称为川滇台背斜II_1）与二级构造单元上扬子台褶带（云南称为滇东台褶带II_3）的过渡区域，也即康滇地轴及其以东的四川省西南部、云南省北部和贵州省西部三省交界区域。这些大型峨眉山玄武岩滑坡为何会集中在上述地区？通过进一步研究得出，峨眉山玄武岩大型高位远程滑坡在区域上具有一定的发育分布规律，它们并不是随机分布的，而是受到了区域地质构造的严格约束，其发育分布情况也受到了区域地形地貌、水系以及斜坡结构的重要影响。

第 3 章　峨眉山玄武岩大型高位远程滑坡的发育规律

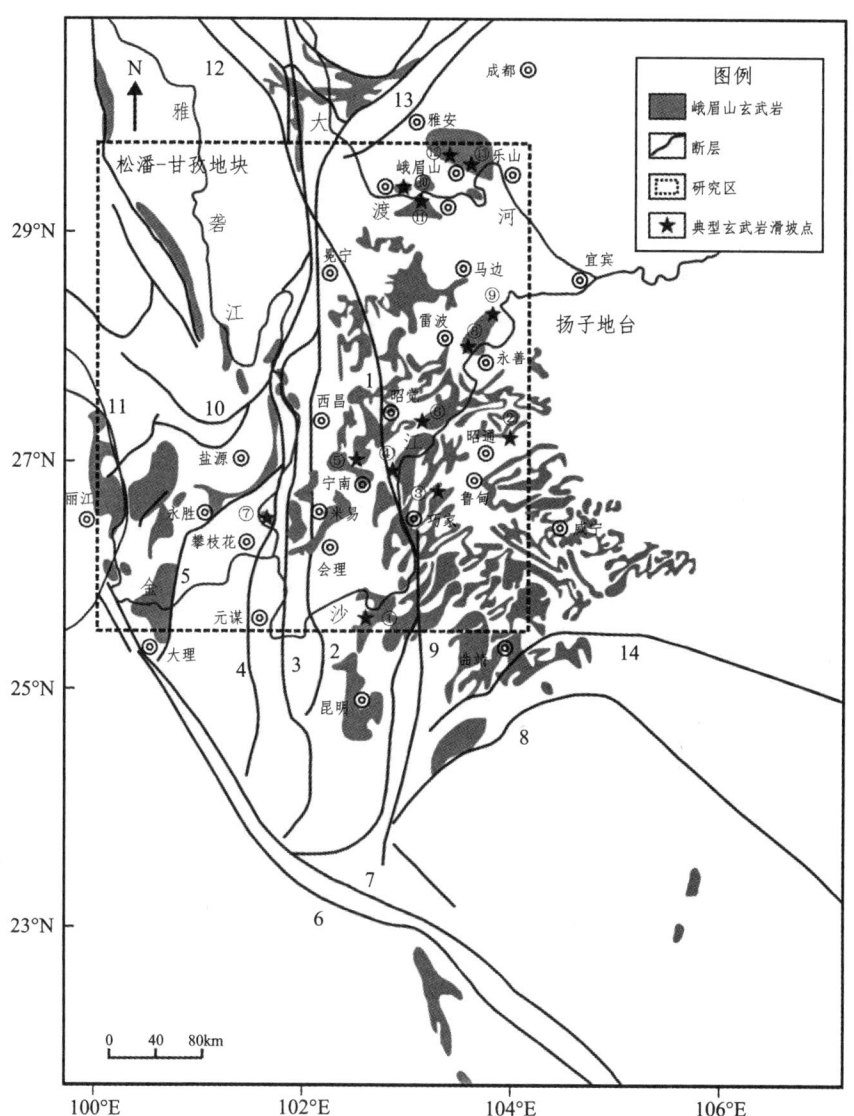

1—凉山断裂；2—安宁河断裂；3—磨盘山-绿汁江断裂带；4—攀枝花断裂；
5—菁河断裂；6—哀牢山断裂；7—红河断裂；8—弥勒断裂；9—小江断裂；
10—小金河断裂；11—金沙江断裂；12—鲜水河断裂；
13—龙门山断裂；14—宣威断裂。

图 3-1　中国西南地区典型玄武岩滑坡分布简图

表 3-1 西南地区峨眉山玄武岩滑坡发育情况

滑坡分区	名称	位置	发生时间	滑向/(°)	滑动方量/(×10⁴)m³	剪出口与坡面高差/m	滑坡体高差/m	滑动距离/m	滑面坡角/(°)	滑源区地貌	滑坡类型	孕育过程
金沙江上游地区	潽淇湾滑坡	金沙江永胜河段左岸	古滑坡	260	3200	530	587	1600	35	单薄山脊	I类	长期蠕变
	下啦嘛滑坡	金沙江永胜河段左岸	古滑坡	260	1300	350	540	1700	35	坡折	I类	长期蠕变
	罗打拉滑坡	金沙江支流五郎河右岸	古滑坡	160	2960	288	550	1300	30	坡折	I类	长期蠕变
	五郎押滑坡	金沙江支流五郎河右岸	古滑坡	130	844	130	300	650	28	单薄山脊	I类	长期蠕变
	土老地滑坡	金沙江鹤庆河段左岸	古滑坡	260	490	75	160	850	25	多面临空	I类	长期蠕变
	金河村滑坡	金沙江鹤庆河段右岸	古滑坡	115	810	128	237	900	30	坡折	I类	长期蠕变
金沙江支流-雅砻江地区	大坪子滑坡	雅砻江盐源河段左岸	古滑坡	260	6400	230	1136	1600	35	多面临空	I类	长期蠕变
	金厂坝滑坡	雅砻江盐源河段右岸	古滑坡	105	6700	270	857	1500	35	多面临空	I类	长期蠕变
	官地滑坡	雅砻江官地站坝前左岸	古滑坡	270	340	100	450	600	42	单薄山脊	I类	长期蠕变

第3章 峨眉山玄武岩大型高位远程滑坡的发育规律

续表

滑坡分区	名称	位置	发生时间	滑向/(°)	滑动方量/(×10⁴)m³	剪出口与地面高差/m	滑坡体高差/m	滑动距离/m	滑面坡角/(°)	滑源区地貌	滑坡类型	孕育过程
金沙江支流-雅砻江地区	金龙山谷坡Ⅰ区滑坡	雅砻江二滩水电站库首左岸	古滑坡	210	380	105	460	800	40	单薄山脊	Ⅰ类	长期蠕变
	金龙山谷坡Ⅱ区滑坡	雅砻江二滩水电站库首左岸	古滑坡	210	2 000	105	534	1 100	35	单薄山脊	Ⅰ类	长期蠕变
雅砻江最大支流-安宁河地区	黑滩子滑坡	安宁河米易河段右岸	古滑坡	115	419	78	220	850	25	单薄山脊	Ⅰ类	长期蠕变
	定远村滑坡	安宁河米易河段右岸	古滑坡	115	390	80	246	810	30	单薄山脊	Ⅰ类	长期蠕变
	大凹子滑坡	安宁河米易河段右岸	古滑坡	115	610	105	180	900	25	坡折	Ⅰ类	长期蠕变
	熊家地滑坡	安宁河米易河段右岸	古滑坡	115	650	160	240	1 000	30	多面临空	Ⅰ类	长期蠕变
金沙江中下游支流（金沙江-白水河地区）	烂泥沟滑坡	禄劝县马鹿塘村烂泥沟	1965年	90	21 400	1100	720	6 000	32	多面临空	Ⅰ类	长期蠕变

续表

滑坡分区	名称	位置	发生时间	滑向/(°)	滑动方量/(×10⁴)m³	剪出口与地面高差/m	滑坡体高差/m	滑动距离/m	滑面坡角/(°)	滑源区地貌	滑坡类型	孕育过程
金沙江中下游地区	底古滑坡（金沙江支流-黑水河地区）	黑水河宁南县松新镇河段左岸	古滑坡	260	37 000	1 100	850	2 500	25	坡折	Ⅱ类	长期蠕变及地震
	矮子沟滑坡（金沙江支流-矮子沟地区）	金沙江支流矮子沟中段左岸	古滑坡	130	38 200	400	810	6 300	30	单薄山脊	Ⅰ类	长期蠕变及地震
	美姑河火洛滑坡（金沙江支流-美姑河地区）	昭觉县哈甘乡火洛洼普村	古滑坡	28	>40 000	340	1 110	2 000	45	坡折	Ⅰ类	长期蠕变及地震
	杨家坪滑坡	金沙江雷波河段左岸	古滑坡	160	3 500	50	580	1 600	30	坡折	Ⅱ类	长期蠕变及地震
	白沙村滑坡	金沙江雷波河段左岸	2017年	170	198	270	110	756	35	单薄山脊	Ⅰ类	长期蠕变及地震
	大田村滑坡（金沙江支流-豆沙溪沟地区）	金沙江支流豆沙溪沟右岸	古滑坡	120	7 215	180	256	1 030	28	多面临空	Ⅰ类	长期蠕变及地震

续表

滑坡分区	名称	位置	发生时间	滑向/(°)	滑动方量/(×10⁴)m³	剪出口与地面高差/m	滑坡体高差/m	滑动距离/m	滑面坡角/(°)	滑源区地貌	滑坡类型	孕育过程
金沙江中下游地区	郑家寨滑坡（金沙江支流-豆沙溪沟地区）	金沙江支流豆沙溪沟右岸	古滑坡	110	1 500	110	195	600	26	坡折	I类	长期蠕变及地震
	马湖滑坡II期	雷波县马湖	古滑坡	130	>50 000	130	1 070	3 000	35	单薄山脊	III类	长期蠕变及地震
	马湖滑坡III期	雷波县马湖	古滑坡	130	>15 000	150	1 050	2 000	30	单薄山脊	III类	长期蠕变及地震
	马湖滑坡V期	雷波县马湖	古滑坡	130	>60 000	200	1 100	>2 500	35	单薄山脊	III类	长期蠕变及地震
金沙江下游支流-牛栏江地区	中菁滑坡	牛栏江威宁县中菁村河段右岸	古滑坡	110	263	60	110	520	26	单薄山脊	I类	长期蠕变及地震
	大菁地滑坡	牛栏江威宁县大菁地村河段右岸	古滑坡	116	258	70	67	400	30	坡折	I类	长期蠕变及地震
	小岩头滑坡	牛栏江威宁县小岩头村河段右岸	古滑坡	160	246	110	165	620	30	单薄山脊	I类	长期蠕变及地震

续表

滑坡分区	名称	位置	发生时间	滑向/(°)	滑动方量/(×10⁴)m³	剪出口与地面高差/m	滑坡体高差/m	滑动距离/m	滑面坡角/(°)	滑源区地貌	滑坡类型	孕育过程
金沙江下游支流-牛栏江地区	高粱地滑坡	牛栏江会泽县高粱地村河段左岸	古滑坡	320	850	130	195	750	35	多面临空	Ⅰ类	长期蠕变及地震
	坪子村滑坡	牛栏江会泽县坪子村河段左岸	古滑坡	105	900	136	252	1 100	35	单薄山脊	Ⅰ类	长期蠕变及地震
	甘家寨Ⅰ区滑坡	鲁甸县甘家寨村沙坝河右岸	2014年	160	1 220	110	190	800	40	单薄山脊	Ⅰ类	2014年鲁甸6.5级地震触发
	甘家寨Ⅱ区滑坡	鲁甸县甘家寨村沙坝河右岸	2014年	136	350	120	400	700	35	坡折	Ⅰ类	2014年鲁甸6.5级地震触发
	苗寨子滑坡	鲁甸县苗寨村沙坝河左岸	2014年	275	210	170	120	600	40	多面临空	Ⅰ类	2014年鲁甸6.5级地震触发
	马桑坪对岸滑坡	鲁甸县苗寨村北侧沙坝河左岸	2014年	275	326	110	120	400	30	坡折	Ⅰ类	2014年鲁甸6.5级地震触发
金沙江下游支流-横江地区	头寨沟滑坡(横江支流-盐河左岸)	昭通市盐津乡头寨沟村	1991年	120	1 800	480	350	3 000	40	多面临空	Ⅱ类	长期蠕变

第3章 峨眉山玄武岩大型高位远程滑坡的发育规律

续表

滑坡分区	名称	位置	发生时间	滑向/(°)	滑动方量/(×10⁴) m³	剪出口与地面高差/m	滑坡体高差/m	滑动距离/m	滑面坡角/(°)	滑源区地貌	滑坡类型	孕育过程
金沙江支流下游-横江支流、洒渔河地区	窝子箐滑坡(横江支流-洒渔河右岸)	昭通市昭阳区乐居乡	古滑坡	120	105	62	90	260	30	坡折	I类	长期蠕变
大渡河汉源县-铜街子段	二蛮山滑坡	汉源县万工乡二蛮山大沟	2010年	230	100	680	148	1 400	39	多面临空	I类	长期蠕变及降雨
	核桃坪滑坡	大渡河峨边县沙坪镇河段右岸	古滑坡	295	5 137	65	530	2 200	30	坡折	II类	长期蠕变及地震
	黑竹沟滑坡	大渡河峨边县长虹村河段左岸	古滑坡	130	1 037	220	350	1 800	35	坡折	I类	长期蠕变及地震
	铜街子滑坡	大渡河乐山市沙湾区河段左岸	古滑坡	140	875	110	240	800	35	单薄山脊	I类	长期蠕变及地震
青衣江支流	脚盆坝滑坡	峨眉山市脚盆坝南东侧坡体	古滑坡	315	67 500	30	1 000	7 500	35	多面临空	II类	长期蠕变及地震
	王山-抓口寺滑坡	峨眉山市九里镇九沙河右岸	2011年	335	600	120	226	960	25~35	坡折	I类	长期蠕变及降雨

注：I类—单斜中缓倾高位顺层滑坡；II类—断层上盘顺层滑坡；III类—隔挡式背斜翼部顺层滑坡。

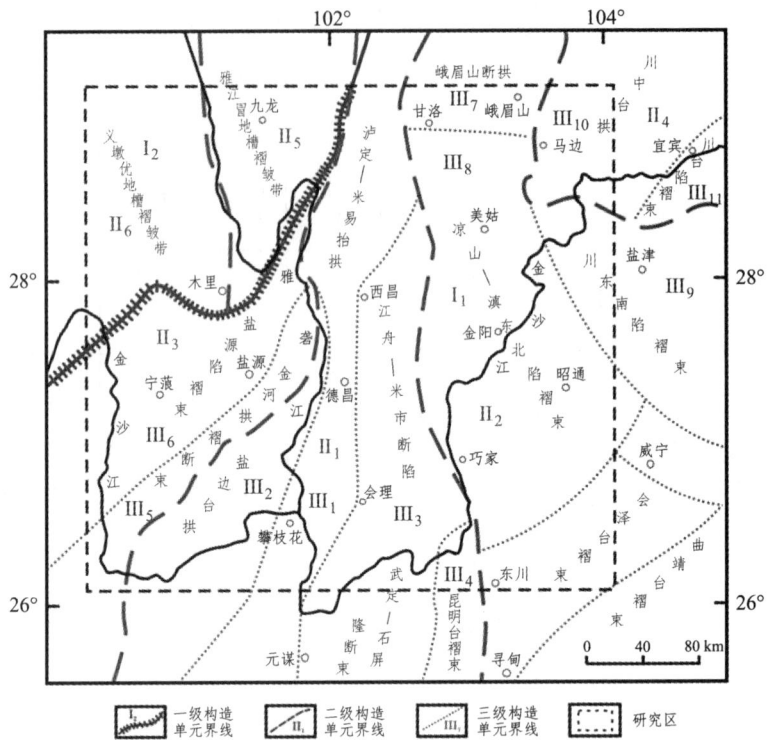

I_1—扬子准地台；I_2—松潘-甘孜地槽褶皱系；II_1—康滇地轴；II_2—上扬子台褶带；II_3—盐源-丽江台缘坳陷；II_4—四川台坳。

图 3-2 区域构造单元划分示意图

3.2 峨眉山玄武岩大型高位远程滑坡发育特征

3.2.1 发育于构造强变形区

在研究区内大致以小江断裂为界，断裂带以西的大部分地区属于康滇地轴区域，少部分地区属于盐源-丽江台缘坳陷褶断带，而以东地区属于上扬子台褶带（图 3-1、图 3-2）。

康滇地轴自元古代至三叠纪中期，长期处于隆升阶段，并伴随有南北向深大断裂的强烈构造运动，进而造成规模巨大的基性-超基性火成岩顺断裂带侵入，以及玄武岩顺断裂带形成的通道大规模喷发，并且具有多期喷发旋回，形成了覆盖范围广阔的呈近水平层状发育的玄武岩系；印支运动之后，康滇地轴区转化为断陷盆地，使区域内产生陆源碎屑岩相的沉积；进入喜马拉雅运动以后，该区域再次发生大规模隆升。上扬子台褶带自震旦纪至三叠纪中期，主要表现为拗陷沉降的特征；中生代末期的燕山运动对康滇地轴和上扬子台褶带均产生了巨大的改造，使康滇地轴区域内产生了近 SN 走向的盖层褶皱带，而在上扬子台褶带内产生了近 NE 走向的盖层滑脱变形；进入喜马拉雅运动以后，上扬子台褶带发生强烈隆升，仅在少部分地区产生凹陷并接受沉积。研究区内的构造线从走向发育上看，整体上以 NE 向构造为主，并辅助以 SN 向构造（图 3-3）。其中，NE 向构造包括了研究区内大多数的一般性断裂和褶皱，而 SN 向构造则主要表现为深大断裂，包括了研究区内的凉山断裂带、小江断裂带、安宁河断裂带等。

进一步地研究可知，进入三叠纪末期的印支运动，使得松潘-甘孜地槽发生褶皱，并对研究区产生了近 EW-NWW 向的挤压应力，研究区由拉张的应力环境转成挤压的应力环境，使研究区内岩体发生褶皱变形，并且顺着深大断裂带发生逆掩、推覆运动。而到了中生代末期的燕山运动及其后，本区所受的主要构造应力场方向为 NW-SE 向，特别是到了新生代的喜马拉雅运动时期，由于印度洋板块向北不断运动，猛烈撞击欧亚板块，使西藏板块向 SE 方向运移，喜马拉雅运动使研究区处于 NW-SE 向的挤压应力场中，从而使地台盖层发生褶皱变形。经历了喜马拉雅运动的改造后，作为组成地台盖层的一套完整的层状岩系，峨眉山玄武岩体由近水平的状态向不同角度的倾斜状态转变，使峨眉山玄武岩发生大规模顺层滑动成为可能。

喜马拉雅运动使得包括峨眉山玄武岩在内的地台盖层发生褶皱变形，并且构造改造的程度，在区域内总体自 NW 向 SE 逐渐减弱，岩层产状也由北西地区的陡立状转为南东地区的平缓状。大型玄武岩滑坡大多发育于较为陡峭孤立的单斜断块山体中（如头寨沟滑坡、脚盆坝滑坡、矮子沟滑坡、二蛮山滑坡、底古滑坡、烂泥沟滑坡等，详见表 3-1），或者多发育在隔挡式褶皱的翼部（如雷波滑坡，马湖Ⅱ、Ⅲ、Ⅴ期滑坡等，详见表 3-1）。这些构造部位使滑源区坡体前部开阔，坡体失稳后具有空间广阔的运动空间（良好的下行空间），更利于发生远程运动。

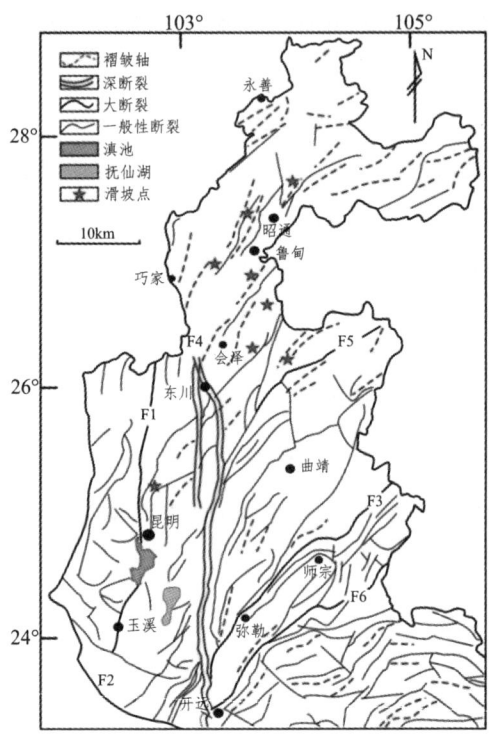

F1—普渡河-西山断裂；F2—哀牢山断裂；F3—弥勒-师宗断裂；F4—小江断裂；F5—昭通断裂；F6—华南褶皱系大断裂。

图 3-3　上扬子台褶带区域构造线

研究区主要位于Ⅶ度以及Ⅶ度以上的烈度区，大型、巨型玄武岩滑坡密集成群分布在构造活动强烈、强震多发的高烈度区，多期构造运动可导致岩体损伤破碎程度加大，滑坡在空间分布上总体受地质构造的控制。

3.2.2　发育于强烈地貌切割区

研究区位于青藏高原东南缘，属川西南、滇东北高山与高原地貌单元,横断山系。青藏高原东南缘在区域上主要包括两大地貌单元(图3-4),大致以东雅砻江为界,西北地区属于青藏高原,主要表现为高山和高原地貌(海拔3 000~4 000 m及4 000 m以上),因为地形起伏不大,不具备较大的高差,无法提供大规模滑坡发生所需要的开阔临空面和巨大势能,所以大型玄武岩滑坡并不发育。而雅砻江以东的大部分地区,则主要表现为高山峡谷地貌(海拔1 500~4 000 m),能够为大型高位远程滑坡事件的发生提供有利的地形地貌条件。

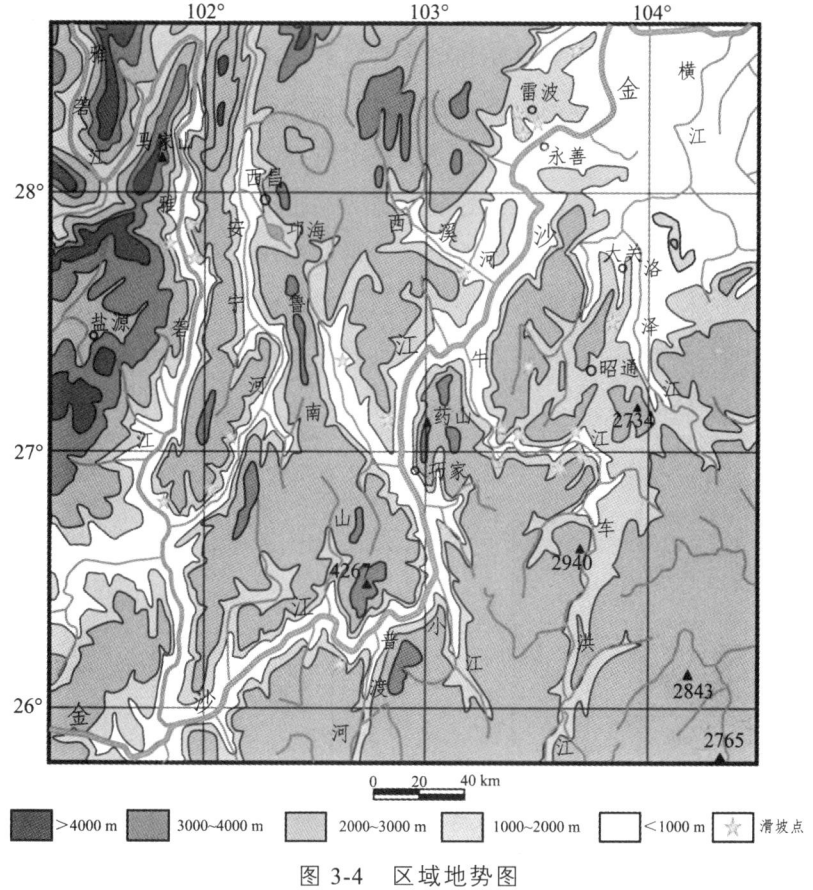

图3-4 区域地势图

研究区地处青藏高原向四川盆地过渡的地形陡变带上,新构造运动以来,该地区遭受了强烈的构造抬升作用,使得该地区地壳持续强烈地隆起，东亚季风伴随着青藏高原的隆升逐渐形成，雨屏效应及降水量的垂直分带导致强烈的地貌响应：山系快速抬升，带动了更加强烈的区域性剥蚀和河谷下切作用；金沙江、大渡河及其支流贯穿研究区，形成了大范围的深切河谷。由于地形起伏大、地势高陡，玄武岩大型滑坡体往往发育于斜坡高位，调查发现玄武岩滑坡的滑源区多位于坡顶单薄山脊或河谷坡折部位或多面临空的山体（表3-1、图3-5）。因为位于高陡突出的地形部位，滑源区坡体所遭受的风化卸荷等浅表生改造作用更加强烈，使高位坡体本身发育较密集的节理裂隙，削弱了岩体的稳定性。而且，地震波在这些地形高陡突出的部位具有显著的地形效应，地震波能量得到放大，从而斜坡岩体在地震过程中更易发生震裂、松动破坏。滑坡体拔河高度上百米，为岩体失稳滑动提供了巨大的高差，纵横发育的沟谷又为滑坡物质的运移提供了良好的通道。高位滑坡体失稳滑动后，若地形条件容许，则继续沿沟或坡下运动，形成高速远程滑坡，往往堰塞河流。山高谷深、地形陡峻的地形为玄武岩滑坡的发生提供了最重要的地形条件，因此峨眉山玄武岩大型高位远程滑坡灾害在高山峡谷地貌区才能够广泛发育。

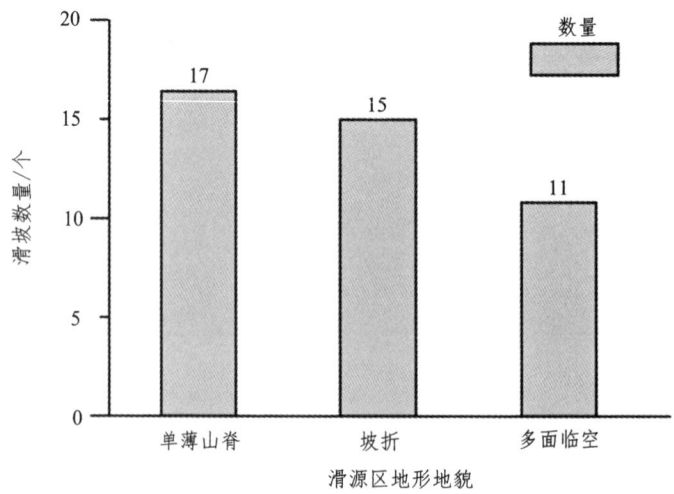

图3-5　滑源区地形地貌特征分布

3.2.3 发育于干流以及一、二级支流的高陡岸坡

峨眉山玄武岩的上覆地层主体是以砂岩、泥岩、页岩等为主的陆源碎屑岩系，要使峨眉山玄武岩体发生失稳滑动，玄武岩体上覆的地层需要先被剥蚀掉。在峨眉山玄武岩体失稳滑动过程中，水流的侵蚀作用发挥了至关重要的作用。

金沙江、大渡河是流经研究区的主要水系（图 3-1），其大大小小的支流在研究区也广泛分布。研究区内的河流流向受到了区域地质构造的严格控制，通过前文对区域构造的分析我们知道，研究区内的构造主要表现为 NE 向展布的一般性断裂和褶皱，以及 SN 向展布的深大断裂。新构造运动以来，本区地壳强烈抬升，伴随着强烈的构造抬升作用，流经区内的金沙江等大型河流追踪构造线方向迅速下切，形成了以 NE 向为主、SN 向为辅的线状空间（图 3-1、图 3-4）：研究区内主要干流金沙江受到了 NE 向构造线的严格控制，总体流向 SW-NE，河流流向在空间上与区域构造线展布方向具有很好的一致性；金沙江最大的支流雅砻江因受到南北向深大断裂的控制，干流的流向也以近南北为主；此外，金沙江的支流普渡河、小江也分别受到了小江断裂和普渡河断裂的控制；岷江一级支流大渡河河谷深切，石棉以上的中上游河流流向由北向南，与构造线一致（图 1-1）。干流的不断下切也带动其支流发生溯源侵蚀并强烈下切，各级支流往往与干流垂直或大角度斜交，而主要表现为近 NW 向或者 EW 向，在支流的侵蚀作用下，逐渐切穿盖层，盖层慢慢被剥离，峨眉山玄武岩斜坡体的临空面最终得以形成。例如研究区内的矮子沟滑坡（图 3-6），金沙江在滑源区东侧约 5 km 处通过，金沙江干流不断下切，为岩体的失稳提供了滑动和堆积的基准面，当金沙江干流下切到一定深度后便开始发育其支流矮子沟，矮子沟是金沙江左岸的一级支流，其流向与金沙江干流近于垂直，总体近 EW 向，金沙江干流的强烈下切带动了其支流矮子沟不断向上游发生溯源侵蚀，依次切穿 T_3x 和 T_1f 盖层后，T_3x 和 T_1f 盖层被慢慢剥离，进而开始侵蚀 $P_2\beta$，使玄武岩坡体前缘逐渐

临空，从而坡体发生失稳滑动成为可能。

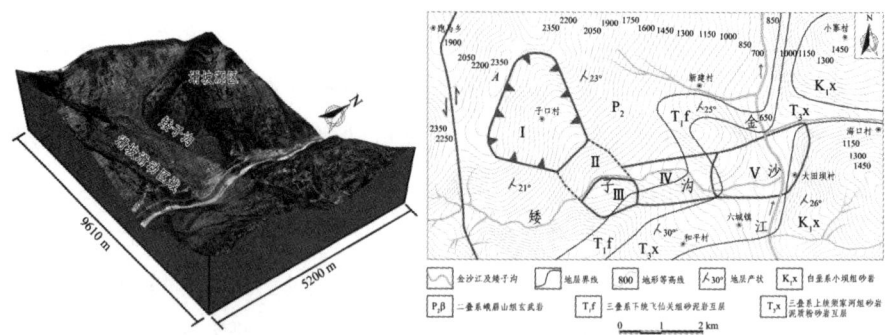

Ⅰ—滑坡源区；Ⅱ—高位高速下滑区；Ⅲ—撞击区；Ⅳ—流通区；Ⅴ—堆积区。

图 3-6　矮子沟滑坡地质构造环境

研究区内各不同级别的 NE 向或者 SN 向干流往往沿构造线分布，为玄武岩坡体的大规模顺层滑移提供了各个序次的基准面，成为滑坡潜在的堆积区域，其下切的高程与滑坡源区之间的高程差主要决定了滑坡体运动的势能和距离；而各级支流则不断溯源侵蚀，逐渐剥蚀掉玄武岩体上覆地层。由于多数河流流向与区域最大主应力方向大角度相交，深切河谷在应力场演化过程中经历了强烈的卸荷改造，谷坡岩体的内部损伤在研究区内是普遍存在的，例如金沙江中下游白鹤滩河段卸荷深裂缝超过了 120 m，雅砻江锦屏河段卸荷深部破裂达 220 m，大渡河长河坝电站河段深卸荷超过了 100 m；强烈的风化卸荷作用在很大程度上弱化了边坡岩体的完整性。研究区河流的不断侵蚀下切进一步带动岩体向临空方向发生卸荷破坏，最终致使玄武岩坡体前缘临空，使坡体前部多表现为开阔而急陡的跌坎，滑坡剪出口与山体坡脚之间形成巨大的高差，为滑坡的失稳滑动创造了良好的临空条件。

经调查和统计分析发现，峨眉山玄武岩大型高位远程滑坡碎屑流在空间分布上受到了河谷、沟谷控制（图 3-1、图 3-4 和表 3-1、表 3-2），沿主要干流及其支流呈条带状密集成群分布，在研究内主要形成了 4 个分布区：金沙江上游及各级支流（雅砻江、安宁河）分布区、金沙江中下游及各级支流（白水河、黑水河、牛栏江、横江等）分布区、大渡河中游及各级支流（黑竹沟等）分布区、大渡河下游及各级支流（青衣江等）分布区。

表 3-2 研究区各流域大型和巨型滑坡分布统计

流域	滑坡			
	大型滑坡数量	巨型滑坡数量	大型和巨型滑坡	
			分区	占比/%
金沙江上游	3	3	金沙江上游及各级支流	35
雅砻江	6	3		
金沙江中下游	1	10	金沙江中下游及各级支流	51
牛栏江	8	1		
横江	1	1		
大渡河中游	2	2	大渡河中游及各级支流	9
大渡河下游	1	1	大渡河下游及各级支流	5

3.2.4 发育于中倾、中缓倾顺向高陡岸坡

通过对研究区典型的峨眉山玄武岩大型高位远程滑坡事件的调查研究发现，西南地区大型玄武岩滑坡的滑向具有一定的规律性（表 3-1、图 3-7），主要表现为 SE 向（包括了矮子沟滑坡、杨家坪滑坡、马湖滑坡、铜街子滑坡、头寨滑坡、甘家寨滑坡等 26 处，占滑坡总统计数的 60%），EW 向（包括了烂泥沟滑坡、底古滑坡、苗寨子滑坡等 9 处，占滑坡总统计数的 20%）和 NW 向（包括了核桃坪滑坡、脚盆坝滑坡等 4 处，占滑坡总统计数的 10%）。由此说明，大型玄武岩滑坡的失稳方向并不是随机发生的，而是受到了斜坡结构的严格约束。

通过前文对区域地质构造的分析得出，构造运动使得包括峨眉山玄武岩在内的岩层发生褶皱变形，自中生代末期的燕山运动及其后，由于控制研究区内褶皱发育的主要构造应力场方向为 NW-SE 向（图 2-3、图 2-5 和表 2-1），岩层主要受到了强烈的 NW 向和 EW 向挤压作用而发生褶皱，使得研究区内赋存峨眉山玄武岩体的褶皱走向主要表现为 NE 向或者近 SN 向，因此玄武岩斜坡体的整体走向为 NE 向或者 SN 向，这就

决定了研究区内大规模峨眉山玄武岩滑坡的主体失稳方向主要表现为 SE 向、NW 向或者 EW 向。

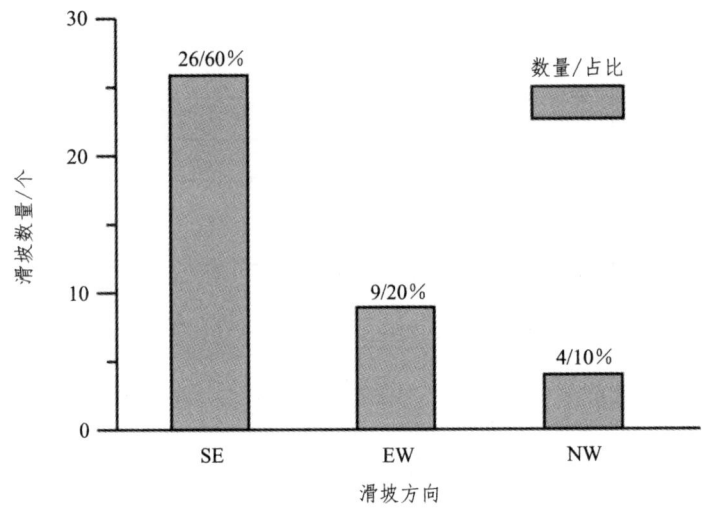

图 3-7 研究区滑坡滑向统计

顺层坡体在工程建设中较为常见，同时也是比较容易发生变形失稳的一类斜坡体。在工程实践中，顺层坡体的定义是坡体走向与岩层走向一致（夹角在 20°以内）、坡体倾向与岩层倾向接近的坡体。相较于其他类型的斜坡体，岩层倾角在很大程度上决定了顺层坡体的稳定性和变形破坏方式，根据岩层倾角和斜坡坡角的关系，可将顺层坡体进一步细分为 5 种结构类型（表 3-3）。其中，中倾层状结构的坡体是指岩层走向与坡体走向一致，并且岩层倾角介于软弱面起动摩擦角与 40°之间的一类坡体。

表 3-3 顺层边坡岩体结构类型与变形破坏方式对照（据汪茜）

类型	主要特征		主要变形模式	可能破坏方式
	结构及产状			
顺层坡体	缓倾外层状结构 $\alpha=\varphi r \sim \varphi p$	$\alpha \approx \beta$	滑移-压致拉裂	顺层滑坡或者块体滑坡
	中倾外层状结构 $\alpha=\varphi p \sim 40°$	$\alpha \geqslant \beta$	滑移-拉裂 拉裂-剪切滑移	顺层滑坡或者切层滑坡

续表

类型	主要特征		主要变形模式	可能破坏方式
	结构及产状			
顺层坡体	陡倾外层状结构 $\alpha=40°\sim60°$	$\alpha \geqslant \beta$	滑移-弯曲	崩塌或者切层转动型滑坡
	近直立层状结构 $\alpha=60°\sim90°$	$\alpha \geqslant \beta$	溃屈或倾倒	崩塌或者切层转动型滑坡
	变角倾外层状结构（上陡下缓）$\alpha<\varphi r$	$\alpha \leqslant \beta$	滑移-弯曲	层状转动型滑坡

注：φr、φp 分别为软弱面的残余和起动摩擦角，α 为软弱面倾角，β 为斜坡坡角。

通过第 2 章对峨眉山玄武岩岩性特征及物理力学特性的研究可知，玄武岩系在成岩过程中经历了多期喷发旋回，使玄武岩拥有多套韵律层，研究区内的峨眉山玄武岩一般具有 14 套韵律层。一套完整的喷发旋回主要表现为：底端为厚度多变的火山角砾岩或集块岩；中间为巨厚的熔岩流，大体包括致密状玄武岩→斑状玄武岩→气孔或杏仁状玄武岩；顶端为凝灰岩层。独特的成生环境，使峨眉山玄武岩体具有明显的成层性，在野外通常表现为高陡的顺层岩质斜坡，这类岸坡结构常孕育大规模的顺层滑动破坏。但是，峨眉山玄武岩滑坡的变形破坏方式又不同于一般的顺层滑坡，因为玄武岩体具有巨厚层状的岩体结构特性（表 3-4），且岩体质硬，性脆，单层巨厚，层间发育凝灰岩等软弱夹层，产出状态倾斜。以上的特性决定了玄武岩斜坡体难以发生大规模的倾倒破坏、玄武岩横向坡切层破坏。斜坡体唯一可以产生变形破坏的方式为中缓倾的顺层滑移-中陡倾高陡斜坡的拉破坏，从而限定了这种特殊岩组顺层变形破坏的力学模式。

表 3-4 西南地区水电站坝址区玄武岩体层厚统计

玄武岩分区	水电站	玄武岩体总厚度/m	玄武岩体单层厚度
东岩区	白鹤滩水电站	1 350～1 553	凝灰岩层单层厚度最大为 9.3 m，平均为 1～3 m

续表

玄武岩分区	水电站	玄武岩体总厚度/m	玄武岩体单层厚度
东岩区	溪洛渡水电站	490~520	岩流层一般厚 25~40 m，火山角砾岩单层厚度一般为 3~20 m
东岩区	铜街子水电站	200	岩流层一般厚 20~80 m，凝灰岩单层厚度一般为 0~12.5 m
中岩区	二滩水电站	1 100	凝灰岩层单层厚度为 0.5 m
西岩区	金安桥水电站	3 000	凝灰岩层单层厚度 0.5~3 m

通过对研究区内典型的峨眉山玄武岩大型滑坡事件进行统计分析后发现（表 3-1），滑坡滑动面倾角主要位于25°~45°范围内，研究结果表明峨眉山玄武岩大型高位远程滑坡灾害主要发生于中倾、中缓倾外层状结构的坡体中，为何中倾、中缓倾外层状结构的坡体能够孕育如此多规模巨大的玄武岩滑坡事件呢？通过调查研究认为，玄武岩强度较高，通常表现为巨厚层状的坡体，一般情况下较为稳定，如果岩层的倾角较小，那么促使滑坡体失稳滑动的下滑力明显不足，不能够引发大规模的坡体失稳，除了少数具有抗剪强度很低的控制性软弱结构面并且在地震或者水流侵蚀等外力作用下的坡体会发生小规模的顺层滑动外，大部分的斜坡体都能够保持长期的稳定，因此当岩层的倾角较小时，很难发生大规模的滑动破坏。如果岩层倾角较大，斜坡体又不具备足够的下滑空间，这时岩体可能的变形破坏模式主要为切层转动、溃屈或倾倒破坏等，而发生大规模的顺层滑动则较为困难。玄武岩中的凝灰岩层的力学强度相对较低，且具有疏松多孔、易风化、遇水易软化的特性。特别是，凝灰岩层遭受长期的风化作用，在地下水侵蚀下，凝灰岩层部分或全部发生泥化现象，泥化后的凝灰岩层强度大大降低，研究发现泥化率为60%的凝灰岩层的内摩擦角为24°甚至更低。因此，具有中等倾角岩层的岩体，既有足够的下滑力，又具备了良好的下滑空间，凝灰岩层往往成为控制岩体滑动的软弱结构面，在强震等外力作用下岩体沿凝灰岩层等软弱面发生类似"剥洋葱"一样的逐层滑动。

岩体结构是以岩体的原生结构为基础，后期又经受了构造改造以及浅表生改造的共同作用发展而来的。玄武岩多期喷发旋回的成生环境使其具有不同的韵律层，表现为原生结构具有一定差异的不同岩性层，后期遭受内外力地质作用，在不同岩性层形成了不同的破裂，使结构面的发育在玄武岩系中表现为显著的分层特征,因此不同岩性层的组合对玄武岩中结构面的发育具有显著的控制作用（表3-5）。例如，由致密状玄武岩、斑状玄武岩和杏仁状玄武岩构成的岩体组合，其中更易遭受风化侵蚀的杏仁状玄武岩往往成为力学强度较薄弱的软弱层，而致密状玄武岩等则成为相对强硬层,头寨滑坡的滑动面就是由发育在强风化杏仁状玄武岩中的破劈理化层间错动带发展而来的。玄武岩体中发育的原生软弱面，主要有火山角砾岩或集块岩、凝灰岩夹层、岩性分界似层面等，易受到后期改造作用的影响，形成层间错动带，同火山熔岩层相比，厚度不大，力学强度较低,往往成为玄武岩发生顺层失稳滑动的控制性软弱结构面。此外，研究区所在的玄武岩分布区的中岩区和东岩区（图2-6），玄武岩体柱状节理普遍发育，后期又遭受长期浅表生改造作用，使得节理裂隙发育，加剧了玄武岩岩体的散体化程度，成为滑坡转化为碎屑流的重要物质基础。

3.3 峨眉山玄武岩大型高位远程滑坡的类型

根据前文的研究我们知道，峨眉山玄武岩大型高位远程滑坡的发育分布情况受到了区域地质构造、地形地貌、水系以及斜坡结构的重要影响。通过对峨眉山玄武岩大型滑坡的发育分布规律的综合研究，可将峨眉山玄武岩大型高位远程滑坡主要分为3种地质类型：隔挡式背斜翼部顺层滑坡、单斜中缓倾高位顺层滑坡和断层上盘顺层滑坡。

构造运动使得赋存峨眉山玄武岩的坡体发生褶皱变形，使峨眉山玄武岩成为具有一定倾斜状态的顺层坡体，从而使岩体失稳滑动成为可能。峨眉山玄武岩属于刚度和强度都很大的厚层状硬质岩体，这类岩体一般能够保持长期的稳定，那么峨眉山玄武岩体在什么条件下会成为一套能够孕育大规模高位远程滑坡灾害的特殊岩系呢？

表 3-5　玄武岩岩相特征及其结构控制性（据沈军辉）

岩石分区	岩相特征		岩石组合	成层性	原生弱面	对后期改造的制约性
	喷发环境	喷发方式				
东岩区	陆相（喷发旋回不完整）	裂隙式溢流相	玄武质熔岩占绝对优势，柱状节理发育，底部一般多见玄武质集块岩，地层再向上则是隐晶质玄武岩、玄武岩、柱状节理玄武岩、气孔状及杏仁状玄武岩以及角砾集块熔岩，即为一套完整的玄武岩喷发，韵律层在东岩区最多为几十套	层较厚	不同岩性似层面；溢间断面及凝灰质层；柱状节理	以发育缓倾角错动带为特征，岩体结构以平缓板裂结构为主，陡倾角的平缓板面X形断裂可发育（大渡河铜街子），也可不发育（溪洛渡）；近岸坡处，顺坡缓倾和陡倾裂隙较发育。后期改造主要受岩性组合控制，任住以杏仁状玄武岩夹山角砾集块岩、凝灰岩等层相对弱层更有利于改造
中岩区	陆相（喷发旋回较完整）	裂隙式溢流相	玄武质熔岩占绝对优势，柱状节理广泛发育。致密状玄武岩、斑状玄武岩、杏仁状玄武岩、角砾集块熔岩为主，夹凝灰质层	层厚	不同岩性似层面；溢间断面及凝灰质层；柱状节理	断裂组合以共裂或成板状裂结构为主，浅生改造使岩体结构在空间上进一步分异，任住顺坡岩体结构顺断裂最发育，岩体坡向呈平面米字形。岩体结构对弱层顺坡改造更有利于岩体结构稳定最不稳定

第3章 峨眉山玄武岩大型高位远程滑坡的发育规律

续表

岩石分区	岩相特征		岩石组合	成层性	原生弱面	对后期改造的制约性
	喷发环境	喷发方式				
西岩区	海相或海陆交互相（喷发旋回完整）	间歇性喷溢相	致密、杏仁状玄武岩夹凝灰岩及沉凝灰岩，上部见海相沉积地层	层较厚	喷溢间断面；凝灰岩及沉凝灰岩夹层；不同岩性的似层面	顺层断裂较发育，成层性较好，总体上有利于后期的改造
		裂隙式溢流相	致密状玄武岩及杏仁、斑状玄武岩构成韵律，含少量凝灰岩夹层	层厚	不同岩性的似层面；少量凝灰质夹层	顺层断裂发育程度相对较低；以岩石组合中的相对强硬层最不利于改造，而斜斑、气孔状玄武岩等相对照层相对有利于改造
		中心式爆发相	火山角砾岩、集块岩、角砾熔岩、沉凝灰岩等火山碎屑岩夹致密状、斑状玄武岩	层较薄	爆发间断面；不同岩性的似层面；凝灰质夹层	总体较发育，断裂较发育，层内相对于火山碎屑岩，所夹之致密状、斑状玄武岩更有利于后期生破裂改造

如果在一系列褶皱构造中，背斜高陡且狭窄紧闭，而背斜之间的向斜则开阔平缓，这种构造样式被称为隔挡式褶皱。滑坡体往往发育在高陡的背斜侧翼，由于峨眉山玄武岩属于脆硬性岩体，在褶皱构造的影响下，位于背斜顶部以及背斜与向斜过渡的坡脚附近，岩层在陡缓转折部位发生扭转，进而发育一系列压扭性、张性为主的构造裂隙，因此在斜坡体顶部和坡脚附近岩层发生陡缓转折的部位节理、裂隙最为发育，这些次生结构面进一步发展，会成为滑坡体失稳滑动的后缘拉裂缝和前缘折断带。滑坡体的变形失稳正是后缘发生拉裂破坏，前缘沿折断带发生剪切滑移的过程。而且，高陡的背斜能够为滑坡体的失稳滑动提供良好的临空面和巨大的势能，而平缓的向斜则为滑坡体做进一步的远距离滑动提供了开阔的下滑空间。因此，隔挡式背斜翼部顺层滑坡是峨眉山玄武岩大型高位远程滑坡事件中一种典型的滑坡模式，例如马湖Ⅱ期、Ⅲ期和Ⅴ期滑坡都属于这种类型的滑坡（表3-1和图3-8）。

此外，峨眉山玄武岩还经常以被断裂所围限的单斜断块山的形式赋存，如果滑坡体位于斜坡高位并且剪出口与坡脚之间具有较大的高差，那么这种坡体更易遭受浅表生改造作用的影响，在风化卸荷作用的影响下，坡体内形成一个最大剪应力增高带，玄武岩层间发育中缓倾的凝灰岩等软弱夹层临空，成为潜在的滑动面；岩体由软弱夹层控制，并受到其他不利因素的耦合作用，最终在强震触发下发生大规模顺层滑动。这类滑坡的剪出口临空，因此称为单斜中缓倾高位顺层滑坡，如矮子沟滑坡等就是这种类型的滑坡（表3-1和图3-9）。如果剪出口不具备较好的临空条件，那么呈巨厚层状的峨眉山玄武岩坡体还能否发生失稳滑动呢？通过进一步的调查研究发现，如果滑坡的剪出口位于坡脚附近，虽不具备较好的临空高度，但是当岩体的坡脚处有发育逆冲断层时，滑坡体位于断层上盘，断层上盘受断裂活动的影响，层状坡体完整性差、顺层结合力弱。更为重要的是，断层附近的岩体受到断层活动的剪切、挤压破碎，坡脚断层破碎带及其附近的岩体节理裂隙密集发育，岩体较为破碎，成为整个坡体最为薄弱的部位。因此,在地震等外力作用下沿断层附近的岩体能够发生剪断破坏,从而形成大型滑坡,这种类型的滑坡称为断层上盘顺层滑坡,如脚盆坝滑坡就属于这种类型(表3-1和图3-10)。

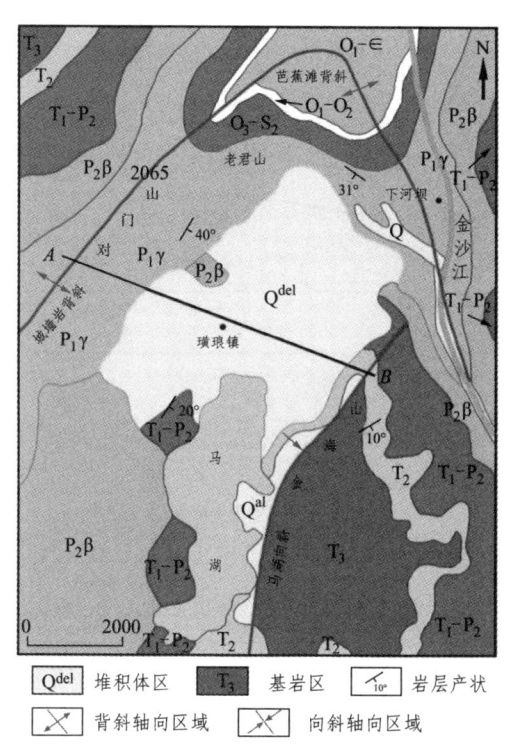

图 3-8 马湖滑坡区地质环境

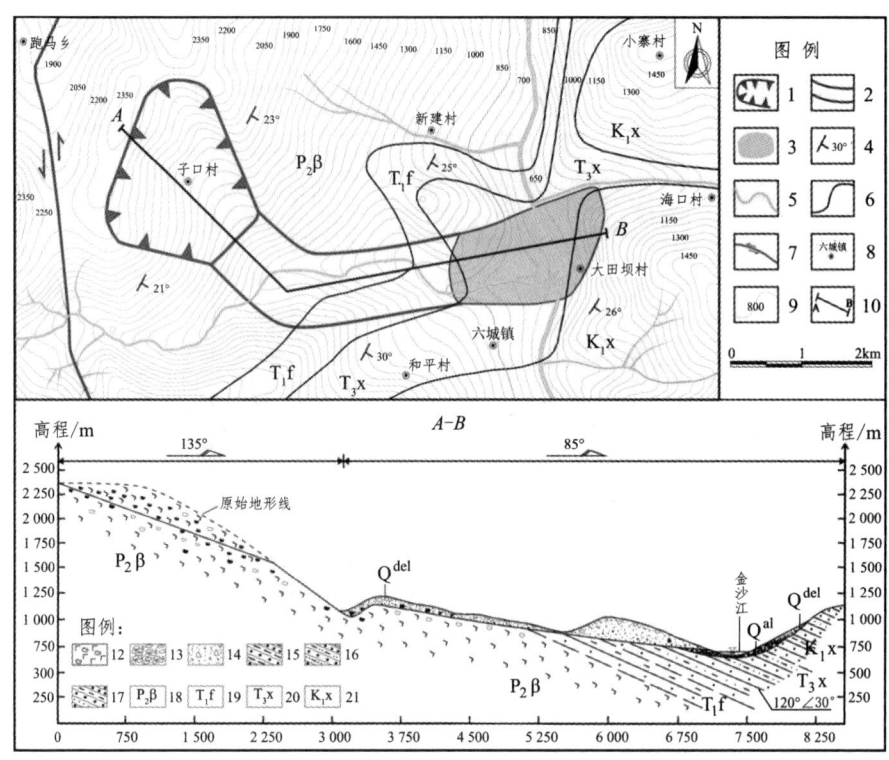

1—滑坡源区；2—滑坡流通区；3—滑坡堆积区；4—岩层产状；5—水系；
6—地层分界线；7—四开-交际河断裂；8—地名；9—等高线及高程值；
10—剖面线及编号；11—杏仁状玄武岩；12—冲积物；13—滑坡堆积物；
14—砂岩与泥岩互层；15—砂岩与泥质粉砂岩互层；
16—砂岩夹泥岩及粉砂岩；17—二叠系玄武岩；
18—三叠系下统飞仙关组；
19—三叠系上统须家河组；
20—白垩系小坝组。

图 3-9 矮子沟滑坡区地质环境图

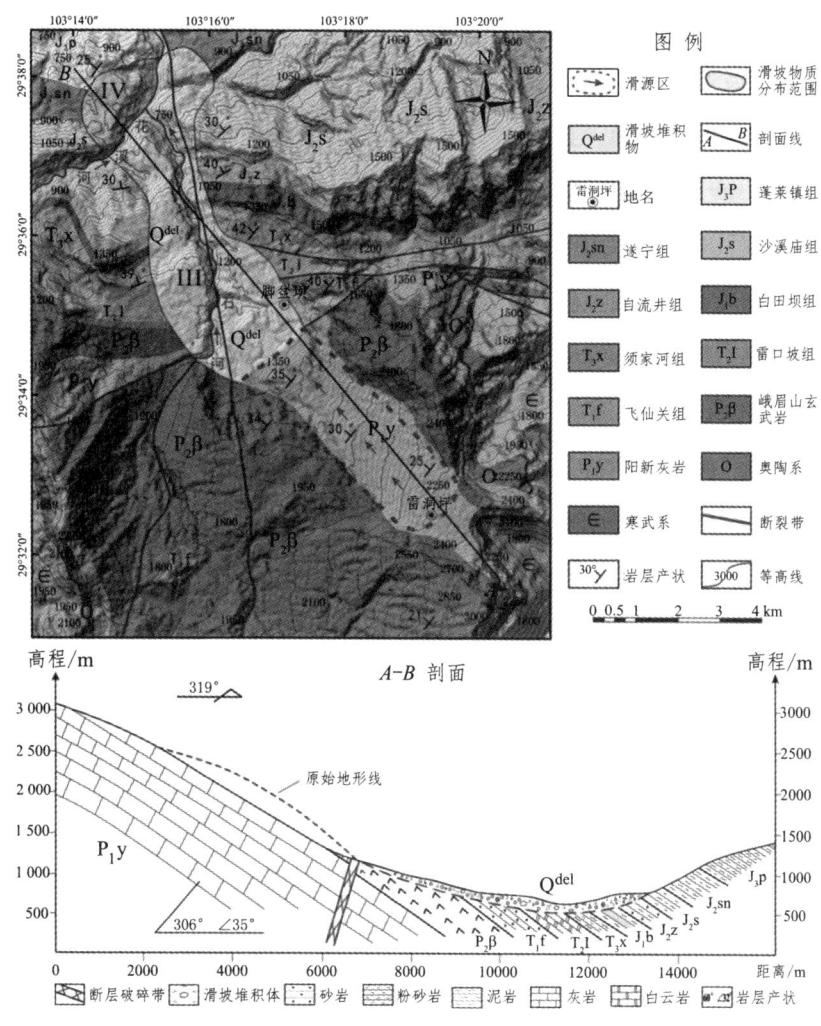

图 3-10 脚盆坝滑坡区地质环境图

通过以上的分析我们知道，马湖滑坡、脚盆坝滑坡以及矮子沟滑坡都属于典型的峨眉山玄武岩大型高位远程滑坡事件，在峨眉山玄武岩滑坡中具有很强的代表性。它们具有个体滑坡的差异性，但是又不是孤立存在的，而是在发育分布规律以及成因机制上拥有很多的共性。因此，为了揭示峨眉山玄武岩大型滑坡的成因机制，需要对典型滑坡进行由点及面的综合研究。这些峨眉山玄武岩大型滑坡均位于青藏高原向四川盆地过渡的地形陡变带上，地处我国西南部高烈度的高山峡谷地区。马湖滑坡发育在隔挡式褶皱的背斜翼部、背斜顶部以及坡脚附近，岩层在陡缓转折部位发生扭转，节理、裂隙最为发育，成为斜坡体脆弱易破坏的部位。高陡的背斜为滑坡体的失稳滑动提供了良好的临空面和巨大的势能，而宽缓的向斜则为滑坡体做进一步的远距离滑动提供了开阔的下滑空间。矮子沟滑坡发育于较为陡峭孤立的单斜断块山，并且剪出口与坡脚之间存在较大的高差，岩层中发育中缓倾的凝灰岩等软弱夹层临空，成为潜在的滑动面，岩体在强震等外力触发作用下沿软弱结构面易发生剪出滑动。脚盆坝滑坡也孕育在陡峻的单斜断块山上，虽然该滑坡的剪出口不具备较好的临空条件，但是坡脚处有逆冲断层发育时，断层上盘受断裂活动的影响，层状坡体完整性差、顺层结合力弱；而且坡脚断层带岩体较为破碎，成为整个坡体最为薄弱的部位，在强震等外力作用下沿断层附近的岩体能够发生剪断破坏，从而形成滑坡。因此，马湖滑坡、矮子沟滑坡以及脚盆坝滑坡分别代表着孕育峨眉山玄武岩大型滑坡的 3 种地质类型：隔挡式背斜翼部顺层滑坡、单斜中缓倾高位顺层滑坡和断层上盘顺层滑坡。

此外，马湖滑坡以及矮子沟滑坡均堵塞了大型江河，矮子沟滑坡坝的形成和溃决对周边区域的河谷演化产生了重要影响；马湖滑坡则形成了永久的堰塞湖，对区域的地质环境也产生了重要影响；脚盆坝滑坡的发生，改变了整个山地的地形地貌，使之成为著名的旅游景点。由此可见，这些大型滑坡事件的发生，具有深远的环境效应，对当地的地质环境演化产生了重大影响。因此，从这 3 个典型滑坡入手，对于揭示峨眉山玄武岩大型滑坡从变形破坏到滑动堵江的整个灾害链的运动演化过程及成因机制，具有重要的研究价值。我们将在后面章节分别对这些典型的大型玄武岩滑坡进行具体深入的研究。

3.4 本章小结

大型、巨型玄武岩滑坡密集成群分布在构造活动强烈、强震多发的高烈度区。喜马拉雅运动使研究区处于 NW-SE 向的区域构造应力场中，从而使得包括峨眉山玄武岩在内的地台盖层发生褶皱，褶皱运动使峨眉山玄武岩体由近水平的状态转变为不同角度的倾斜状态，从而峨眉山玄武岩发生大规模的顺层滑动成为可能。大型玄武岩滑坡大多发育于陡峭孤立的单斜断块（如脚盆坝滑坡、矮子沟滑坡、头寨滑坡、二蛮山滑坡等），或者在隔挡式褶皱的翼部也较多发育（如雷波滑坡，马湖 II 期、III 期和 V 期三期滑坡等），这些构造部位使滑源区前部开阔，多期构造运动又导致了岩体损伤破碎程度加大，坡体失稳后具有空间广阔的运动空间，更利于发生远程运动。

峨眉山玄武岩大型高位远程滑坡灾害在高山峡谷地区发育最为广泛。滑坡在空间上主要沿大型河流的干流及其支流呈条带状密集成群分布，在研究内主要形成了 4 个分布区：金沙江上游及各级支流（雅砻江、安宁河）分布区、金沙江中下游及各级支流（白水河、黑水河、牛栏江、横江等）分布区、大渡河中游及各级支流（黑竹沟等）分布区、大渡河下游及各级支流（青衣江等）分布区。金沙江和大渡河是流经研究区内的主要河流，其大大小小的支流众多，构成了纵横交错的水系网，在峨眉山玄武岩上覆地层的剥离过程中，水流侵蚀发挥了重要作用。

西南地区大型玄武岩滑坡的滑向具有一定的规律性，主要表现为 SE 向、EW 向和 NW 向。由于控制研究区内褶皱发育的主要构造应力场方向为 NW-SE 向，岩层主要受到强烈的 NW 向和 EW 向挤压作用而发生褶皱，使得研究区内赋存峨眉山玄武岩的坡体走向主要表现为 NE 向或者近 SN 向，这就决定了研究区内大规模峨眉山玄武岩滑坡的主体失稳方向主要表现为 SE 向、NW 向或者 EW 向。

通过对研究区内峨眉山玄武岩大型滑坡事件进行统计分析后发现，滑坡滑动面倾角主要位于 25°～45°范围内，研究结果表明峨眉山玄武岩大型高位远程滑坡事件主要发生于顺层中倾、中缓倾斜坡结构的坡体中。峨眉山玄武岩体具有巨厚层状的岩体结构特性，且岩体质硬，性脆，单层巨厚，层间发育凝灰岩等软弱夹层，产出状态倾斜。以上的特性决定了玄武岩斜坡体难以发生大规模的倾倒破坏和玄武岩横向坡切层破坏，斜坡体唯一可以产生变形破坏的方式为中缓倾的顺层滑移-中陡倾高陡斜坡的拉破坏，从而限定了这种特殊岩组顺层变形破坏的力学模式。研究发现，泥化率为 60%的凝灰岩层的内摩擦角为 24°甚至更低。因此，具有中倾、中缓倾角岩层的岩体，既有足够的下滑力，又具备了良好的下滑空间，凝灰岩层往往成为控制岩体滑动的软弱结构面，在强震等外力作用下岩体沿凝灰岩层等软弱面发生类似"剥洋葱"一样的逐层滑动。

通过对峨眉山玄武岩大型滑坡的发育分布规律的综合研究，将峨眉山玄武岩大型高位远程滑坡主要分为 3 种地质类型：隔挡式背斜翼部顺层滑坡、单斜中缓倾高位顺层滑坡和断层上盘顺层滑坡。

隔挡式背斜翼部顺层滑坡发育于隔挡式褶皱的背斜侧翼。由于峨眉山玄武岩属于脆硬性岩，在褶皱构造的影响下，位于背斜顶部以及背斜与向斜过渡的坡脚附近，岩层在陡缓转折部位发生扭转，节理、裂隙最为发育，这些次生结构面进一步发展，会成为后缘拉裂缝和前缘折断带。滑坡体的变形失稳正是后缘发生拉裂破坏，前缘沿折断带发生剪切滑移的过程。

单斜中缓倾高位顺层滑坡的剪出口与坡脚之间存在巨大的高差，滑坡体具有高位势能，玄武岩层间发育中缓倾的凝灰岩等软弱夹层临空，成为潜在的滑动面。岩体由软弱夹层控制，并受到其他不利因素的耦合作用，最终在强震触发下发生大规模顺层滑动。

断层上盘顺层滑坡的剪出口位于坡脚附近，虽不具备较好的临空高度，但是坡脚处有逆冲断层发育，滑坡体位于断层上盘，断层上盘受断裂活动的影响，层状坡体完整性差、顺层结合力弱。更为重要的是，断层附近的岩体受到断层活动的剪切、挤压破碎，成为整个坡体最为薄弱的部位，在强震等外力作用下断层附近的岩体能够发生剪断破坏，从而形成大型滑坡。

第 4 章 隔挡式背斜翼部顺层滑坡的孕育机制

4.1 滑坡区的地质环境

马湖地处四川省凉山彝族自治州雷波县东北部的璜琅镇，毗邻金沙江左岸，金沙江该河段总体呈北东向流经本区，江西部属雷波县境，江东部归永善县辖（图 4-1）。马湖湖面南北长 5.5 km，东西宽近 2.5 km，面积 7 km²，平均水深达 70 m，最深处有 170 m，蓄水量达 4.8×10^8 m³，是四川第三大高山天然深水湖泊。马湖是由马湖滑坡堆积堵塞金沙江的支流古璜琅河而形成的永久堰塞湖，滑坡堆积体规模巨大，主体为玄武岩块碎石。马湖滑坡分为多个期次，均发生于地形陡峻的对门山，巨量的滑坡物质自高陡的山体上失稳滑下，形成大型高位远程滑坡碎屑流，最终堆积在整个璜琅镇。马湖滑坡区地处以隔挡式褶皱为构造特征的区域，滑源区发育于高陡的背斜一翼，属于典型的隔挡式背斜翼部顺层滑坡（图 4-2～图 4-4）。马湖滑坡形成的堰塞坝和堰塞湖较为完整，该滑坡是在地震等内力地质作用以及河流、地下水等外营力地质作用综合作用下的产物，其形成演化过程具有典型性和代表性，为深入研究此类峨眉山玄武岩大型高位远程滑坡提供了理想场所。

第4章 隔挡式背斜翼部顺层滑坡的孕育机制

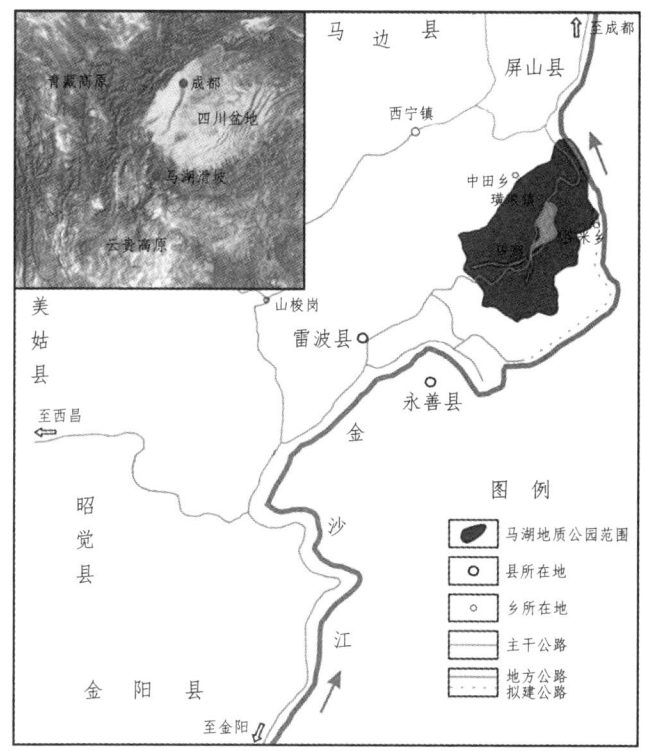

图 4-1 研究区地理位置

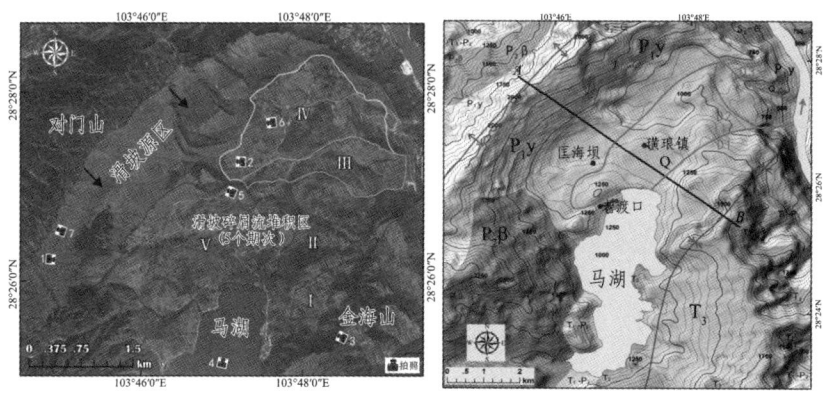

图例：左图：I-V 马湖滑坡期堆积体出露范围　📷拍照位置　右图：Q 滑坡堆积体　T_3 上三叠系　T_2 中三叠系　T_1-P_2 下三叠系-上二叠系　$P_2\beta$ 二叠系峨眉山组玄武岩　$P_1\gamma$ 二叠系阳新灰岩　$S_2-\epsilon$ 中志留系-寒武系　剖面线　城墙岩背斜　马湖向斜　研究区古河道

图 4-2 马湖滑坡全景及堆积体空间展布

4.1.1 滑坡区地形地貌

研究区位于青藏高原和云贵高原向四川盆地过渡的地带，属金沙江下游地区（图4-1）。区内最高点为锦屏山主峰（高程2 984.4 m），而金沙江河谷水面平均高程为325 m左右，相对高差超过2 700 m。该地区地貌特征主要表现为极大起伏高山至极大起伏中山，由于受构造带的控制，山脊与地质构造线方向基本一致，山体走向多呈北东向和南北向延伸（图4-2）。金沙江整体呈北东向斜贯本区（图4-1），区内金沙江河道狭窄，谷坡陡峻，河床平均比降为1‰，水流湍急。

马湖位于璜琅古镇以南的璜琅槽谷，为地势相对开阔平缓的负地形，湖面高程为1 101 m。滑坡区地势整体上西高东低、南高北低，高低悬殊，地形起伏大。滑坡区域内高程最高点位于滑源区所在的对门山，高程超过了2 000 m；而最低点位于店子坪的"消坑"，高程为850 m（图4-3和图4-4）。

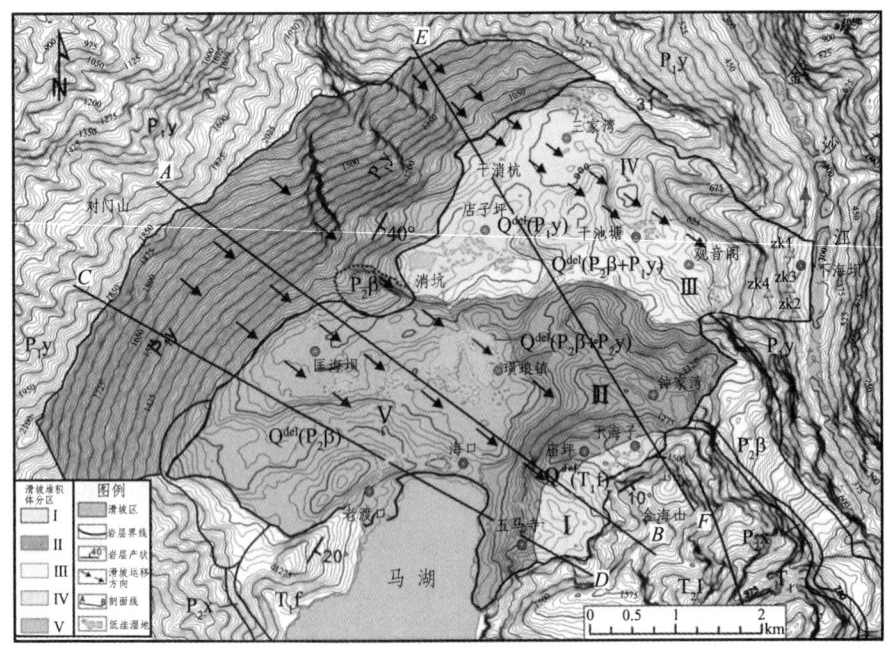

图4-3 马湖滑坡区工程地质图

第4章 隔挡式背斜翼部顺层滑坡的孕育机制

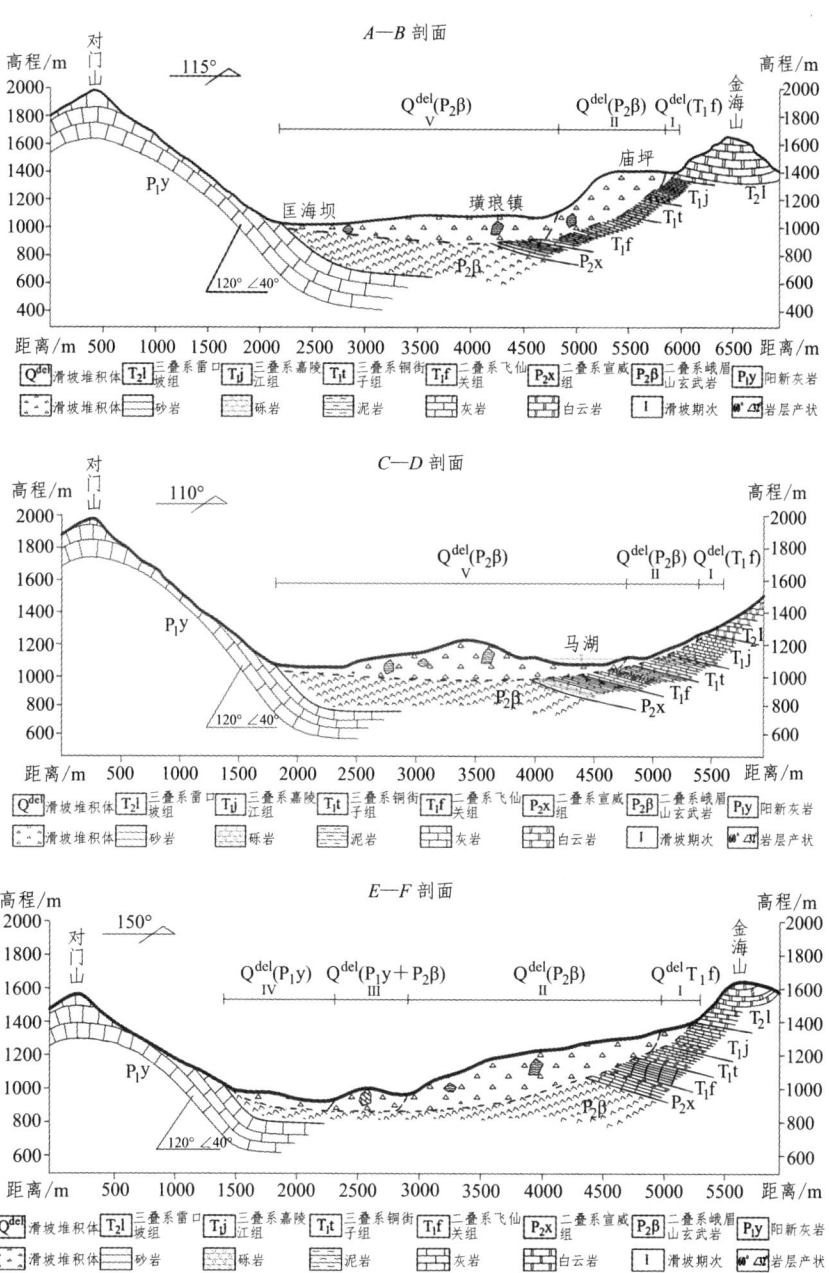

图 4-4 马湖滑坡区剖面图

根据地形起伏、河流下切深度和地貌特征，可将研究区细分为 3 个地貌小区（图 4-5 和表 4-1）。马湖所处的中部狭长区域属于璜琅槽谷低山浅丘区，西侧属于钻天坡构造剥蚀高山区，东侧属于天门山构造剥蚀高山区。

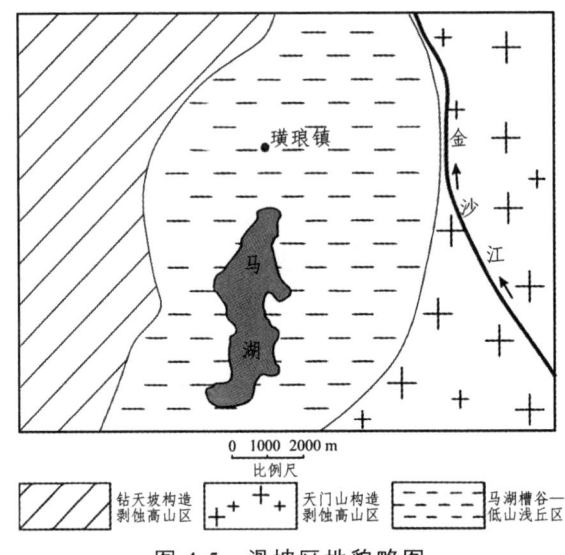

图 4-5 滑坡区地貌略图

表 4-1 滑坡区小地貌区概况

地貌类型	地貌特征
钻天坡构造剥蚀高山区	地形陡峭，沟谷多为峡谷或 V 形谷，地形坡度 30°～50°，局部为陡崖。海拔 1 800～2 500 m
马湖槽谷低山-浅丘区	狭长状低缓开阔谷地，谷地两侧为低山-浅丘，海拔 850～1 400 m
天门山构造剥蚀高山区	地形陡峭，沟谷多为 V 形谷，地形坡度 30°～50°，局部为陡崖。海拔 1 900～2 100 m

4.1.2 滑坡区气象水文

马湖地区地处亚热带季风气候区，全年日照较少，降雨丰富，多集中在 5—8 月份的雨季。湖区气候温暖湿润，年平均气温在 12 ℃ 左右。该地区可划分为 3 个小气候带（表 4-2）。

表 4-2 马湖地区小气候带概况

气候带	海拔/m	年平均气温/°C	降水量/mm
北亚热带	1 200 以下	12.9~14.8	700~1 000
暖温带	1 200~1 800	10.0~12.9	800~1 000
温带	1 800~2 500	6.0~10.0	1 000

马湖地区西部地形为极大起伏高山至极大起伏中山，山高水深，沟壑纵横，东部的金沙江是区内地下水排泄的最低基准面。因此，测区内地下水的类型及运动明显受到构造、地形及气候的影响。根据地下水赋存条件、水理性质、水力特征等，可把区内地下水划分为3种类型：

（1）松散堆积物孔隙水：主要分布在筐海坝、璜琅镇、观音阁、三家湾、购家湾、干海子以及金沙江沿岸的第四系堆积体内（图 4-3）。由于这些堆积体（冲积阶地、冲洪积台地、滑坡堆积、冰川-冰水堆积及崩坡积等）分布面积狭小，厚度不大，地下水赋存条件较差，泉水规模一般不大。

（2）基岩裂隙水：滑坡区内主要分布在对门山和金海山基岩中。可进一步根据赋水基岩岩性分为碎屑岩裂隙水和玄武岩裂隙水两种。碎屑岩裂隙水分布广泛，测区的侏罗系、三叠系、志留系、奥陶系和寒武系中的砂泥岩、砂岩、砾岩等均属此类含水层，泉流量相差悬殊。玄武岩裂隙水分布在区内峨眉山玄武岩中，富水性较均匀。

（3）碳酸盐岩裂隙溶洞水：滑坡区内主要分布在干池塘-店子坪一带的灰岩中（图 4-3）。区内碳酸盐岩分布广泛，富水性以下二叠统阳新灰岩和中三叠统雷口坡组灰岩及白云质灰岩最好。泉流量相差悬殊，最高可达 1 000 L/s 以上，一般为不足一升至数升。

对门山-下河坝水流系统是马湖地区一套独立完整的水流系统，马湖北西侧的对门山以及南东侧的金海山构成了分水岭，使该区域的地下水渗流汇聚于璜琅槽谷。大气降雨为湖水提供了主要的补给来源，其通过地下径流的方式由南向北渗流至璜琅地区，从而使湖水的排泄和补给基本达到平衡；璜琅地区的地下水再通过店子坪、干池塘的消坑潜流至下河坝，最终汇入金沙江。

4.1.3 滑坡区地质构造环境

根据大地构造单元的划分，本区属于扬子大陆板块西南缘的上扬子台褶带。本区区域构造是以断裂为边界的断块构造，断块之间的相互作用会使结合带及其两侧地质体发生褶皱、断裂等变形，而产生与之相关的构造特征及构造形态。而断块内的次级断块作用、深部构造特点则直接影响区内的构造变形样式，由于构造样式、构造演化等不同，断块内部可以进一步划分出更次级构造单元，研究区从更次级构造单元而言，区域构造为一由断裂所围限的三角形块体，称之为雷波-永善三角形块体（图 4-6）。充当该三角形块体的边界断裂是：西部南北向峨边-金阳断裂带，南部北东向莲峰-华蓥山断裂，东部边界为北西向马边-盐津断裂带。

1. 马湖滑坡区断层发育特征

研究区外围主要发育的区域性断层有南北向的马颈子断裂带以及北西向马边-盐津断裂带，对研究区构成的重要影响。

马颈子断裂带即为区域上的峨边-金阳断裂带，在研究区西部距马湖滑坡体约 35 km 的地方通过，该断裂是区域上的一条重要断裂，是一条脆性剪切带，北起峨边西北，向南经烟峰西、刹水坝、马颈子等地，于永善县大井坝附近交于莲峰断裂，长约 180 km。总体走向南北，倾向西，倾角 50°~70°。破碎带宽约数十米至百余米不等，主要由压碎岩、角砾岩、劈理带及断层泥等组成。断层主要断于古生代地层中。该断层早在古生代就已存在，并控制了峨眉山玄武岩的喷溢，后又多次活动，力学性质复杂。断裂西侧以南北向构造为主，东侧以北东向和北西向构造为主，是一条对沉积和构造发育都有一定控制作用的区域性大断裂。根据岩相古地理、区域构造格局等资料分析，始新世中期，喜山运动爆发，马颈子断层进入强烈活动时期，可分三期：第一期为在北西-南东向水平挤压应力场中发生反时针扭动，同时限制了雷波-永善向斜、黄泥坡背斜、城墙岩背斜等北东向褶皱向西发展，并沿断裂两侧形成了一系列呈雁列状展布的北东向倾伏褶皱，比如雷波-永善向斜、城墙岩背斜、马湖向斜等；第二期为在近东西向水平挤压条件下的由西向东逆冲，并叠加在北东向构造之上；第三期活动受控于南西西-北东东水平挤压，活动方式为压（顺）扭性，并派生了沿断裂带分布的马颈子北北西向褶皱群。马颈子断裂在第四纪仍有活动，山棱岗剖面的断层泥热释光测年为（438±4.4）ka。抓岩剖面断层泥中石英碎粒的显微形貌分析表明断层的最晚期活动时代为上新世-中更新世。

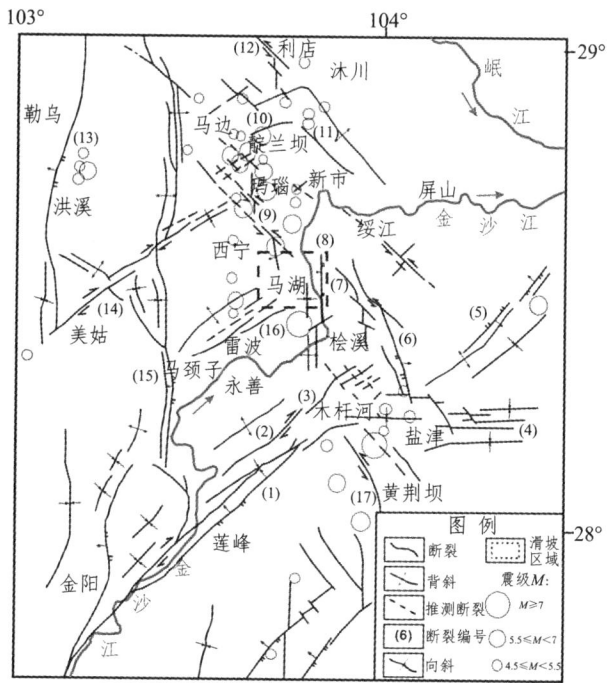

（1）—莲峰断裂；（2）—头坪断裂；（3）—兴田断裂；（4）—盐津断裂；
（5）—华蓥山断裂；（6）—中村断裂；（7）—关村断裂；（8）—翼子坝断裂；
（9）—玛瑙断裂；（10）—靛兰坝断裂；（11）—中都断裂；
（12）—利店断裂；（13）—洪溪断裂；（14）—美姑断裂；
（15）—马颈子断裂；（16）—雷波断裂；（17）—黄荆坝断裂。

图 4-6　滑坡区域地震-构造格架

在向盆地的过渡带上，由利店断层、中都断层、玛瑙断层、关村断层、中村断层、翼子坝断层及它们共生的一些褶皱组合成一条北西向构造带，即马边-盐津北北西向构造带，它与上述的马颈子断裂带和莲峰-华釜山断裂带相交，构成了雷波-永善三角块体的边界（图 4-6）。这条北北西向构造带具有复杂的组成和重要的构造意义，一些较早形成的南北向构造成分，如翼子坝断层等，被卷入其中，新构造活动性较强，对研究区影响较大。该地震带的新构造活动性强，在该地震带上发生了一系列的强震活动。据统计，1934—1976 年，在该地震带上共记录到震级超过 4.5 级以上的地震事件至少有 17 次，其中 7~7.1 级 1 次，6.8 级 1 次（表 4-3），此外根据历史记载，在 1216 年马湖滑坡附近还有一个 7.0 级的地震发生。值得注意的是，该断裂带与北东向断裂（主要包括南部的莲峰断裂、中部雷波断裂及北部美姑-靛兰坝断裂）的交汇部位，地震活动强烈，而发震强度在中段的马湖附近及南段的盐津附近较高，是马边-盐津断裂的两个重要危险区（图 4-6）。

表 4-3　马湖滑坡附近的地震（1936—1974）（据李欣泽）

日期	震中		震级	到滑坡距离
年-月-日	N	E	Ms	km
1936-04-27	28.5°	103.6°	6.8	19
1966-10-11	27.9°	103.9°	5.2	60
1970-07-31	28.32°	103.36°	5.4	44
1971-03-11	28.38°	103.35°	5	42
1971-08-16	28.54°	103.35°	5.8	11
1971-08-17	28.49°	103.40°	5.8	38
1971-08-17	28.50°	103.37°	5.6	41
1971-08-17	28.46°	103.44°	5.4	35
1971-08-18	28.48°	103.37°	5.1	42
1971-08-23	28.44°	103.44°	4.8	35

续表

日期	震中		震级	到滑坡距离
年-月-日	N	E	Ms	km
1971-08-23	28.45°	103.40°	4.6	39
1971-09-04	28.48°	103.38°	4.8	41
1971-11-05	28.49°	103.35°	4.9	44
1973-06-29	28.46°	103.40°	5	38
1973-06-29	28.46	103.40°	5.5	38
1974-05-11	28.2°	103.9°	7.1	40
1974-03-08	28.15°	104°01	5.2	84

马湖滑坡区附近影响最大的次级断层有翼子坝断层和玛瑙断层（图4-6）。翼子坝断裂带位于马湖滑坡的东侧，距离马湖滑坡体最近距离约9 km。南起永善长坪大火地，向北经大毛滩、翼子坝、骡马场，止于莲花山南，全长约31 km。该断裂走向南北，向西陡倾，西（上）盘向东逆冲，断层破碎带宽数米至十余米。翼子坝断层的新构造运动明显，主要表现为：① 具有较明显的线性地貌特征；② 在翼子坝东云南永善县骡马场干沟，断层泥砾带中方解石热释光测年为265 ka，说明在中更新世早-晚期曾有过活动；③ 古地震遗迹-地裂缝及砂脉存在，所在的冲洪积层中的炭屑的 ^{14}C 法年龄为（24 550±840）a。

玛瑙断层北起研究区外的马边县玛瑙北，南段过狮子堡进入本区北部后消失在城墙岩背斜北东翼（为北东向城墙岩背斜限制），全长约33 km，南端距马湖滑坡区最近约3 km。在区内，该断层倾向西或南西西，倾角45°~50°，西盘上冲，但最大断距不超过300 m，断层破碎带一般宽50~100 m。玛瑙断层新活动性表现明显：① 在玛瑙断层北段太平村南豹子沟附近，断层破碎带的断层泥中石英颗粒热释光测年为（196.8±1.5）ka；② 在玛瑙断层北段太平村南，该断层已明显扰动上覆第四纪砂砾石层；③ 玛瑙断层明显地影响及控制着马边河上游的地貌，如在穿过马边河的中塘村附近，河床纵剖面形成一个裂点，应为该断裂在晚第四纪的活动的表现；④在航空相片上，玛瑙断层反映出明显的断层地貌；⑤在玛瑙断层北段附近，1936年4月27日曾经发生6.75级强震；近年来弱震活动的发生也较密集，如1935—1936年的马边震群活动就发生在它的附近，表明其至今仍具有一定的活动性。

2. 马湖滑坡区的褶皱发育特征

雷波-永善三角形块体内的褶皱构造以NE向为主，背斜紧闭，向斜开阔，具有隔挡式特点。研究区内的褶皱构造主要包括了城墙岩背斜和马湖向斜（图4-7和图4-2），各个褶皱构造的具体介绍如表4-4所示。

表4-4 滑坡区的褶皱构造特征概况

构造名称	基本特征
城墙岩背斜	对门山坐落于城墙岩背斜的南东翼。由于后期遭受构造改造，现今褶皱枢纽表现为蛇曲状。该褶皱由西部的山棱岗延伸至东部的芭蕉滩，全长约50 km。寒武-奥陶系地层组成其核部，志留-二叠系地层构成其翼部。北西翼较陡，南东翼较缓，轴面倾向南东，倾角35°~40°
马湖向斜	马湖位于该向斜的西翼，向斜核部位于金海山。三叠系地层组成其核部，二叠系地层构成其翼部，地层产状基本对称，倾角均为10°~20°。轴向为NE向，其走向与城墙岩背斜近似

地处雷波-永善三角形块体内的马湖滑坡的滑源区即发育在城墙岩背斜（对门山段）的南东翼，以及马湖向斜的西翼，是典型的隔挡式滑坡。该地区断裂与褶皱关系密切，常发育在背斜较陡翼，有的为褶皱产生断层，有的是断层引起褶皱。物探结果证明，在一些地表未见断裂的窄背斜之下，深处仍有断裂。因此，本区具有基底断裂控制盖层褶皱的特征。

4.1.4 滑坡区地层岩性

研究区内出露的最老地层为寒武系，其上除泥盆系、石炭系、白垩系缺失外，其余地层均发育较全。其中，寒武系主要在北部芭蕉滩一带有出露，位于店子坪北侧也有少量出露；寒武系至志留系构成背斜核部，三叠系构成马湖向斜核部。古生界以海相沉积为主并兼有基性火山岩岩系；中生界中、下三叠统为海相沉积，余者为陆相沉积。马湖滑坡区在地层区划上属于峨眉小区，根据野外地质调查，并结合《1:20万雷波幅区域地质测量报告》资料，研究区的地层主要包括阳新灰岩、峨眉山玄武岩组、宣威组、飞仙关组、铜街子组、嘉陵江组、雷口坡组等，有关地层岩性概况见表4-5。

表 4-5 研究区地层岩性概况

地质时期	地层名称	厚度/m	描述
第四系	Q_4	0~150	主要为滑坡堆积体（Q_4^{del}），出露于璜琅镇至其北东侧下河坝，筐海坝至购家湾，主要为孤、块碎石土，岩性为砂泥岩、玄武岩、阳新灰岩
三叠系	雷口坡组（T_2l）	101~368	出露于马湖东岸石厂湾、母猪岩、双海包、猴子堡以及湖底东侧，岩性底部接触面为杂色黏土岩，下部为砂岩、粉砂岩、泥岩夹泥灰岩，中上部为灰、黄灰色薄中层白云岩、白云质灰岩、灰岩为主夹盐溶角砾岩
	嘉陵江组（T_1j）	190	出露于马湖东岸龙湖洞、猴子堡以及湖底东侧，岩性为灰色中-厚层泥灰岩、白云质灰岩为主，夹微晶灰岩、盐溶角砾岩，岩溶发育
	铜街子组（T_1t）	105.7	出露于马湖南岸及湖底中部，岩性为紫红、黄绿色砂岩、粉砂岩夹泥岩、泥灰岩
	飞仙关组（T_1f）	250	出露于马湖西岸牛马巢、海马石、尤家山、额子沟口以及马湖南岸、湖底西侧，岩性为紫红色砂岩、粉砂岩、泥岩

续表

地质时期	地层名称	厚度/m	描述
二叠系	宣威组（P_2x）	97~140.3	出露于大湾北西侧，金海山东侧，岩性为杂色砂泥质岩、铝土岩
	峨眉山玄武岩（$P_2\beta$）	402~505	出露于马湖西岸大湾，浅绿色-深灰色致密块状、斑状、杏仁状及气孔状玄武岩夹凝灰岩、玄武集块岩
	阳新灰岩（P_1y）	360~660	包括栖霞组和茅口组：灰白色至灰黑色块层状石灰岩、生物灰岩，底部偶夹炭质页岩。分布于马湖北岸璜琅镇一带
志留系奥陶系寒武系	S_2-∈	—	出露于芭蕉滩背斜核部，位于店子坪北侧

滑坡区所涉及的地层主要包括下二叠统阳新灰岩和上二叠统的峨眉山玄武岩，主要在璜琅槽谷西岸发育，而三叠系的各套地层则主要出露于东岸（图4-2和图4-7）。

1. 下二叠统阳新灰岩（P_1y）

滑坡区及其外围地区下二叠统为一套连续的碳酸盐岩沉积，依据古生物化石可以将该套岩石划分为栖霞组和茅口组，而两组灰岩的岩性十分相似，岩性标志特征不明显，野外难以区分，区域上一般统称为"阳新灰岩"。

2. 上二叠统峨眉山玄武岩（$P_2\beta$）

滑坡地区峨眉山玄武岩主要为一套深灰、灰黑色、灰绿色隐晶-微晶玄武岩，斜斑状玄武岩，角砾熔岩，集块熔岩及凝灰岩、火山角砾岩组合。

研究区内的峨眉山玄武岩出露齐全，露头好，研究也最详细。该套玄武岩属典型的裂隙式喷发大陆玄武岩，滑坡区由下至上可划分出3个旋回、14个喷发韵律（按习惯用法，划分为$P_2\beta_1$~$P_2\beta_{14}$等14个"岩流层"），其中第一旋回包括$P_2\beta_1$~$P_2\beta_5$，第二旋回包括$P_2\beta_6$~$P_2\beta_{11}$，第三旋

回包括 $P_2\beta_{12}$ ~ $P_2\beta_{14}$；总出露厚度 481.85 m。

按岩石的结构、构造、矿物成分及组成特征，将该套玄武岩划分为 4 大类，分别为：① 熔岩类：具体可分为细晶玄武岩、微晶玄武岩、致密状玄武岩、多斑玄武岩、斑状玄武岩、含斑玄武岩、杏仁状含斑玄武岩、杏仁状玄武岩、玄武玻质熔岩等；② 碎屑熔岩类：具体可分为玄武质集块角砾熔岩、玄武质角砾熔岩、玄武质玻屑-岩屑角砾熔岩、玄武质凝灰角砾熔岩、玄武质凝灰熔岩等；③ 火山碎屑岩类：具体可分为玄武质角砾集块岩、玄武质角砾凝灰岩、玄武质玻屑凝灰岩、玄武质凝灰岩等；④ 沉积火山岩类：具体可分为沉玄武质角砾岩、玄武凝灰质杂砂岩、玄武质沉凝灰岩、凝灰质页岩等。

区内每个"岩流层"都具有很强的岩石组合规律：一般下部为熔岩类岩石，上部为碎屑熔岩类、火山碎屑岩类或沉积火山岩类。其中上部岩石组合，尤其是碎屑熔岩类的分布连续性较差，与下部岩石接触界面起伏大，具有明显的火山喷发不整合接触特征。

4.2 马湖滑坡群的发育特征

4.2.1 滑坡整体的形态特征

马湖滑坡位于由多个断裂所围限的雷波-永善三角形块体内，马湖滑坡的滑源区地处城墙岩背斜的南东翼，以及马湖向斜的西翼，属于典型的隔挡式背斜翼部顺层滑坡。

马湖地处川东南、滇东北部金沙江流域下游，金沙江在本区大致为北东流向，马湖是由马湖滑坡堆积堵塞金沙江支流古璜琅河而形成的永久堰塞湖。马湖滑坡分为多个期次，均发生于地形陡峻的对门山，山体高差巨大，为滑坡物质的失稳提供了巨大的势能，巨量的滑坡物质自高陡的山体上失稳滑下，因为坡体前缘开阔，滑坡体最大滑动距离超过 2.5 km，形成了典型的峨眉山玄武岩大型高位远程滑坡碎屑流。因为受到了东部金海山的阻挡（图 4-7 和图 4-8），滑坡物质最终堆积于整个璜琅镇。滑坡堆积区内的金海山海拔最高，位于堆积区的前缘，滑坡体前缘抵达金海山后，由于动能巨大继续爬坡，最大爬坡高度超过 200 m。因此，滑坡堆积体前缘的地势通常要高于后缘，滑坡体后缘整体表现为圈谷地貌（图 4-7）。

（图 1 和图 2A 的拍照位置标注在图 4-2 中，图 2B 为滑源区坡脚处的折断裂隙）

图 4-7　马湖滑坡的地形地貌特征

（图 3 和图 4 的拍照位置标注在图 4-2 中）

图 4-8　滑坡区的典型地貌

滑坡堆积体的分布面积约 19.7 km², 根据野外地质勘察, 推测滑坡堆积体总体积超过了 20 亿 m³, 因此马湖滑坡属于巨型滑坡, 是中国已知的最大规模的滑坡之一, 这样的滑坡规模在世界上也是罕见的。滑坡堆积在空间分布上表现出显著的差异性, 由于各期次的滑坡物质相互叠置, 后期又遭受了地震、河流等内外营力的改造以及人类活动的影响, 形成了以沟谷、滑坡坝和山梁为主的地貌特征, 堆积体地形高低起伏, 堆积体在整体空间分布上高程最低的位置位于店子坪村(高程为 850 m), 最高的位置位于黄琅镇东侧庙坪一带的突出山梁(高程为 1 413 m), 堆积体构成庙坪山主体(图 4-3 和图 4-8)。滑坡堆积体的规模巨大, 位于不同区域的堆积体在物质组成、形态特征等方面也表现出了明显的差异, 这是由于堆积体来自不同期次的滑坡事件, 因此在对滑坡堆积体的发育特征进行研究的时候, 需要分区域进行深入而全面地分析, 这会在后面章节进行详细的介绍。

4.2.2 滑坡源区特征

对门山作为滑坡的发源地, 地处雷波-永善三角形块体内的城墙岩背斜的南东翼, 以及马湖向斜的西翼。对门山段的坡体为顺向坡, 山脊线呈弧形, 整体走向为北东向, 走向近 45°。受褶皱构造的影响, 基岩岩体整体较为陡峻, 越往上部逐渐趋于平缓, 坡度一般为 40°(图 4-3 和图 4-9)。山顶处的高程范围是 1 990 ~ 2 100 m, 坡脚处的高程是 1 000 ~ 1 100 m, 高差约为 900 ~ 1 000 m, 山顶和山脚的高差巨大。

滑源区滑体面积约 12.8 km²(图 4-9)。出露岩体的岩性主要为阳新组灰岩(P_1y), 构成了滑坡的滑床, 呈中厚层-巨厚层状, 表面风化较严重, 岩层产状为 120°∠40°。滑源区的岩体还主要发育两组结构面: ①340°∠84°; ②70°∠80°。

各个期次的滑坡体失稳方向均为 SE 向, 滑动方向大致为 130°。野外调查发现, 在滑源区的坡脚处, 出露有未滑动的峨眉山玄武岩基岩(图

4-9);在对门山南西侧可见岩体滑动后留下的滑坡侧壁,基岩岩性为阳新组灰岩(P_1y),整体形似"剥洋葱"结构(图 4-9);在对门山北东侧坡体可见由阳新组灰岩(P_1y)构成的滑动面,表面光滑,在长期流水侵蚀作用下形成局部的凹槽,灰岩溶蚀槽最深可达 1.5 m,雷波县灰岩的一般溶解速率约为 0.3 mm/a。由此可推断滑坡的最后一期至少发生在 5 000 年前;部分灰岩滑面因遭受强烈的溶蚀作用,表面凹凸不平(图 4-9),滑面的坡度为 40°。

(图 5~7 的拍照位置标注在图 4-2 中)

图 4-9 滑坡源区特征图

在滑源区后缘，对门山山脊线附近出露有陡立的顶部陡坎，陡坎近垂直（坡角为 70°～90°），出露高度 10～65 m，这些顶部陡坎是由原始张裂隙形成的，岩石露头为层状灰岩（图 4-9）。此外，在城墙岩背斜的东翼，沿着地形坡度陡变的区域还发育着一条河流——古璜琅河，它是金沙江的支流。

4.2.3 滑坡堆积区形态及结构特征

马湖滑坡区位于金沙江左岸，金沙江在本区大致的流向为北东向，河流下切所形成的线状空间为其西部对门山处坡体发生不同期次的大规模顺层滑移提供了基准面，成为滑坡潜在的堆积区域。

位于研究区西部的对门山构成了城墙岩背斜的南东翼，海拔最高处超过了 2 000 m，走向为北东向；而研究区东部的金海山构成了马湖向斜的核部，最高处海拔超过了 1 600 m，走向与城墙岩背斜相似，也为北东向。这两座山体在滑坡区内形成了天然屏障，巨量的滑坡物质自西侧的对门山上失稳之后，均朝南东向滑移，因为受到了东部金海山的阻挡而堆积于整个璜琅镇（图 4-2）。滑坡体的前缘部分抵达金沙江沿岸（下游段）和金海山一带（上游段），滑坡堆积体在平面分布上以马湖海口为南界，西部以匡海坝为界，东部以下河坝为界，北部以三家湾为界，其覆盖范围大约为 19.7 km^2（图 4-3）。滑坡体前缘靠近金沙江沿岸一带由于遭受后期地质改造作用，而无法在野外清楚观测，因此现场在该区域进行钻探调查（钻孔位置分布如图 4-3），调查结果揭示该区域的表层堆积物质也来源于马湖滑坡（图 4-10）。钻孔 ZK1-ZK3 均达到了基岩，其中，ZK1 钻孔在进尺约 57 m 处见到基岩，基岩成分为灰岩，57 m 以上的表层物质由压实良好且部分胶结的碎块石组成，碎块石岩性多为灰岩和玄武岩，为马湖滑坡堆积物；ZK2 钻孔深部发现古璜琅河阶地物质，ZK3 钻孔揭示的基覆界线最深；而 ZK4 钻孔深度达到 108 m 时仍未发现基岩出露，可见该处滑坡堆积体深度超过了 108 m。野外地质调查还表明，滑坡堆积体中部和后部的堆积厚度更厚，保守推测堆积体的平均厚度为 110 m，据此判断滑坡堆积体总体积超过了 $2×10^9$ m^3，Cui 等对马湖滑坡进行调查后推测堆积体的规模约为 $2.38×10^9$ m^3，这与我们的调查结果是相符的。滑坡堆积体的物质成分主要为块碎石土，局部可见大块石、孤石，块碎石岩性主要有飞仙关组（T_1f）、峨眉山玄武岩（$P_2\beta$）以及阳新灰岩（P_1y）。

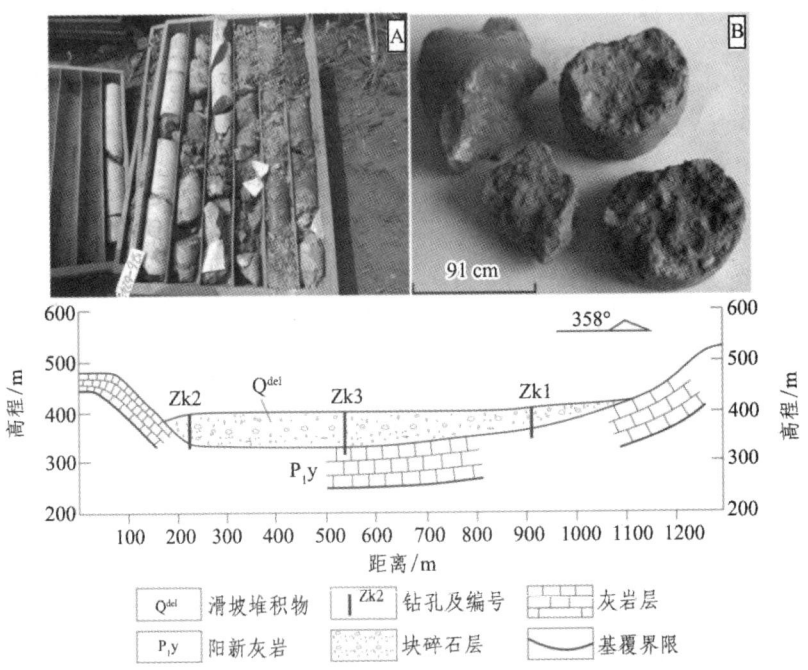

图 A—ZK1 钻孔取芯物质；图 B—ZK2 钻孔深部发现的古璜琅河阶地物质。

图 4-10 滑坡堆积体前缘钻孔剖面图（据 Cui）

通过野外翔实的地质调查，根据滑坡堆积体的物质组成、堆积体中块碎石的岩性特征以及风化程度，并结合滑坡堆积体在空间分布上的层序关系以及地形地貌特征，可以将马湖滑坡具体划分为 5 期（图 4-2 和图 4-3），各期次的滑坡前后依次发生，不同期次的滑坡堆积体集中出露在不同的区域，各个期次的堆积体形态及结构特征表现出了明显的差异（表 4-6）。

表 4-6 滑坡堆积体各期次分区的基本概况

分区名称	堆积区域	分布范围/km²	方量/(×10⁴)m³	分布高程范围/m	堆积体粒度范围/cm	堆积体岩性组成	原岩地层
Ⅰ	干海子-五马寺	0.97	>5 000	1 314~1 360	2~10,局部>50	砂岩、泥岩	T_1f
Ⅱ	钟家湾-五马寺	4.82	>50 000	1 000~1 413	2~20,局部>300	玄武岩、泥岩、砂岩	$P_2\beta$, P_2x
Ⅲ	下河坝-店子坪	1.99	>15 000	420~1 100	2~15,局部>100	玄武岩、灰岩	$P_2\beta$, P_1y
Ⅳ	三家湾-店子坪	4.91	>25 000	660~1 100	2~20,局部>400	灰岩	P_1y
Ⅴ	匡海坝-马湖海口	7.03	>60 000	1 020~1 250	2~10,局部>500	玄武岩	$P_2\beta$

1. 滑坡Ⅰ期堆积体特征

滑坡Ⅰ期堆积体形成于最早的一期马湖滑坡事件，地表出露的部分呈弧形带状分布，主要出露在干海子-五马寺一带（图4-2~图4-4），位于整个滑坡堆积体的前部。

滑坡Ⅰ期堆积体的物质组成主要为块碎石土，堆积体结构致密，胶结密实，块碎石岩性为飞仙关组（T_1f）紫红色砂岩、泥岩。块碎石的粒径一般为 2~10 cm，局部可见大块石，最大块径超过 20 cm（图 4-11）。块碎石大小不一，分选性差；磨圆较差，多呈棱角状、次棱角状；表层风化严重。推测该处滑坡堆积体超过了 5 000 万 m³。

第Ⅰ期滑坡物质的最大运移距离超过了 2.5 km，该期滑坡物质在向 SE 方向运动过程中受到了东部金海山的阻挡，但因为滑坡体动能巨大，滑坡体前部剧烈冲覆于三叠系地层之上，最大爬坡高度大于 200 m（图 4-2~图 4-4）。在该处滑坡堆积体北西侧一带，由于第Ⅱ期滑坡体在运动过程中又受到了Ⅰ期堆积体的阻挡，进而再次发生爬坡超覆于Ⅰ期堆积体之上，形成一突出山梁（位于滑坡Ⅱ期堆积体范围内），从而Ⅰ期滑坡堆积体在地貌上呈现出北西和南东两侧高陡，而中间区域为地势较低的负地形（图4-11）。

图A、图B—干海子（沼泽地）负地形；图C—五马寺北东侧出露的Ⅰ期滑坡堆积体；图D—出露的飞仙关紫红色砂岩（T_1f）碎块石。

图4-11 滑坡Ⅰ期堆积体特征

从堆积体的物质组成上看，来自三叠系飞仙关组砂、泥岩（T_1f）的滑坡物质只分布在该区域，再结合堆积体分布的层序关系以及地形地貌特征进行分析，该区域堆积体北西侧的山梁为以玄武岩块碎石为主的滑坡物质超覆其上堆积后形成的。虽然该期滑坡发生年代较为久远，但是从堆积体的物质组成、堆积体分布的层序关系以及地形地貌特征进行综合分析后，可以判断出该区域的堆积体即为第Ⅰ期的滑坡堆积体。

2. 滑坡Ⅱ期堆积体特征

滑坡Ⅱ期堆积体位于Ⅰ期堆积体的西侧，地表出露部分主要位于钟家湾-五马寺一带（图4-2～图4-4）。该期堆积体前缘超覆在Ⅰ期堆积体上，形成了从干海子延伸到马湖海口的突出山梁（图4-3和图4-8），山梁整体为NE走向，成为整个滑坡堆积区内海拔最高的区域（高程最高约1 413 m）。

滑坡Ⅱ期堆积体主要由块碎石土组成，在滑坡堆积物总量上，孤、块碎石占比超过80%；而2 mm以下的细颗粒物质占比较少，不超过20%，0.005 mm以下的黏粒几乎缺失。块碎石岩性大部分为峨眉山玄武岩（$P_2\beta$），主要包括致密状玄武岩、杏仁状玄武岩以及斑状玄武岩，局部出露有宣威组（P_2x）的泥岩和砂岩，仅在庙坪一带的庙坪山有少量出露。块碎石的粒径一般为2～20 cm，并且随处可见大块石、孤石，块石最大块径超过300 cm，在五马寺出露有方量约300 m³的玄武岩孤石，未完全解体，可见柱状构造（图4-12）。块碎石分选性差，磨圆较差，多呈棱角状，表层风化较严重。推测该处滑坡堆积体超过了5亿m³。

该期滑坡堆积体超覆在Ⅰ期堆积体上，覆盖了前期的大部分滑坡物质，整体地势较高，地形起伏较大，总体呈现丘陵地貌；而其西侧璜琅谷地地形低缓，向北地势也逐渐平缓，东侧则有基岩出露。此外，该期滑坡堆积体的物质组成主要是玄武岩块碎石，其南东侧滑坡堆积体中块碎石的岩性为飞仙关组（T_1f）砂岩、泥岩，其北侧滑坡堆积体中块碎石的岩性为阳新组灰岩（P_1y）。因此，通过对滑坡区的地形地貌以及堆积体的岩性组成进行调查分析，可以判断出该区域的滑坡堆积体形成于第Ⅱ期的滑坡事件。

3. 滑坡Ⅲ期堆积体特征

滑坡Ⅲ期堆积体位于Ⅱ期堆积体的北部（图4-3），该区域主要包括观音阁地区，观音阁往西至店子坪一带，观音阁往东则临近金沙江左岸，是该堆积体最前缘的部分。堆积体出露于地表的部分呈东西向带状分布，堆积体在东西向延展约3.5 km，南北向最宽区域延展1.2 km。

图 A—干海子出露的滑坡堆积物；图 B—五马寺滑坡堆积体中未完全解体的柱状玄武岩；图 C—五马寺滑坡堆积体中的玄武岩大块石；图 D—钟家湾出露的玄武岩孤石（500~600 m³）。

图 4-12　滑坡 II 期堆积体特征

　　滑坡III期堆积体的物质成分主要为块碎石土。块碎石岩性主要包括二叠系的峨眉山玄武岩（$P_2\beta$）和阳新组灰岩（P_1y）。块碎石的粒径一般为 2~15 cm，并且多见玄武岩和灰岩大块石、孤石，以及由灰岩胶结而成的角砾岩（图 4-13），最大块径超过 100 cm。块碎石分选性差，磨圆较差，多呈棱角状，表层风化较严重。由于堆积体中灰岩岩块遭受长期的溶蚀而发育溶沟（图 4-13），在干池塘一带发育溶蚀洼地（图 4-13）。在金沙江左岸下河坝一带出露有典型的滑坡堆积体（图 4-13），为块碎石土，粒径 20 cm 以上的大块石占 10%，15~20 cm 粒径的块碎石占 10%，5~15 cm 占 50%，1~5 cm 占 20%，土占 10%，成分为玄武岩和灰岩，玄武岩多见微晶结构。块碎石风化程度强烈，表面呈土黄色和黑褐色，内呈灰黑色无韵律，胶结一般，次棱角状，堆积杂乱无章。推测该期滑坡堆积体超过了 1.5 亿 m³。

第 4 章　隔挡式背斜翼部顺层滑坡的孕育机制

图 A—干池塘古滑坡堆积体上发育的溶蚀洼地；图 B—堆积体中发育的溶沟；
图 C—Ⅲ期与Ⅱ期堆积体的界线；图 D—干池塘一带出露的滑坡堆积体；
图 E—滑坡堆积体中形成的角砾岩；图 F—观音阁一带出露的滑坡堆积体
（灰岩、玄武岩块碎石土混杂）；图 G—长河坝一带出露的滑坡堆积体（灰岩、
玄武岩块碎石土混杂）。

图 4-13　滑坡Ⅲ期堆积体特征

该期滑坡堆积体因遭受长期的溶蚀作用，整体表现为沟谷负地形（图 4-13），地势较低（分布高程 420~1 100 m），部分区域的滑坡物质覆盖

在Ⅱ期堆积体之上，其与Ⅱ期堆积体的物质组成差异明显，两区的界线清晰可见（图4-13）。该区域北侧是由阳新灰岩（P_1y）块碎石组成的堆积体，而且其地势逐渐高陡，因此可以判断出该区域内的滑坡物质形成于第Ⅲ期的滑坡事件。

4. 滑坡Ⅳ期堆积体特征

滑坡Ⅳ期堆积体位于Ⅲ期堆积体的北部（图4-3），堆积体出露于地表的部分主要位于三家湾至店子坪一带，平面分布呈三角形，其北西侧正对滑坡源区对门山。

滑坡Ⅳ期堆积体的物质成分主要为块碎石土。块碎石岩性单一，为二叠系阳新组灰岩（P_1y）。块碎石的粒径一般为2~20 cm，并且多见灰岩大块石、孤石，以及由灰岩胶结而成的角砾岩，最大块径超过400 cm（图4-14）。块碎石分选性差，磨圆较差，多呈棱角状，表层为弱-中风化。推测该处滑坡堆积体超过了2.5亿 m^3。

该期滑坡堆积体部分区域的滑坡物质覆盖在Ⅲ期堆积体之上，由于堆积体遭受长期的溶蚀作用，灰岩堆积区发生岩溶塌陷，形成溶蚀洼地，如分布在研究区内的店子坪和干池塘溶蚀洼地，整体表现为山丘与溶蚀洼地相间分布的地貌特征。地处滑坡堆积体西南部的店子坪一带发育两个溶蚀漏斗（消坑），其中一个消坑已经干枯，而另一个仍在不断地消水，位于堆积体中部的干池塘一带也有一个消坑发育（图4-14），这些消坑构成了璜琅地区水流系统的排泄通道。该区域临近对门山，堆积体东西两侧均有基岩出露，其东部边界为一条陡峭的山脊，大致呈南东方向，堆积体也保持了原岩层序，因此可以判断出该区域为第Ⅳ期滑坡的堆积区域。

5. 滑坡Ⅴ期堆积体特征

滑坡Ⅴ期堆积体北西侧正对滑坡源区对门山，并且其东部紧邻Ⅱ、Ⅲ和Ⅳ期堆积体（图4-3），堆积体出露于地表的部分主要位于匡海坝至马湖海口一带，璜琅镇也位于该区域，该堆积区域在平面上呈不规则多边形分布。

第4章 隔挡式背斜翼部顺层滑坡的孕育机制

图 A—店子坪远景；图 B—店子坪洼地；图 C—店子坪一带的消坑（仍在不断地消水）；图 D—店子坪一带的干消坑；E—干池塘一带的消坑；图 F—三家湾出露的滑坡堆积物。

图 4-14 滑坡Ⅳ期堆积体特征

滑坡Ⅴ期堆积体主要由块碎石土组成。块碎石岩性单一，为二叠系峨眉山玄武岩（$P_2\beta$）。块碎石的粒径一般为 2~10 cm，并且多见玄武岩大块石、孤石，野外调查在马湖海口处发现未完全解体的玄武岩孤石（图 4-15），最大块径超过 500 cm。块碎石分选性差，级配不良，磨圆较差，多呈棱角状、次棱角状，块碎石大都表现较为新鲜，表面风化程度较弱。推测该处滑坡堆积体超过了 6 亿 m³。

图 A—第 V 期滑坡坝远景；图 B、图 C—匡海坝出露的滑坡堆积体；图 D—马湖海口一带的碎屑堆积；图 E—马湖海口一带的滑坡堆积体（未完全解体）；图 F—滑坡坝中的巨块石、块石堆积；图 G—筐海坝-老渡口一带的沟谷负地形。

图 4-15 滑坡 V 期堆积体特征

该期滑坡堆积体东部的部分滑坡物质超覆在 II、III 和 IV 期堆积体之上（图 4-3），由于受到了前期的滑坡堆积体的阻挡，该区域整体表现为高低起伏的丘陵和山梁地貌,形成了规模巨大的天然堆石坝,该滑坡坝东西长 3.5 km,南北宽 2.9 km。该期滑坡堆积体的规模远远超过了前四期,也正是该期的滑坡事件完全阻塞了古璜琅河,形成堰塞湖。由于玄武岩堆积体孔隙率较高,湖水的排泄方式主要是"大坝渗漏",堰塞湖的补给量与坝体的渗漏量基本平衡,使堰塞湖得以长久留存,成为如今的马湖(图 4-8)。滑坡堆积体的后缘由于遭受长期的河流侵蚀作用,形成了宽达百余米的沟谷(图 4-7)。野外调查还发现,在该区域内筐海坝与老渡口之间发育有沟谷负地形(图 4-15),判断为第 V 期滑坡阻塞古璜琅河后,迫使古璜琅河改道,在历史上一段时间内流经该处沟谷并沿后缘沟谷改道而行。

通过翔实的地质调查,我们将马湖滑坡堆积体划分为 5 个区域,这 5 个区域分别来自前后 5 次地震事件(图 4-3)。因为位于不同区域的滑坡堆积体各自具有不同的物质组成,并且表现出不同的地形地貌特征,在区域分布上具有显著的区划性;而处在同一个区域,构成滑坡堆积体的块碎石的岩性和结构特征都是相同的。如果这些滑坡物质都是来自同一期单一事件,那么这些滑坡物质会混合在同一个区域,而不是如此有规律地规则分布。因此,根据不同区域堆积体空间分布的层序关系,滑坡堆积体中块碎石的岩性、风化程度以及结构特征,将马湖滑坡划分为 5 个期次。

4.3 马湖滑坡形成的控制因素分析

马湖滑坡为何具有多个期次和巨大的规模,这与滑坡体所处的区域构造以及地质环境是紧密联系的。区域构造、地形地貌、坡体结构以及地层岩性等因素对马湖滑坡的形成产生了重要影响。

1. 滑坡区受到构造作用的影响

马湖滑坡区是多级构造叠加影响的区域,地处由断裂所围限的雷波-永善三角形块体内。雷波-永善三角形块体内的构造以 NE 向褶皱为主,背斜紧闭，向斜开阔，具有隔挡式特点（图 4-2 ~ 图 4-4）。

对马湖滑坡产生重要影响的主要是城墙岩背斜以及马湖向斜。马湖滑坡的滑源区对门山即坐落于城墙岩背斜的南东翼，黄琅镇位于马湖向斜的西翼，金海山则位于马湖向斜的核部。对门山和金海山是滑坡区内地势最高的区域，这些坡体的整体发育特征受到了各级褶皱的严格控制，因此褶皱轴的 NE 走向决定了这些坡体的走向整体表现为 NE 向，也就决定了马湖滑坡体各个期次的失稳滑动方向均为 SE 向；而璜琅镇整体为槽谷地形，地势较为低缓，滑坡源区对门山和璜琅槽谷的高差距大，高差约为 900 ~ 1 000 m，而位于滑坡区东侧海拔相对较高的金海山，又成为滑坡体向东继续运移的阻碍，这种陡缓交替的地势在很大程度上决定了滑坡体运动的动能和势能。

城墙岩背斜东翼的地层产状为 35° ~ 40°，而马湖向斜西翼的地层产状为 10° ~ 20°，因此在背斜与向斜之间存在一个地形急剧变化的过渡区域。滑坡区域正处在由地势较高陡的背斜一翼向地势较宽缓的向斜一翼过渡的区域，而位于褶皱陡缓交界处的三叠系飞仙关组砂岩（T_1f）以及二叠系宣威组砂岩（P_2x）、峨眉山玄武岩（$P_2\beta$）、阳新灰岩（P_1y）这些相对脆硬性岩更易发生折断开裂，进而更容易发展为遭受古璜琅河侵蚀切割的区间，坡体的稳定性大大降低。地势高陡的背斜一翼为峨眉山玄武岩坡体的失稳滑动提供了良好的临空面和巨大的势能，而地势宽缓的向斜一翼则为滑坡物质提供了良好的运移空间。滑坡区内隔挡式褶皱发育，坡体受到了构造改造作用的影响，这些都为巨量的滑坡物质能够发生远程滑动创造了有利的前提条件。

2. 滑坡区长期遭受河流的侵蚀作用

马湖滑坡是对门山坡体发生多期次、逐层失稳滑动形成的，这种失稳过程存在于很多峨眉山玄武岩大型滑坡中，具有很强的代表性。峨眉山玄武岩坡体要想发生大规模的失稳滑动，其上覆的各地层岩体需要首先被剥离，进而为滑坡的形成提供良好的临空条件。马湖滑坡发生的多期岩体失稳事件,正是各地层岩体逐渐被剥离的过程,而在各地层岩体被剥离的过程中,河流侵蚀发挥了至关重要的作用。

金沙江呈北东向斜贯本区,其不断下切所形成的线状空间为对门山岩体的失稳滑动提供了潜在的侵蚀基准面,也成为滑坡物质潜在的堆积场所。古璜琅河是金沙江的支流,通过在滑坡堆积体前缘靠近金沙江沿岸一带进行钻探调查(图4-3和图4-10),钻孔 ZK2 深部发现了古璜琅河阶地物质(成分为砂岩、灰岩组成的卵砾石层,埋深 56.9~57.4 m)。此外,野外调查发现,在滑坡堆积区内主要出现3条古河道(图4-2中D1、D2和D3),古河道底部多见淤泥层,现今已干涸无流水,这些古河床地貌反映出古璜琅河曾经流经的位置。以上有关古河道存在以及多次改变说明了历史上马湖滑坡物质不止一次阻塞古璜琅河。

马湖滑坡区内地形切割非常强烈,新构造运动使研究区所在的地块持续抬升,地壳的不断抬升也带动了金沙江的强烈下切。中更新世时期,金沙江该河段在宽谷期的平均下蚀速率为 0.79 mm/a(表4-7),而进入峡谷期以后,金沙江该河段的下蚀速率更快,而整个金沙江的平均下蚀速率为 0.25~0.3 mm/a,可见金沙江下游马湖河段的侵蚀作用是非常猛烈的。金沙江的迅猛下切也带动了其支流古璜琅河的快速下切,在地形坡度陡变区域发育的古璜琅河,大致沿城墙岩背斜的长轴方向进行溯源侵蚀。因为层状岩体在 NW-SE 向构造应力作用下而发生褶皱弯曲变形,并在地形陡缓交界的褶皱翼部形成应力集中区,而位于陡缓交界处的三叠系飞仙关组砂岩(T_1f)等相对脆性岩体更易被折断,成为整个岩体中力学强度相对薄弱的部位,其延伸方向大致与褶皱轴向一致。此外,沿褶皱轴向还发育着层间接触带、顺层滑动面等软弱空间,进而追踪背斜轴向更容易发展为遭受古璜琅河侵蚀切割的区间。沿背斜东翼发育的古璜琅河大致沿褶皱轴向发生溯源侵蚀,不断侵蚀岩体的坡脚,先后切穿了 T_1f、P_2x、$P_2\beta$ 和 P_1y 地层,使坡体前缘临空,为坡体发生多期失稳滑动创造了良好的临空面。第一期的滑坡发生后,巨量的滑坡物质堵塞了古璜琅河,造成河流改道;河流继续下切,进而又形成了新的临空面,从而产生了第二期滑坡。这一过程不断循环，直到第五期滑坡完全阻塞了古璜琅河，马湖最终形成。

表 4-7 金沙江下游马湖河段的河流下蚀速率（据王运生）

地貌面	海拔高度/m	切割深度/m	地貌年龄/Ma	侵蚀时间距/Ma	金沙江下蚀速率/(mm/a)
夷平面	2 984	1 584	2.60		
宽谷Ⅰ	2 184			2.015	0.79
宽谷Ⅱ	1 400		0.585		
Ⅴ级阶地	660	820		0.243	3.37
Ⅳ级阶地	580		0.257		
Ⅲ级阶地	480	185		0.230	0.65
Ⅱ级阶地	415		0.027		
Ⅰ级阶地	395	20		0.027	2.00
金沙江河面	375		0		

3. 不良的岩性组合以及有利于滑坡产生的岩体结构

滑源区对门山坡体整体表现为巨厚层状的顺倾坡体，主要是由三叠系飞仙关组砂岩（T_1f）以及二叠系的宣威组砂泥岩（P_2x）、峨眉山玄武岩（$P_2\beta$）和阳新灰岩（P_1y）组成的。其中，飞仙关组（T_1f）和宣威组（P_2x）中的泥岩，峨眉山玄武岩（$P_2\beta$）中的凝灰岩和阳新灰岩（P_1y）中的炭质页岩夹层（图 4-16），力学强度相对较低、抗风化能力差、遇水易被软化侵蚀，削弱了岩体的层间结合力，无论厚薄，都会给坡体的稳定性造成一系列的问题，常常发展为能够决定坡体稳定性的控制性软弱结构面。

对门山坡体在 NW-SE 向构造应力作用下发生褶皱弯曲变形，在背斜的形成过程中，会在坡顶处产生顺褶皱轴向的纵向压性结构面以及横向张性结构面这两组主要结构面，破坏了岩体结构的完整性。同时，受河流强烈的下切作用，坡体临空，坡体因卸荷回弹而发生应力的重分布，其中的压性结构面又逐步发展为卸荷张拉裂隙，滑坡体后缘的滑面就是沿坡顶处的一系列原始张裂隙发展而来的，坡体滑动后，在后缘靠近对门山山脊线附近形成了近垂直的顶部陡坎（图4-10）。

图 4-16　滑坡区岩体中的软弱夹层

地表在外营力的作用下遭受剥蚀，主要包括风蚀作用和水流侵蚀作用，滑坡区地表岩体遭受强烈剥蚀。研究表明，地表岩体遭受剥蚀后，坡体内发生卸荷回弹，其内部应力也会随之变化（图4-17）。在岩体遭受剥蚀前，其内部任一深度 h_0+h 处的 H 点的应力为：

$$\sigma_h = \sigma_v = \gamma \times (h_0 + h) \tag{4-1}$$

随后，岩体由于遭受剥蚀而出露于地表，假设剥蚀厚度为 h_0，那么 σ_h 和 σ_v 则为：

$$\sigma_v = \gamma(h_0 + h) - \gamma h_0 = \gamma h \tag{4-2}$$

$$\sigma_h = \gamma(h_0 + h) - \frac{\mu}{1-\mu}\gamma h_0 = \gamma h + \frac{1-2\mu}{1-\mu}\gamma h_0 \tag{4-3}$$

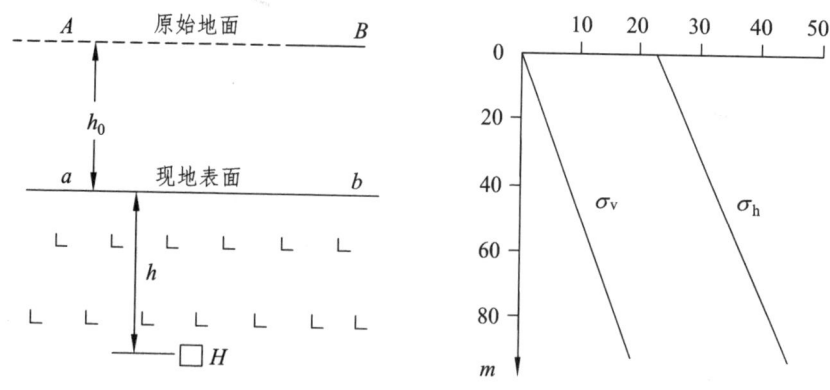

图 4-17 卸荷过程中岩体内应力的变化

根据上式可以得出，岩体发生剥蚀后，岩体内部某一深度处的竖向应力 σ_v 并不会发生改变，而水平向应力 σ_h 则发生了显著的变化。而且，剥蚀厚度越大，H 点的水平应力与竖向应力的差值也会越来越大，当差值超过了岩体的抗剪强度时，岩体就会发生变形或者破坏，其水平应力随之部分释放，进而岩体内达到新的应力平衡。由于层间发生位移，在三叠系飞仙关组砂岩（T_1f）、二叠系的峨眉山玄武岩（$P_2\beta$）以及阳新灰岩（P_1y）这些相对坚硬岩体中常形成缓倾节理裂隙，这些缓倾节理裂隙后期往往发展为滑坡的剪出口，并逐步发展，与岩体中的软弱夹层和后缘的拉张裂隙逐渐贯通，成为坡体失稳滑动的潜在滑动面。这些控制性的结构面严重影响了坡体的稳定性，是有利于滑坡产生的结构基础。

4. 滑坡区地处地震高烈度区，受到强震作用的影响

马湖滑坡区是多级构造叠加影响的区域，地处由断裂所围限的雷波-永善三角形块体内。其中，走向大致呈北北西向的马边-盐津断裂带构成了该三角形块体的东部边界断裂，该断裂带的新构造活动性较强，对研究区影响较大。新构造运动以来，在该地震带上发生了一系列的强震活动。据统计，1900—1994 年，在该地震带上共记录到震级超过 5 级的地震事件有 23 次，其中 7~7.1 级 2 次，6.75 级 3 次。值得注意的是，该断裂带与北东向断裂（主要包括南部的莲峰断裂、中部雷波断裂及北部美姑-刹水坝断裂）的交汇部位，地震活动强烈，发震强度在中段（马湖附近）及南段（盐津）附近较高，是马边-盐津断裂的两个重要危险区（图4-6）。

对门山斜坡体是巨厚层状的顺层岩质坡体，地层厚度超过了1 m，一次强降雨几乎不可能触发如此大规模的滑坡事件。通过对地震滑坡的研究发现，在地震高烈度区发生的强震事件往往能够诱发大规模岩质滑坡事件的发生。大量震害资料表明，地震诱发的滑坡灾害，主要发生在Ⅶ~Ⅸ度地震烈度区；相对于Ⅶ~Ⅸ度地震烈度区，Ⅹ度以上的极震区的分布面积很小，而且强震事件发生的频率更小，因此在更高烈度的极震区由地震诱发的滑坡事件相对较少；地震触发滑坡发生的最小烈度为Ⅵ度，最小震级为4.0~4.7级。马湖滑坡区位于Ⅷ度地震烈度区，根据史料记载，该地区在1216年发生了Ms7.0级地震，震中就位于雷波县马湖一带，主震发生后，又相继发生了一系列强烈余震，地震在马湖地区触发了多起大规模的滑坡堵江事件。另据野外调查发现，在滑坡区下河坝一带出露有层序结构明显错动的基岩（图4-18），岩性为灰岩，尽管层状结构被

图 4-18 层序结构明显错动的基岩（下河坝省道 S307 一带出露）

保留下来，但错位方解石脉的存在及其不一致的产状表明岩石受到了强烈扰动，证明了该地区曾发生过强震事件。通过对马湖地区进行系统深入的地质调查，并结合前人对地震滑坡的相关研究成果，研究团队认为马湖滑坡是由强震触发的，强震是诱发坡体失稳的关键因素。

4.4 马湖滑坡孕育机制分析

根据野外调查和综合分析可知，马湖滑坡的产生是坡体经受了漫长的地质内、外营力作用的结果；马湖滑坡是受软弱结构面控制，并在其他不利因素耦合作用下，最终由强震触发形成的，其变形破坏过程可以划分为三个阶段：累积损伤阶段、变形发展阶段和失稳剧动阶段。在累积损伤阶段，斜坡体主要遭受强烈的构造运动（褶皱变形和地震作用），破坏了岩体的完整性；变形发展阶段是指斜坡体在各种内外营力（地震、水流和卸荷）作用下，岩体的完整性进一步恶化，形成潜在的不稳定坡体；失稳剧动阶段是坡体受到强震的持续作用，"锁固段"岩体最终被剪断，滑体突然启动。由于马湖滑坡的第Ⅱ、Ⅲ和Ⅴ期的主体是玄武岩，其中第Ⅴ期滑坡的规模超过了 6 亿 m^3，是 5 期滑坡规模中最大的。因此，下面在对马湖滑坡的形成机理进行详细介绍时，会重点对玄武岩坡体的变形破坏过程进行介绍。

4.4.1 累积损伤阶段

滑坡区地处以隔挡式褶皱为构造特征的区域，研究区内背斜紧闭，向斜开阔。马湖滑坡的滑源区为对门山，位于城墙岩背斜的南东翼，在背斜形成过程中，会在坡顶处产生放射状拉张裂隙、剖面 X 剪节理，垂直背斜轴向的横向节理（图 4-10）；在背斜与向斜转折部位因层厚大、性脆，在埋深数千米深度脆韧性环境下岩体发生扭转，进而发育一系列压扭性、张性为主的构造裂隙（平面及剖面 X 长大节理发育），这些次生结构面进一步发展，会形成前缘折断带（图 4-19A），该带在卫星图片线性影像明显（图 4-20），溪洛渡电站前期区域稳定性研究曾定为北东向断裂构造，后经 1∶50 000 地质测绘，证实为折断带，该带岩体破碎，古黄琅河、雷波河沿该带发育。地质演化的结果是背斜成山（对门山）、向斜成山（金海山）、翼部成河谷（图 4-7），受河流强烈的下切作用，玄武岩坡体临空及谷坡岩体强烈卸荷，顺凝灰岩层层间滑移致背斜顶部张节理进一步张开，有利于地表水的入渗，长期的水岩作用，凝灰岩的强度不断削弱，层间结合力随之不断减弱，背斜横向节理构成侧裂面。至此，受原生结构面及构造结构面切割的顺层结构体形成，斜坡体后缘和前缘的构造结构面（图 4-19A 中的①和②）以及岩体中的原生软弱结构面（图 4-19A 中的③）成为了滑坡体的控制性边界。这一阶段是岩体早期的构造损伤和表生时效改造损伤的叠加。

研究区内地震频发，地震波在传播过程中，横波的水平剪切作用以及纵波的垂直上抛作用使岩体发生水平和垂直振动，产生震动惯性力（$F=ma$），并在岩体内结构面附近产生应力集中现象，当惯性力产生的剪应力及拉应力等附加应力超过了岩体的抗剪强度时，岩体内的原生结构面以及构造结构面发生松动、扩展或者延伸，并产生新的裂隙，岩体结构的完整性进一步恶化（图 4-19B）。

虽然能量较小的地震不足以触发坡体失稳，但是在反复的地震力作用下，岩体内会产生渐进破坏，进一步降低岩体内软弱结构面的抗剪强度。有关岩体动力累积损伤的研究表明，在多次动力荷载的作用下，相较于动力载荷本身，累积损伤对坡体稳定性的影响更大，岩体内软弱结构面的强度指标累积弱化，并造成累积变形增加，从而降低了坡体的稳定性。

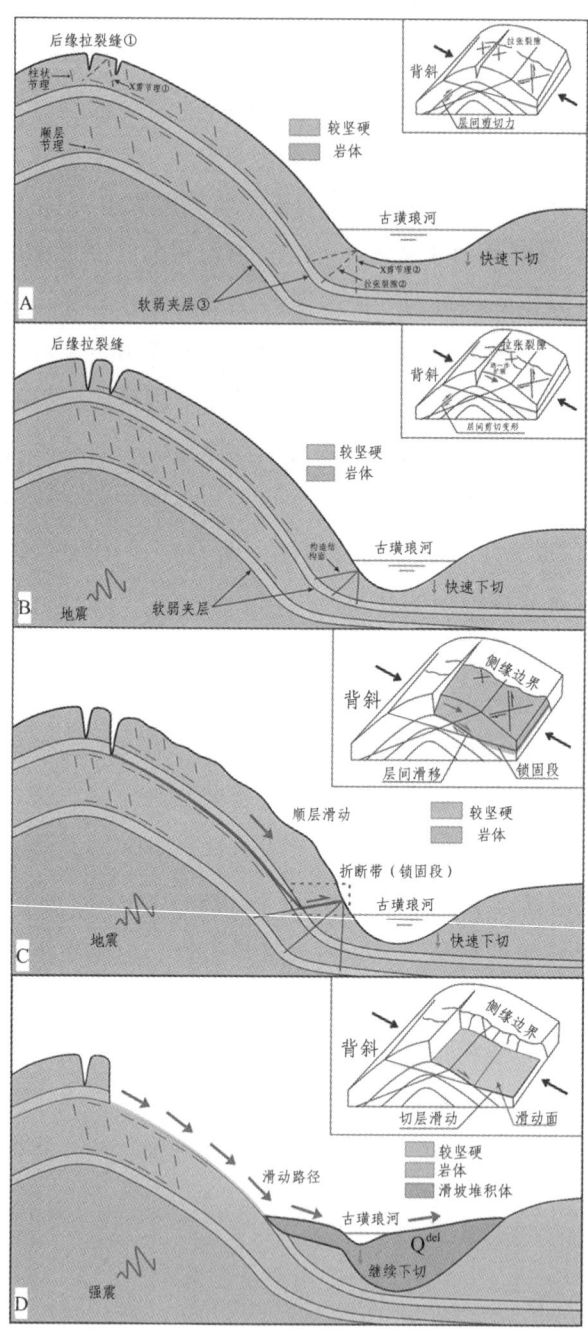

图 4-19 马湖滑坡成因机制示意图

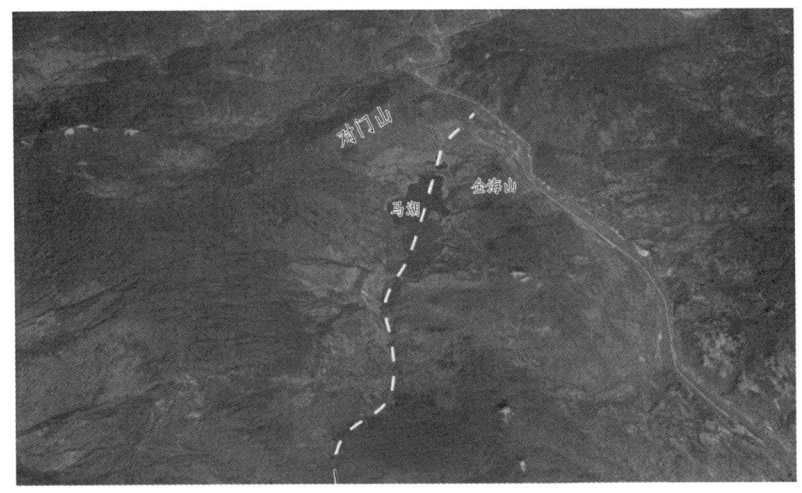

(虚线为折断带在卫星图片中的线性影像)

图 4-20 滑源区坡体前缘折断带

4.4.2 变形发展阶段

相较于单调荷载的作用，当岩体遭受一定振幅的循环荷载作用时，会在更低的应力强度下发生变形破坏，这就是岩体在地震荷载作用下发生的疲劳破裂现象。也就是说，岩体在地震动等循环荷载作用下，即使施加的应力强度相对较低，岩石也会持续发生变形，直到破坏（图 4-21）。因此，在较强地震的持续作用下，虽然岩体没有发生大范围的失稳滑动，但是坡顶的拉裂缝会继续向内部发展，坡体内的软弱结构面也会进一步变形发展，逐步贯通成为控制岩体失稳的潜在滑动带，坡体前缘折断带成为"锁固段"，并在"锁固段"附近发生剪应力集中，形成不稳定坡体（图 4-19C）。

此外，地表水以及地下水的入渗增大了岩体的容重，提高了坡体的下滑力。岩体中的裂隙发育，成为地下水向岩体内部侵蚀的通道，地下水在岩体内渗流，软化软弱夹层，并产生一定的静水压力和动水压力，降低了结构面间的抗剪强度，能够使坡体发生永久位移，从而加速破坏过程。

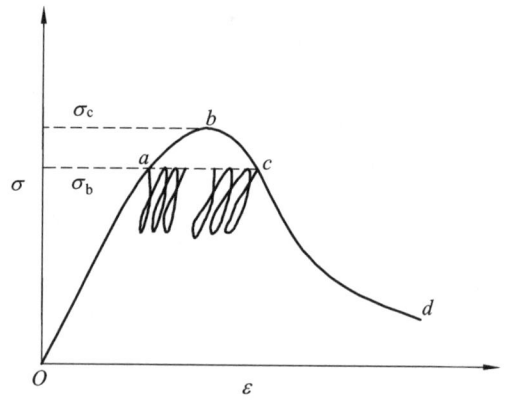

图 4-21 岩石在循环动荷载作用下的应力-应变图

黄润秋教授在对峡谷地区的浅表生改造过程进行研究发现，由于河流的不断下切，坡体发生卸荷回弹，在坡体上部形成压致拉裂区，在坡体中下部剪应力集中，形成张剪型破裂区，在河谷底部形成剪切松弛型卸荷区（图 4-22）。滑坡区内古璜琅河快速下切，使层状坡体的前缘临空，进而岩体卸荷造成应力集中并发生差异回弹变形，岩体内原有结构面会进一步发展，并产生新的卸荷裂隙，劣化了岩体质量。通过对岩体进行波速试验，也揭示了在卸荷作用下玄武岩体质量的劣化（表 4-8）。

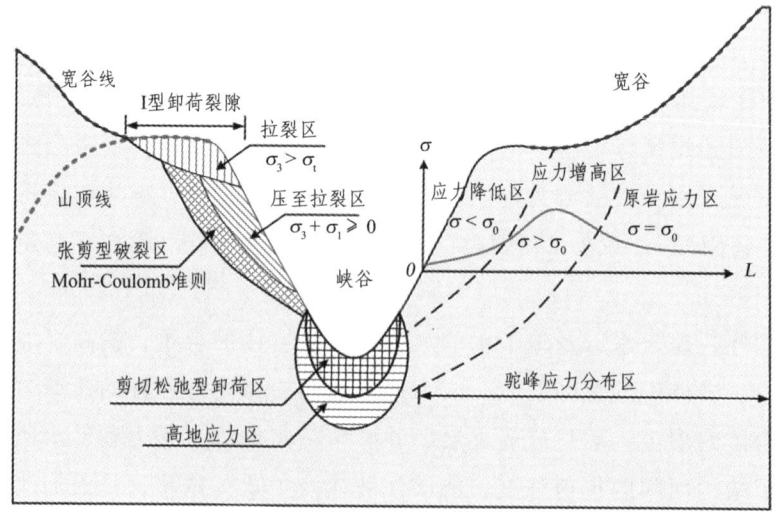

图 4-22 中国西南部峡谷区高边坡应力分布（据黄润秋改）

表 4-8　白鹤滩坝区平洞卸荷带声波波速统计

岩性	强卸荷带		弱卸荷带		未卸荷带（弱下）		未卸荷带（微新）	
	范围值	平均值	范围值	平均值	范围值	平均值	范围值	平均值
玄武岩	4 342~5 066	4 659	4 071~5 282	4 801	4 245~5 280	4 914	4 266~5 465	4 934
柱状节理玄武岩			2 390~5 074	4 392	3 750~5 270	4 710	4 751~5 396	5 160

经过了构造作用以及浅表生改造作用后，岩体内节理裂隙发育，使滑源区岩体更为破碎，玄武岩被切割成板状结构体，玄武岩顺层谷坡坡脚临空，岩体因坡脚蠕变发生顺层滑移，削弱层间结合力，岩体质量进一步恶化。

4.4.3　失稳剧动阶段

强震袭来，由于地震波具有地形放大效应以及坡体波动振荡加速效应，滑面上部的岩体发生振动，因为块体具有惯性力，所以产生了和下部滑床不同步的振动，使滑面上部的岩体进一步松动、破碎，降低了滑面的粗糙度，增大了岩体的下滑力。"锁固段"岩体的节理裂隙密集发育，并逐步贯通，"锁固段"岩体的抗剪强度不断降低。一旦"锁固段"岩体的抗滑力无法抵抗岩体的下滑力时，锁固段突然被剪断，坡体骤然启动（图 4-19D）。滑体前缘切层滑动，后缘拉裂，马湖滑坡的变形破坏模式为折断-滑移-拉裂。受滑动面的控制，滑体瞬间发生"溃散"破坏，由于滑体地处高位具有极大的势能，滑坡物质向 SE 方向快速滑动，并迅速解体，形成高速远程碎屑流型滑坡。

总体来说，马湖滑坡是在构造运动以及河流侵蚀、风化卸荷等浅表生改造综合作用下，岩体经受了长期的演化过程，节理裂隙发育贯通，岩体在软弱结构面的控制下最终由强震触发形成。马湖滑坡分为 5 个期次，各期次的滑坡循环往复，都遵循同样的形成机理。在各次强震事件的触发下，各个期次的滑坡体如"剥洋葱"一样逐次发生滑动。

4.5 马湖滑坡的远程滑动机理分析

马湖滑坡的第Ⅱ、Ⅲ和Ⅴ期的主体是玄武岩，其中第Ⅴ期滑坡的规模超过了 6 亿 m³，是 5 期滑坡中规模最大的，该滑坡体滑动的最远距离超过了 2.5 km，其前部滑动至槽谷对岸斜坡受阻后，冲覆爬坡 100 m 以上，并最终堵塞了古璜琅河形成马湖，是典型的峨眉山玄武岩高位远程滑坡碎屑流。玄武岩滑坡的高速远程运动机理是本研究的一项主要内容，因此，下面会重点对玄武岩滑坡体的高速远程运动机理进行分析。

4.5.1 滑坡源区岩体结构的碎裂化

野外对滑坡堆积体进行调查发现，由玄武岩块碎石组成的滑坡堆积物，其显著特征是：粒径不同的大小块碎石混杂；堆积物主要由粒径为 2~20 cm 的块碎石和 20 cm 以上的大块石、孤石组成；滑坡体解体较充分，原始层位结构根本无法辨别。这是由滑源区原岩体的碎裂化程度所决定的，通过 4.4 节对马湖滑坡的变形破坏机理进行阐述可以得知，马湖滑坡区的玄武岩柱状节理、凝灰岩软弱夹层、顺层节理以及喷发间断面等原生结构面较为发育，本身就是完整性较差的岩体；后期又遭受了褶皱、地震等构造活动的影响，以及水流侵蚀、风化卸荷等浅表生改造作用，玄武岩体的脆性特征使其更易发生碎裂，经过了长期的地质演化，滑源区岩体整体结构较为破碎，各块体之间的黏结力很低，在地震等外力作用下，玄武岩坡体很容易发生"溃散"破坏，并在滑动过程中进一步破碎解体。由于滑源区浅表部岩体遭受的风化卸荷、流水侵蚀作用更为强烈，因此浅表部岩体初始的碎裂化程度更高，破碎解体后的颗粒粒径也更小，是堆积体中粒径 20 cm 以下碎块石的主要来源；而滑源区深部的岩体遭受浅表生改造作用相对较弱，碎裂化程度相对较低，滑动解体后的颗粒粒径就会更大，是堆积体中大块石和孤石的主要来源。由此可见，滑坡源区岩体结构的碎裂化程度决定了滑坡体失稳滑动后的物质组成，是滑坡能否转化为高速远程碎屑流的关键。

峨眉山玄武岩体因其特殊的物理力学性能和岩体结构特征，经过长期的地质演化可能会发展为碎裂化的岩体，这为形成高速远程滑坡碎屑流提供了物质基础。

4.5.2 锁固段岩体的聚能效应

岩石都处在一定的应力环境中，在应力作用下，岩石发生变形，内部存储了一定的应变能。作用于岩石中的应力达到峰值后，岩石的应力应变破坏形态可分为稳定破坏型（Ⅰ型）以及非稳定破坏型（Ⅱ型）（图4-23）：岩石中的应变会随着岩石中应力的增加而增大，当应力达到峰值后，岩石发生破坏，岩石中的应变能得以释放；稳定破坏型（Ⅰ型）的岩石在达到应力峰值以后，其内部的应变能并不能使破裂继续发展，除非继续施加外力作用；而非稳定破坏型（Ⅱ型）的岩石破坏后，其内部存储的应变能会突然释放，不需要继续施加外力，其破裂也会继续发展。玄武岩本身是力学强度很大的脆硬性岩石，弹性模量很大，具有很好的储能条件，在外部荷载达到峰值以前，玄武岩可视为弹性体，其应力-应变曲线近似为直线；而当外部荷载达到峰值后，玄武岩破坏，其破坏特征表现为非稳定破裂传播型。在滑坡变形发展阶段，坡体内应力不断向锁固段集中，锁固段附近岩体内储存了大量的应变能，因此，当玄武岩体锁固段剪断后，会迅速失去承载能力，必将释放出大量的应变能，使滑坡体发生高速剧滑，为滑坡体发生高速远程滑动提供了初始动能。

4.5.3 滑体具有高位势能

马湖滑坡的滑源区后缘和堆积体前缘的高差为 900~1 000 m，而且剪出口高出坡脚近 200 m，可见高差巨大，滑坡体处于斜坡高位，拥有极大的势能。滑坡体下滑过程中，势能转化为滑体运动的动能。

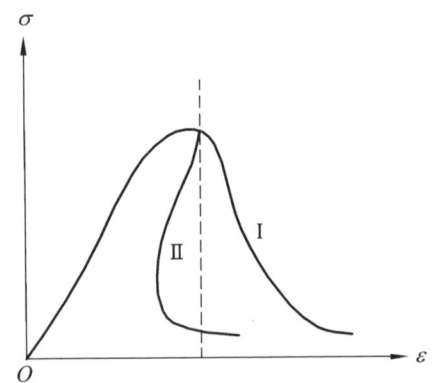

图 4-23　岩石在应力达到峰值后的破坏类型

对于大型滑坡运动速度的估算，大多采用 Scheidegger 提出的计算公式：

$$V = \sqrt{2g(H - f \times L)} \quad (4-4)$$

式中：V——滑动速度；

g——重力加速度；

H——滑坡后缘顶点至滑程上计算点的高差；

L——滑坡后缘顶点至滑程上计算点的水平距离；

f——滑坡后缘顶点至滑坡运动最远点连线的斜率，即等效摩擦系数。

根据滑坡剖面图 4-4 所示的几何关系，滑坡碎屑流的等效摩擦角约为 25°。

根据上式，可计算出滑体滑出剪出口位置时的速度为：

$$V = \sqrt{2 \times 9.8 \times (1100 - \tan 25° \times 2000)} = 57.3 (\text{m/s})$$

可见滑坡体滑出剪出口时的速度是很大的。

4.5.4　滑坡碎屑流在运动过程中的碰撞加速效应

滑坡碎屑流在运动过程中，由于块体大小不一，各块体滑动的方向和快慢也不一致，因此在滑动的整个过程中各块体之间不断发生碰撞，也导致了各滑动块体的进一步破碎。碰撞过程也必然伴随着各块体间发生动量传递和能量转化,一部分块体获得了不断加速而运动更远的距离,表现出碰撞加速效应;也有一部分块体由于失去动量而减速停积,甚至发生反向运动。赵晓彦和刘涌江分别进行了高速滑坡岩体碰撞效应的试验研究,试验结果表明,大型高速滑坡在运动过程中具有碰撞加速效应,整个滑坡体中有超过20%的块体能够发生碰撞加速效应,碰撞加速效应是大型高速滑坡能够保持流体化的一个重要条件。滑坡碎屑流在运动过程中的碰撞加速效应为马湖滑坡的远程运动提供了速度基础,也是马湖滑坡能够发生高速远程运动的一项重要原因。

4.6 本章小结

马湖滑坡分为多个期次,均发生于地形陡峻的对门山,滑源区顶部与坡脚处的高差为 900~1 000 m;巨量的滑坡物质自高陡的山体上失稳滑下,各个期次的滑坡体失稳方向均为 SE 向,滑动距离最远超过 2.5 km,形成大型高位远程滑坡碎屑流;滑坡体前缘抵达金海山后,由于动能巨大继续爬坡,最大爬坡高度超过 200 m,因为受到了东部金海山的阻挡,堆积在整个璜琅镇,并最终堵塞了金沙江支流古璜琅河而形成了永久堰塞湖——马湖。马湖滑坡区地处以隔挡式褶皱为构造特征的区域,滑源区发育于高陡的背斜一翼,属于典型的隔挡式背斜翼部顺层滑坡。

滑坡堆积体的分布面积约 19.7 km²,保守推测堆积体的平均厚度为 110 m,据此判断滑坡堆积体总体积超过了 2×10^9 m³,主体为玄武岩块碎石。马湖滑坡具体划分为 5 期,不同期次的滑坡堆积体集中出露在不同的区域,各个期次的堆积体形态及结构特征表现出了明显的差异。滑坡Ⅰ期堆积体形成于最早的一期马湖滑坡事件,出露在干海子-五马寺一带,位于整个滑坡堆积体的前部,主要由飞仙关组(T_1f)砂岩、泥岩块碎石组成。滑坡Ⅱ期堆积体位于钟家湾-五马寺一带,该期堆积体前缘超覆在Ⅰ期堆积体上,主要由峨眉山玄武岩($P_2\beta$)块碎石组成。滑坡Ⅲ期堆积体分布区域主要包括观音阁地区,观音阁往西至店子坪南西一带,观音阁往东则临近金沙江左岸，主要由峨眉山玄武岩（$P_2\beta$）和阳新组灰岩（P_1y）块碎石组成。滑坡Ⅳ期堆积体分布区主要位于三家湾至店子坪一带，主要由阳新组灰岩（P_1y）块碎石组成。滑坡Ⅴ期堆积体北西侧正对滑坡源区对门山，堆积体分布区主要位于匡海坝至马湖海口一带，璜琅镇也位于该区域，主要由峨眉山玄武岩（$P_2\beta$）块碎石组成。

马湖滑坡形成的控制因素有：① 滑坡区受到构造作用的影响；② 滑坡区长期遭受河流的侵蚀作用；③ 不良的岩性组合以及有利于滑坡产生的岩体结构；④ 滑坡区地处地震高烈度区，受到强震作用的影响。

马湖滑坡的孕育机制可以划分为三个阶段：累积损伤阶段、变形发展阶段和失稳剧动阶段。在累积损伤阶段，斜坡体主要遭受强烈的构造运动（褶皱变形和地震作用），破坏了岩体的完整性：在背斜形成过程中，会在坡顶处产生放射状拉张裂隙、剖面 X 剪节理，垂直背斜轴向的横向节理；在背斜与向斜转折部位因层厚大、性脆，在埋深数千米深度脆韧性环境下岩体发生扭转，进而发育一系列压扭性、张性为主的构造裂隙（平面及剖面 X 长大节理发育），这些次生结构面进一步发展，会形成前缘折断带，该带岩体破碎，溪流、沟谷沿该带发育。地质演化的结果是背斜成山、向斜成山、翼部成河谷，受河流强烈的下切作用，玄武岩坡体临空及谷坡岩体强烈卸荷，顺凝灰岩层层间滑移致背斜顶部张节理进一步张开，有利于地表水的入渗，长期的水岩作用，凝灰岩的强度不断削弱，层间结合力随之不断减弱，背斜横向节理构成侧裂面。至此，受原生结构面及构造结构面切割的顺层结构体形成。虽然能量较小的地震不足以触发坡体失稳，但是在多次地震动循环荷载作用下，即使施加的应力强度相对较低，岩体也会发生疲劳破裂现象，累积损伤造成岩体内软弱结构面的强度指标累积弱化，累积变形增加，从而玄武岩体质量不断劣化。这一阶段是岩体早期的构造损伤和表生时效改造损伤的叠加。

变形发展阶段是指斜坡体在各种内外营力（地震、水流和卸荷）作用下，岩体的完整性进一步恶化，形成潜在的不稳定坡体：经过了构造作用以及浅表生改造作用后，岩体内节理裂隙发育，使滑源区岩体更为破碎，玄武岩被切割成板状结构体，玄武岩顺层谷坡坡脚临空，岩体因坡脚蠕变发生顺层滑移，削弱层间结合力。

失稳剧动阶段是坡体受到强震的持续作用，"锁固段"岩体最终被剪断，滑体突然启动，马湖滑坡的变形破坏模式为折断-滑移-拉裂。各期次的滑坡循环往复，都遵循同样的形成机理。在各次强震事件的触发下，各个期次的滑坡体如"剥洋葱"一样逐次发生滑动。

马湖滑坡的远程滑动机理包括4点：① 滑源区岩体的碎裂化：峨眉山玄武岩体因其特殊的物理力学性能和岩体结构特征，经过长期的地质演化可能会发展为碎裂化的岩体，这为形成高速远程滑坡碎屑流提供了物质基础。② 锁固段岩体的聚能效应：玄武岩本身是力学强度很大的脆硬性岩石，弹性模量很大，具有很好的储能条件。当外部荷载达到峰值后，玄武岩的破坏特征表现为非稳定破裂传播型，具有这种破坏特征的岩石破坏后，其内部存贮的应变能会突然释放，不需要继续施加外力，其破裂也会继续发展。因此，当玄武岩体锁固段剪断后，会迅速失去承载能力，必将释放出大量的应变能，使滑坡体发生高速剧滑，为滑坡体发生高速远程滑动提供了初始动能。③ 滑体具有高位势能：滑坡体下滑过程中，势能转化为滑体发生高速远程运动的动能。④ 滑坡碎屑流在运动过程中具有碰撞加速效应：碰撞加速效应能够使部分块体获得加速而运动更远的距离，这是大型高速滑坡能够保持流体化的一个重要条件。

第 5 章　断层上盘顺层滑坡孕育机制

5.1　滑坡区的地质环境

脚盆坝滑坡位于峨眉山市脚盆坝一带，整体呈北西向条带状分布（图 5-1），滑坡区后缘位于雷洞坪一带，是滑坡区内的最高点，海拔 2 340 m。滑坡区最前缘分布在楠木坪村一带，海拔最低 830 m。由此可见，滑坡区

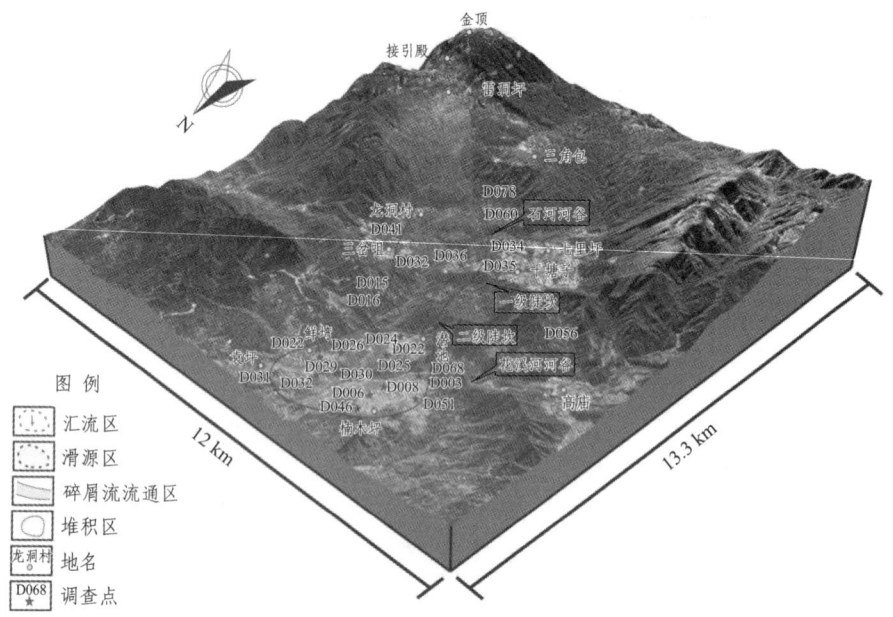

图 5-1　脚盆坝滑坡地貌全景图

后缘与前缘高差巨大,高差为 1 510 m。脚盆坝滑坡发生在地形陡峻的峨眉山上,巨量的滑坡物质自高陡的山体上失稳滑落,形成大规模高位远程滑坡碎屑流,最远滑动距离约 7.5 km。滑坡区地处峨眉山背斜的西翼,该区域被断裂切割而形成单斜断块山体,虽然滑坡的剪出口不具备较好的临空条件,但是滑源区坡体的坡脚处有逆冲断层发育(图 5-2 和图 5-3),

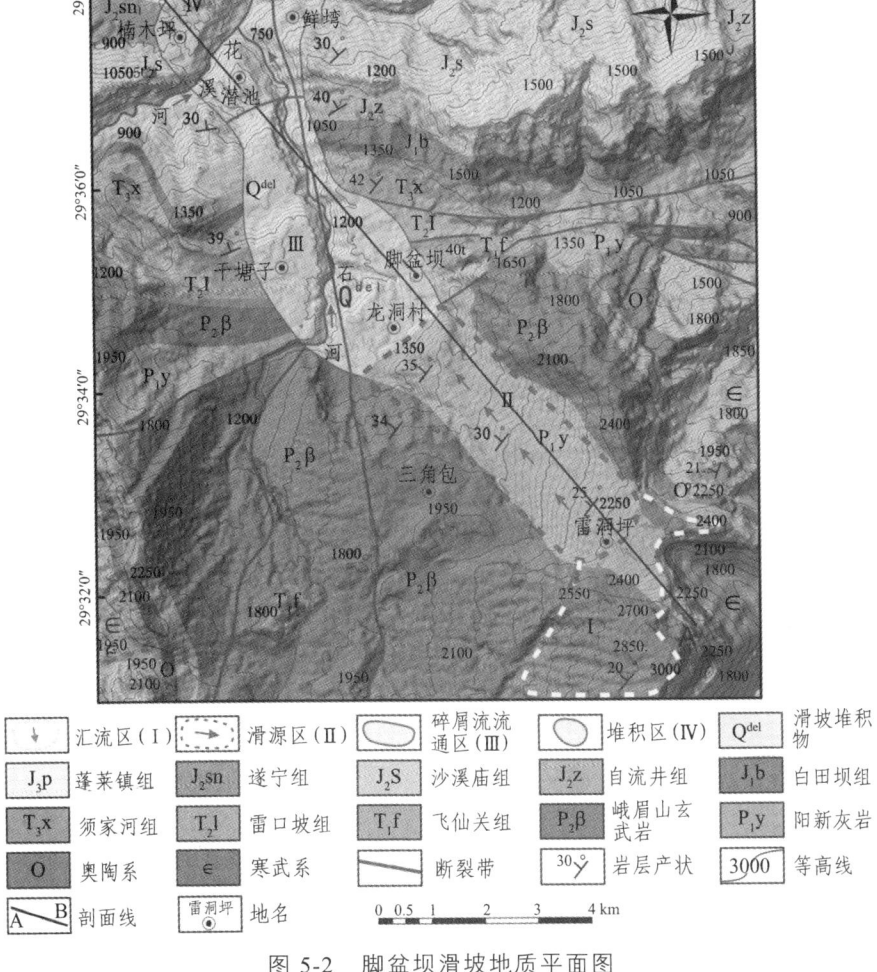

图 5-2 脚盆坝滑坡地质平面图

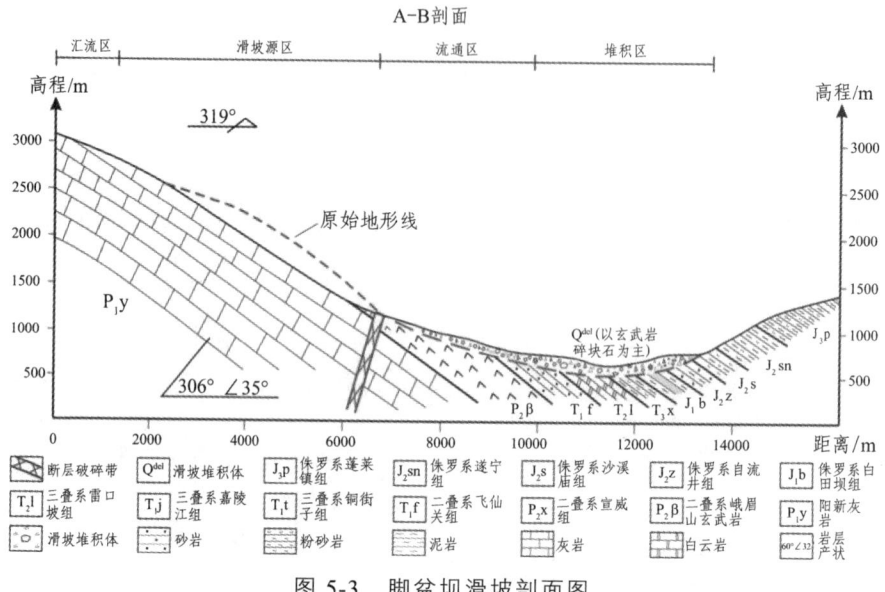

图 5-3 脚盆坝滑坡剖面图

滑坡体位于断层上盘，断层上盘受断裂活动的影响，层状坡体完整性差、顺层结合力弱；而且断层破碎带及其附近的岩体较为破碎，成为整个坡体最为薄弱的部位，在地震等外力作用下沿断层附近的岩体能够发生剪断破坏，从而形成滑坡。因此从滑坡的发育特征上看，脚盆坝滑坡属于典型的断层上盘顺层滑坡，这类滑坡也是峨眉山玄武岩大型高位远程滑坡碎屑流灾害中的一类重要地质类型。通过在滑坡区开展深入细致的地质调查工作，对其发育特征及滑坡的孕育、发展过程进行研究，旨在揭示该类断层上盘顺层滑坡的形成机制。

5.1.1 滑坡区地形地貌

研究区地处四川盆地西南边缘，地势南高北低、西高东低。区内山区地形复杂，峰峦叠嶂，海拔高程 600～3 000 m，最高峰万佛顶 3 099 m；仅东部平原地势较为平坦，海拔仅 425～480 m。研究区内高低悬殊，高差一般为 200～1 900 m，属高中山至低山地形。受到地壳强烈抬升以及河流侵蚀、溶蚀等的综合作用，研究区内沟谷纵横，除平原区外，大部分为深切峡谷地貌，多近南北向。

研究区内发育有四级夷平面（图5-1），金顶-万佛顶一带位于一级夷平面（高程为3 000～3 100 m），接引殿-雷洞坪一带位于二级夷平面（高程为 2 000～2 500 m），三角包一带位于三级夷平面（高程为1 700～1900 m），龙洞村和七里坪位于四级夷平面（高程为1 300 m左右），潜池村、鲜塆村、袁坪村和楠木坪村一带位于五级夷平面（高程为900～1 000 m）。王运生教授通过对区域夷平面进行对比分析，并结合大渡河流域河谷演化的研究成果得出，区域内的一级夷平面是在上新世末形成，二级、三级夷平面是在早更新世形成，四级和五级夷平面则是在中更新世形成。

5.1.2 滑坡区地质构造环境

研究区大地构造，地处扬子板块（Ⅰ级）西缘的峨边穹断束四级构造单元东北侧，属上扬子台褶带（Ⅱ级）的峨眉山断拱（Ⅲ级）和四川台拗（Ⅱ级）的川西台陷（Ⅲ级）两个三级构造单元的交接部位，构造较为复杂。

研究区内以北东向的峨眉山断层、北西向的丰都庙断层为界，西侧为峨眉山断块，南西侧为二峨山断块，东侧为峨眉平原断块。其中，峨眉山断块又划分为大峨山断块和毛草山断块（图5-4）。滑坡区正处在由峨眉山断层、新开寺断层、万年寺断层和麻子坝断层所围限的大峨山断块中。

喜山运动时期，印度板块与欧亚板块发生碰撞，在北西-南东区域应力场作用下，大峨山断块在新近纪以来发生向东楔入作用，研究区内发育褶皱、断层，以北东向和南北向构造为主，北西向和东西向构造次之（表5-1）。峨眉山断层是研究区内重要的北东向构造；南北向构造包括了峨眉山背斜、初殿断层等；北西向构造主要有万年寺断层、新开寺断层；东西向构造主要有尖山子断层。

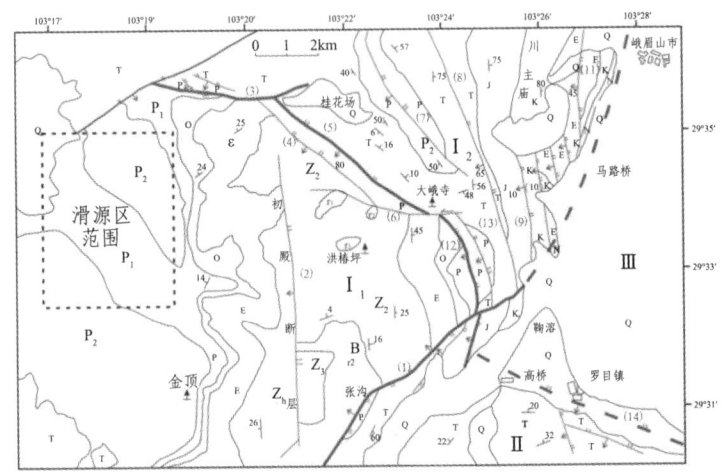

Ⅰ—峨眉山断块（Ⅰ₁—大峨山断块，Ⅰ₂—毛草山断块）；Ⅱ—二峨山断块；
Ⅲ—峨眉平原断块；（1）—峨眉山断层；（2）—初殿断层；（3）—麻子坝断层；
（4）—观心庵断层；（5）—万年寺断层；（6）—大峨寺断层；
（7）—牛背山断层；（8）—善觉寺断层；（9）—报国寺断层；
（10）—镜泊山断层；（11）—凉水井断层；（12）—新开寺断层；
（13）—马沟断层；（14）—丰都庙断层。

图 5-4 峨眉山地区构造简图（据王运生改）

表 5-1 滑坡区褶皱、断层汇总

构造类型	构造名称	主要特征
NE 向断层	峨眉山断层	本区一级断裂，控制地貌演化。断层走向北东，倾北西，倾角 50°~70°，断裂南起金口河，北至夹江，在峨眉平原隐伏于第四系之下，全长 46 km。斜切峨眉山背斜，水平错距达 4 km 以上，致使张沟一带峨眉山玄武岩逆冲覆于二叠系、三叠系之上，最大地层断距 6 km 以上。断层右旋错动导致上盘水系同步向北东扭曲，断层破碎带宽度 50 m。断层带上盘断层崖地貌显著，下盘为丘陵地貌

续表

构造类型	构造名称	主要特征
SN 向 褶皱	峨眉山背斜	为区内最为宏观的褶皱构造，分布面积约 100 km²。峨眉山背斜位于张沟-洪椿坪一带，轴向近南北，长约 15 km；北端被万年寺断层斜切而不能北延，南端被北东向峨眉山断层斜切而不能南延。核部地层为前震旦系花岗岩，出露于张沟-洪椿坪一线；两翼依次出露震旦系、寒武系、奥陶系、二叠系和三叠系；西翼地层产状正常、倾角较平缓，西翼展布约 18 km，在金顶一带地层倾角 10°～20°；东翼岩层倾角较陡，东翼展布约 5 km，倾角 16°～50°，在新开寺以东，二叠系及中生代地层倒转。为一轴面西倾的斜歪背斜
SN 向 断层	初殿断层	北起长老坪附近，经仙峰寺，南至三湾岗，走向近南北，长约 10 km，断面西倾，倾角 85°
SN 向 断层	新开寺断层	南起白杨寺附近，经新开寺，北端止于大峨寺断层，长约 3 km，走向近南北，西倾，倾角约 70°，上盘下二叠统，地层东倾，倾角 40°；下盘亦为下二叠统，地层西倾，倾角 25°
NW 向断层	万年寺断层	南东始于丁沟，北西延至神卦山，走向北东，长约 13 km，中倾南西，倾角 50°，上盘下二叠统，下盘上二叠统、三叠系，两盘地层均倒转
EW 向断层	麻子坝断层	西起响水洞东，向东经赵沟，在净水附近消失，全长 2.5 km，断层倾角近于直立，左旋走滑

研究区的主体构造特征为南北向短背斜，并且四周被断裂所围限，形成"褶皱断块山"。滑坡区即位于峨眉山背斜的西翼，该区域被断裂切割而形成单斜断块山体，因此该滑坡属于典型的单斜式滑坡。

第四纪以来，受西部区域构造应力的影响，峨眉山地区多次发生强烈抬升，也伴随着构造运动的发展，新构造运动强烈，地震活动频繁，研究区地震设防烈度为Ⅶ度。

5.1.3 滑坡区地层岩性

根据西南地区地层分区，研究区地处扬子准地台西部边缘，区内地层除奥陶系中、上统，志留系，泥盆系，石炭系缺失外，其余各系地层发育较全。震旦系上统-三叠系中统主要为海相沉积，三叠系上统为海陆过渡相，侏罗系-下第三系为河湖相，上第三系-第四系为冲洪积及崩滑堆积。前震旦系花岗岩构成了研究区内峨眉山背斜核部，震旦系、寒武系、奥陶系、二叠系和三叠系地层构成了背斜两翼。滑坡区内各地层的划分、对比见表 5-2。

表 5-2 滑坡区地层系统简表（据峨眉山市 1∶5 万区域地质调查报告）

地质时期	地层名称	厚度/m	描述
第四系	Q_4	0~80	主要包括滑坡堆积层（Q_4^{del}）、河流冲击层（Q_4^{al}）、冲洪积层（Q_4^{al+pl}），主要分布在峨眉山脚盆坝-干塘子一带，以及石河沟谷两岸
第三系	N	>135	主要为黏土层；砂质充填、铁钙质胶结的细砾层；砾石层组成 2~3 个韵律。局部为湖相半胶结状黏土
白垩系	灌口组（K_1g）	>420	上部棕红色泥岩夹黄灰、褐色页岩、泥灰岩，含石膏；下部紫红色砂岩、粉砂岩夹泥岩
白垩系	夹关组（K_1j）	308~401	棕红色厚层块状砂岩，夹少量同色粉砂质泥岩；底部有数米砾岩
侏罗系	蓬莱镇组（J_3p）	>85	棕红、砖红色泥岩、粉砂质泥岩为主。中上部偶夹砂岩透镜体及紫灰色页岩和泥灰岩多层；底部为灰绿色中-厚层状钙质砂岩。主要出露于高庙镇-吴河一带以及石河沟谷两岸
侏罗系	遂宁组（J_2sn）	200~335	棕红、砖红色泥岩，粉砂质泥岩，夹微量钙泥质细砂岩。主要出露于高庙镇-吴河一带以及石河沟谷两岸

续表

地质时期	地层名称	厚度/m	描述
侏罗系	沙溪庙组（J_2s）	500~576	绿灰色、紫灰色岩屑砂岩，粉砂岩，粉砂质泥岩，页岩等组成大小韵律层。局部含钙质结核或透镜体。主要出露于高庙镇-吴河一带以及石河沟谷两岸
	自流井组（J_2z）	113~161	自上而下：中厚层状钙质石英砂岩和杂色泥岩；薄层泥质灰岩、粉砂质泥岩；钙泥质粉砂岩；砂质泥灰岩，石英砂岩。主要出露于高庙镇-吴河一带以及石河沟谷两岸
	白田坝组（J_1b）	34~75	灰褐色泥岩和页岩；灰白色石英细砂岩；含植物碎片。主要出露于高庙镇-吴河一带以及石河沟谷两岸
三叠系	须家河组（T_3x）	403~528	自上而下：炭质页岩，粉砂岩，长石岩屑石英砂岩组成韵律层，重复多次。页岩中含煤层。出露于高庙镇-脚盆坝一带以及石河沟谷两岸
	雷口坡组（T_2l）	348~485	灰色中厚层状白云岩，角砾状白云岩，夹薄-中层状灰质白云岩，泥质白云岩，白云质灰岩。出露于高庙镇-脚盆坝一带以及石河沟谷两岸
	飞仙关组（T_1f）	156~287	上部为猪肝色粉砂岩，砂质泥岩互层；下部猪肝色、紫红色薄-中层状砂岩，粉砂岩，砂质泥岩互层。出露于高庙镇-脚盆坝一带以及石河沟谷两岸
二叠系	宣威组（P_2x）	39~77	铁、铝质页岩夹砂质页岩，炭质页岩，含铜砂页岩及铝土矿，赤铁矿多层。出露较少，主要出露于滑源区坡脚附近
	峨眉山玄武岩（$P_2\beta$）	>200	青灰、灰绿色斑状、杏仁状、角砾状、致密块状玄武岩。底部为深灰色铝土质泥岩夹炭质页岩。主要出露于滑源区后缘、两侧以及坡脚附近岩体

续表

地质时期	地层名称	厚度/m	描述
二叠系	阳新灰岩（P₁y）	403～628	包括栖霞组和茅口组：灰色中厚层状灰岩、生物碎屑灰岩。上部含燧石；中下部为泥质灰岩、生物碎屑灰岩；底部为含碳钙质页岩、砂页岩及铁矿层。主要出露于滑源区，构成滑床部分
奥陶系寒武系	O-∈	—	出露于峨眉山背斜西翼，位于金顶东侧

5.1.4 滑坡区水文气象

研究区内气温相差悬殊，气候垂直分带明显：平原与山麓属亚热带气候，温湿多雨；中山区属温带气候；高山区属亚寒带气候，阴湿多雾，年内有4～5个月积雪。研究区多雾多雨，金顶年平均降雨量1 912.6 mm，峨眉平原年平均降雨量1 593.2 mm，降雨多集中在5—9月，占全年降水量的80%左右，且具分带特征，海拔2 150～2 550 m山区年降雨量最大，可达2 000～2 100 mm。充沛的大气降雨是地表水和地下水的主要补给来源。

研究区内水系发育，其水文地理位置属大渡河、青衣江水系。境内有天然河流5条，即峨眉河、临江河、龙池河、石河、花溪河。其中，花溪河及其支流石河是流经滑坡区内最主要的河流（图5-1和图5-2）。滑源区坡脚前缘的地表水为石河，石河发源于峨眉山的万佛顶、接引殿一带，大致由南向北流经铜厂坝、小楔头，再至脚盆坝；并有从龙洞村的龙洞溢出的泉流，经三岔咀汇入石河；石河流至洪雅县楠木坪一带注入花溪河，最后在洪雅县止戈乡注入青衣江。花溪河发源于洪雅县南部边缘大众岗，研究区内大体由南西向北东沿峨眉山西麓而下，河流上游流经高庙镇，为流域内暴雨中心之一，最终流至九里镇于郭坝注入临江河。

滑坡区内地下水类型主要发育有松散堆积物孔隙水、碳酸盐岩类裂隙岩溶水以及赋存在峨眉山玄武岩体中的基岩裂隙水。滑源区峨眉山玄武岩以及灰岩等碳酸盐岩地层发育，岩体内节理裂隙发育，节理裂隙连通性好，为大气降水和地表水的渗流提供了通道，因而地下水主要以基岩裂隙和岩溶裂隙作为排泄、循环的途径。赋存在岩体中的地下水沿节理面和岩层面由高往低径流，然后在低洼地段以泉或暗河的形式排泄：脚盆坝龙洞村位于滑坡源区坡脚附近（图 5-1），该处沿断层有溶洞发育（图 5-5），坡体上部的水体在此汇聚，流量为 3 000 L/s，由龙洞村的龙洞溢出的泉流在低洼处汇聚成湖，并最终流入石河（图 5-5）。

图 A—龙洞村的溶洞；图 B—溶洞内的暗河；图 C—泉流在低洼处汇聚成湖。

图 5-5　滑坡源区坡脚龙洞村沿断层发育的溶洞

5.2　滑坡分区及形态特征

野外对整个滑坡区域进行了详细勘察，根据滑坡的运动演化过程和堆积体特征，可将滑坡区域进行详细划分（图 5-2），主要包括：汇流区、滑源区、碎屑流流通区、主堆积区四部分。

5.2.1　汇流区特征

滑坡的汇流区分布在滑坡后缘上部，高程范围 2 350~3 099 m，由于滑坡后缘上部为地形较平缓的夷平面，在金顶一带地层倾角为 10°~20°，能够形成较大范围的汇水区域。该区域降水丰富，基岩裂隙发育、贯通性好，随着降雨雪入渗以及地下水沿层面径流，水体不断汇聚于滑坡体后缘（图 5-1 和 5-2）。

该区域地下水的赋存类型主要是基岩裂隙水，峨眉山玄武岩体层状裂隙、柱状节理发育，节理裂隙连通性好，为大气降水和地表水的渗流提供了通道，地下水多活跃于气孔构造和柱状节理发育的岩层中，玄武岩中的凝灰岩夹层的透水性较差而成为相对隔水层，构成基岩裂隙含水层。通过现场调查发现，在位于汇流区下方的雷洞坪附近（高程 2 340 m），有泉水出露（图 5-6），泉水附近出露的基岩可见明显的溶蚀现象。由于上部坡体的汇水区面积较大，山顶至泉水出露区范围达 3 km，能够长期接受较大降水的补给，而且岩体节理裂隙发育，更利于地下水的入渗汇聚，因此泉水流量较大，达 25.71 L/s。

图 5-6 汇流区下方雷洞坪附近出露的泉点

5.2.2 滑源区特征

滑源区位于峨眉山背斜的西翼，该区域被断裂切割而形成单斜顺向坡体。滑坡中心位置的地理坐标为：103°18′38.88″E，29°33′18.38″N。整体地形上，受褶皱构造的影响，坡体中下部较为陡峻，斜坡体中倾（地层倾角为 20°~30°），山脚处高程为 1 300 m；坡体越往上部逐渐趋于平缓，滑源区后缘高程为 2 340 m；滑坡体前部为开阔而伸展良好的沟谷地形，滑源区山顶与山脚的高差为 1 040 m，高差巨大。滑坡剪出口位于坡脚附近，所在高程为 1 330 m 左右。

滑坡两侧边界均以山脊为界，滑坡发生后在滑源区形成了巨大的凹槽地形（图 5-1）。滑源区出露有大面积的二叠系下统阳新组灰岩（P_1y）光壁，在滑坡后缘还保留有部分未滑动的峨眉山玄武岩体；并且根据野外调查，堆积体大部分由玄武岩块石构成，且无灰岩成分推测，该滑坡事件受玄武岩与下伏灰岩的接触面控制，滑面是在玄武岩体底部由岩浆喷发间断面形成的；滑源区岩体所在部位的基岩地层产状为 300°~306°∠20°~35°，总体上表现为中倾顺向坡体。滑源区岩体表部风化卸荷强烈，节理裂隙发育，岩体碎裂化程度较高。现场调查发现，纵横交错的结构面把峨眉山玄武岩体分割为不同尺度的块体，等效块径最大不超过 10 cm，且分布比较均匀，平均块径介于 4~5 cm，主体块径集中在 1~8 cm，现场用锤子敲击岩块，结构体会随着裂隙规则开裂为大小不同的岩块（图 5-7）；玄武岩体柱状节理发育，主要发育三组结构面：① 节理 J_1，产状 297°∠30°，结构面间距 35 cm，延伸可见 20 m；② 节理 J_2，产状 153°∠61°，结构面间距 20 cm，延伸可见 10 m；③ 节理 J_3，产状 60°∠80°，结构面间距 25 cm，延伸可见 10 m。斜坡原始坡度约为 40°，滑坡体的整体滑动方向为 315°，估算滑源区滑体面积约 $375×10^4$ m²，滑动方量约为 $6.75×10^8$ m³（图 5-3）。

现场调查发现，在滑坡剪出口附近（高程分布为 1 320~1 350 m）有断层发育（图 5-2、图 5-3 和图 5-7），断层走向为北东向，断面倾南东，倾角 60°~70°，为麻子坝断层的分支断裂，该断层以平移为主，亦表现出逆断层的性质。断层以西被第四系物质所掩盖，该断层在滑坡区内处在地势由高陡向宽缓过渡的区域。

图 A—玄武岩体柱状节理发育；图 B—岩体碎裂化程度较高；
图 C—滑坡剪出口附近出露的断层破碎带；图 D—岩体结构面产状。

图 5-7　滑源区峨眉山玄武岩基岩发育特征

石河大致由南向北流经滑源区坡脚前缘（图 5-1 和图 5-2），其发源于峨眉山的万佛顶、接引殿一带，由于河流不断下切，侵蚀冲刷坡脚，在坡体前部形成开阔的沟谷地貌。

5.2.3　碎屑流流通区特征

滑坡体滑出剪出口后，受滑动面的控制，滑体瞬间发生"溃散"破坏，由于滑体位于高位具有极大的势能，巨量滑坡物质沿 NW 方向高速下滑，并伴随着快速解体，形成高速远程碎屑流（图 5-2）。

滑坡物质顺着石河沟谷快速运动，流通区的滑程约 5 km。流通区后缘高程约 1 400 m，前缘高程约 900 m，高差 500 m，该段地形较为平缓，坡度约 10°~15°，并存在两级陡坎（图 5-1）。该阶段滑坡体的主要运动特征是碎屑流体在高速运动过程中形成了对沿途主沟床表层松散物质强烈的刮铲，且伴随着碎屑颗粒之间的相互撞击，由于地形变缓和铲刮造成的能量消耗，导致滑坡运动速度逐渐降低，部分滑坡物质受阻而停积，散落堆积于沟道及沟道两侧，而能量较大者则携卷基底被刮铲的物质共同运行。流通区在某种意义上也是堆积区，但是与滑体总体积相比，沿程堆积的体积相对较小。该区域在堆积物质粒度组成上，主要分布未完全解体的大块石、孤石以及部分解体较充分的碎屑流块碎石，块碎石粒径一般为 2~20 cm，多呈棱角状，块碎石多为玄武岩，并有沿途铲刮携带的砂岩混杂。

野外调查发现，在滑坡流通区内广泛分布有玄武岩大块石、孤石，体积较大，最大可见 7 m×5 m×4 m，表面风化强烈。如图 5-1 所示，在调查点 D060（距滑源区 1.2 km）、D041（距滑源区 1.5 km）、D034（距滑源区 2.5 km）、D033（距滑源区 2.8 km）和 D016（距滑源区 4.2 km）附近，均可见玄武岩大块石（图 5-8）。此外，距滑坡源区较近的范围内（3 km 以内）也分布有未完全解体的玄武岩孤石：如图 5-1 所示，调查点 D035（距滑源区 2.5 km）和 D036（距滑源区 2.7 km）位于干塘子村；在 D035 调查点处可见玄武岩巨石隐伏于地表（图 5-8），整体体积不清楚，可见结构面，风化严重，已出现泥化现象，上部覆盖有残坡积物。D036 调查点处有大规模的玄武岩孤石、块碎石出露，部分孤石形如假基岩（图 5-8），风化严重，已出现泥化现象，整体呈现强风化泥夹石结构，出露的玄武岩假基岩最长延伸 20 m；整体滑坡剖面延伸可见 56 m，局部的滑坡物质组成为块碎石，碎石一般 2~15 cm，最大 25 cm，块碎石可见斑状、杏仁构造。

图 A、B、C、D、E—分别为分布在调查点 D060、D041、D034、D033 和 D016 处的玄武岩大块石；图 G、I—调查点 D035 处可见隐伏于地表的玄武岩巨石（风化严重，已出现泥化现象）；图 F、H、J—调查点 D036 处出露有大规模的玄武岩孤石、块碎石（整体呈强风化泥夹石结构）。

图 5-8　滑坡流通区内广泛分布有玄武岩大块石、孤石

调查点 D033（距滑源区 2.8 km）位于三岔咀村，出露有良好的碎屑流堆积物剖面（图 5-9），出露高度为 53 m：滑坡物质解体较为充分，物质组成为块碎石，结构杂乱，胶结较密实。块碎石多呈棱角状，块径一

般 2~20 cm，最大 30 cm。块碎石岩性为玄武岩，可见杏仁、气孔构造，局部已出现泥化现象。位于碎屑流堆积物竖向剖面的不同高度层位上，碎屑流堆积体内部具有反粒序结构的堆积特征：滑坡堆积体上部含有较多的大块石，而位于下部的堆积体中所含大块石较少，主要以碎石、角砾等小颗粒为主。在碎屑流运动过程中，因为碎屑流与滑床的接触面凹凸不平，促使碎屑流产生振动筛分作用，并且碎屑颗粒之间不断发生碰撞也产生了动力破碎作用，在两者的耦合作用下碎屑流形成了反粒序的堆积结构特征，这是大型高速远程滑坡-碎屑流所特有的堆积规律，也是高速远程滑坡-碎屑流动力学分析所基于的重要地质依据。

图 B—调查点 D033 处分布的碎屑流堆积物远景；图 A、C—滑坡堆积体上部含有较多的大块石；图 E—滑坡堆积体下部的物质组成主要以碎石、角砾等细颗粒为主；图 D、F—玄武岩块碎石可见杏仁、气孔构造，局部已出现泥化现象；图 H—调查点 D015 附近有基岩（砂岩）出露；图 G、I—砂岩局部表面可见擦痕。

图 5-9 滑坡流通区内分布的堆积物以及遭受铲刮后的基岩

在调查点 D015（距滑源区 4 km）附近有基岩出露（图 5-9），岩性为三叠系须家河组砂岩。岩体呈中-厚层状，表面风化严重，局部较为破碎成碎裂状，表面可见擦痕，由滑坡物质运动铲刮该处基岩形成，擦痕顺沟谷指向下游（指向为 320°），指示了滑坡物质的运动方向。该点附近也有玄武岩大块石分布（图 5-9）。

5.2.4 主堆积区特征

滑坡物质运动一段距离后，因地形变缓和能量的不断耗散而逐渐进入堆积阶段，堆积区域主要分布在潜池、鲜塝、袁坪和楠木坪一带。该区域由于滑坡碎屑流物质的堆积以及后期河流的冲刷、侵蚀下切，而形成被河谷分离开的平台地形（图 5-1 和图 5-2）。由于河流对滑坡堆积体的长期侵蚀切割，从而使得能够揭示堆积体内部结构和物质组成的良好剖面得以展现。

野外调查发现，该区域在堆积物质粒度组成上，主要分布碎屑流停积下来的碎石、角砾，粒径一般为 0.2~20 cm，多为棱角状，局部散落有玄武岩大块石，体积最大可见 3 m×2 m×1 m，因表面遭受强烈风化侵蚀而多呈不规则扁球状。块碎石多为玄武岩，并有砂岩、白云岩混杂，为碎屑流运动过程中携卷铲刮的沿途物质。如图 5-1 所示，调查点 D024（高程 980 m）、D022（高程 935 m）、D025（高程 945 m）、D068（高程 820 m）位于潜池，坡体上部为一平台地形，由坡脚至坡顶随处可见玄武岩大块石分布，多隐伏于地表，局部已出现泥化现象（图 5-10）：调查点 D022 位于平台上，可见滑坡堆积物与基岩的界面，下伏地层为侏罗系沙溪庙组（J_2s）泥质粉砂岩层，上覆滑坡堆积物，附近多见隐伏于地表的玄武岩孤石，可见杏仁、气孔和斑状构造。

调查点 D026（高程 920 m）、D027（高程 890 m）、D029（高程 880 m）和 D030（高程 780 m）位于鲜塆村（图 5-1）：D026 点位于鲜湾上部平台处，可见玄武岩大块石分布，可见斑状、杏仁状构造，多隐伏于地表（图

5-11）。D029 点处可见典型的滑坡堆积物剖面，物质组成为块碎石土；整体呈角砾石层状，胶结较密实，块碎石多呈次棱角状；块碎石土局部胶结为团块状，块径一般为 0.2～5 cm，最大 15 cm；结构杂乱，无分层无层理出现；可见大块石混杂其中，块碎石多为玄武岩，并有砂岩、白云岩混杂，块碎石局部已出现泥化现象（图 5-11）。D030 点处可见滑坡堆积物与基岩的界面，下伏地层为侏罗系遂宁组（J_2sn）粉砂质泥岩；上覆滑坡堆积物，附近多见隐伏于地表的玄武岩大块石（图 5-11）。

图 A—调查点 D024 处分布的玄武岩大块石；图 B—调查点 D022 处基覆界面东侧分布的滑坡堆积物；图 C—调查点 D022 处可见基覆界面；图 D、E—调查点 D025 处隐伏于地表的玄武岩大块石；图 F—潜池村上部的堆积平台；
图 G、H、I—调查点 D068 处的滑坡堆积物。

图 5-10 潜池村一带分布的滑坡堆积物

图 A、B—调查点 D026 处分布的玄武岩大块石；图 C—调查点 D027 处分布的玄武岩大块石；图 D、E、F、G、H—调查点 D029 处的滑坡堆积物（块碎石局部已出现泥化现象）；图 I—调查点 D030 处可见基覆界面。

图 5-11 鲜塆村一带分布的滑坡堆积物

调查点 D031 点（高程 930 m）、D032 点（高程 770 m）位于袁坪（图 5-1）：坡体上部也为一平台地形，D031 点位于平台之上，随处可见玄武岩大块石分布，大块石因为后期遭受风化侵蚀，一般呈不规则扁球状，多隐伏于地表（图 5-12）。D032 点处出露有良好的滑坡堆积物剖面（图 5-12），物质组成为块碎石土，块碎石多为玄武岩，并有砂岩、白云岩混杂；结构杂乱，胶结较密实；块碎石多呈次棱角状，块径一般为 0.2～5 cm；周围还分布有玄武岩大块石，最大可见 2 m×1.5 m×1 m；滑坡堆积体剖面总高度可见 76 m，在该堆积体竖向剖面的不同高度层位上，堆积体内部表现出反粒序结构的堆积特征：滑坡堆积体上部含有较多的大块石，而位于下部的堆积体中所含大块石较少，主要以碎石、角砾等小颗粒为主（图 5-12）。

图 B—调查点 D032 处分布的碎屑流堆积物远景；图 A、C—滑坡堆积体上部含有较多的大块石；图 D、E—滑坡堆积体下部的物质组成主要以碎石、角砾等细颗粒为主；图 F—调查点 D031 处平台上可见玄武岩大块石分布。

图 5-12　袁坪村一带分布的滑坡堆积物

调查点 D003 点（高程 830 m）、D008 点（高程 860 m）、D006 点（高程 960 m）、D046 点（高程 936 m）、D051 点（高程 925 m）位于楠木坪（图 5-1）：D003 点处因后期河流冲刷切割，出露了滑坡堆积体良好剖面；物质组成为块碎石土，胶结较密实；块碎石多呈次棱角状，有一定磨圆，块径一般为 0.2~5 cm，局部有大块石，块径最大 40 cm；块碎石多为玄武岩，可见杏仁、气孔、斑状构造，局部出现泥化现象；该点附近还可见滑坡堆积物与基岩的界面，下伏地层为侏罗系沙溪庙组（J_2s）砂岩；上覆滑坡堆积物，周围分布有大量玄武岩大块石（图 5-13）。D006 点位于楠木坪村平台上，为滑坡堆积形成的平台地形，周围随处可见玄武岩大块石分布；该点处视野开阔，可以观察到南东方向滑源区至此的大致地形地貌（图 5-13）。D051 点也位于楠木坪村平台上，属于滑坡堆积体最前缘的部分，该处可见滑坡堆积体良好剖面（图 5-14），物质组成为块碎石土，块碎石大小不一，结构杂乱；块碎石多呈次棱角状，块径一般为 0.2~15 cm，最大可见 20 cm；块碎石中除了包含玄武岩之外，还有较多的白云岩，表明滑坡物质在运动过程中，碎屑流前部对沿途物质形成剧烈铲刮，并携卷了沿途的三叠系雷口坡组白云岩，最终在此堆积。此外，该调查点周围分布有玄武岩大块石，多隐伏于地表，表面风化严重，已出现泥化现象，玄武岩块石外部的风化壳将内部较为新鲜的核心石团团包裹，整体呈现"泥包石"结构，这种"泥包石"结构在风化严重的玄武岩中较为常见。

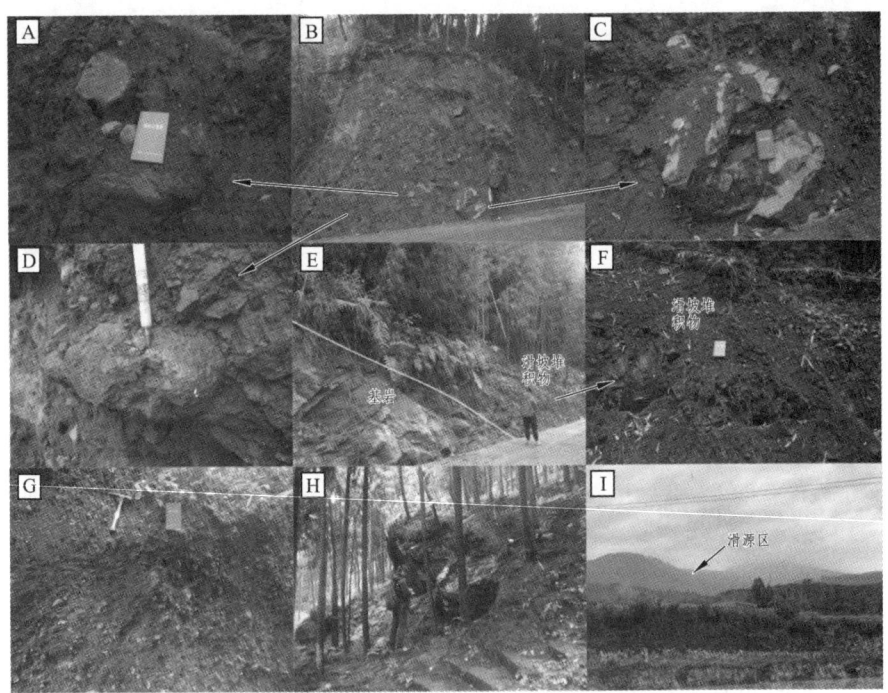

图 A、B、C、D—调查点 D003 处分布的滑坡堆积物（玄武岩块碎石多见杏仁、斑状构造，局部出现泥化现象）；图 E、F—调查点 D003 附近可见基覆界面；图 G—调查点 D008 处分布的滑坡堆积物；图 H—调查点 D008 处分布的玄武岩大块石；图 I—调查点 D006 可观察到南东方向滑源区至此的大致地形地貌（镜像为 136°）。

图 5-13　楠木坪村一带分布的滑坡堆积物

图 A、B、C—调查点 D046 处平台上分布的玄武岩大块石（玄武岩碎块石多见杏仁、斑状构造，局部出现泥化现象）；图 D、E—调查点 D051 处分布的滑坡堆积物；图 F—调查点 D051 处分布的玄武岩大块石；图 G、H、I—调查点 D051 附近的玄武岩大块石风化严重而呈"泥包石"结构。

图 5-14 楠木坪村一带分布的滑坡堆积物

滑坡运移最前缘（北端）到达楠木坪和袁坪，并堵塞了石河，形成了滑坡坝。楠木坪村（960 m）、袁坪（930 m）、鲜湾村（920 m）和潜池村（980 m）上部均为平台地形，组成了完整的古滑坡坝体，后期又被河流冲刷切割而彼此分隔。由于滑坡堆积体遭受河流长期的侵蚀切割，从而堆积体内部的物质组成和分布情况得以展现。通过野外详细的地质调查，根据对滑坡堆积物和基覆界面分布情况的调查结果，推测古滑坡坝堆积厚度约 150 m，滑坡堆积物总体积约 $3.7×10^8 m^3$。此外，现场通过对位于不同位置的滑坡堆积体内部物质组成进行调查发现，在滑坡堆积体竖向剖面中不同高度层位上，碎屑流堆积体内部具有反粒序结构的堆积特征，滑坡堆积体浅表部含有较多的大块石，而位于下部的堆积体中所含大块石较少，主要以碎石、角砾等细颗粒为主，根据国内外学者们的研究发现，众多大型高速远程滑坡-碎屑流在运动学上均表现出反粒序堆积结构的特征。

5.3 滑坡发生的主控因素分析

脚盆坝滑坡是一起大规模的峨眉山玄武岩高速远程滑坡事件，属于坡脚断裂发育的单斜式滑坡，具有典型性和代表性，通过对滑坡区的地质构造、地形地貌特征、地层岩性、坡体结构以及地震条件等进行综合分析，将滑坡发生的主控因素从以下几个方面进行论述。

1. 构造作用对滑坡的影响

滑坡区地处由峨眉山断层、新开寺断层、万年寺断层和麻子坝断层所围限的大峨山断块中。研究区的主体构造特征为南北向短背斜，并且四周被断裂所围限，形成"褶皱断块山"。滑坡区即位于峨眉山背斜的西翼，该区域被断裂切割而形成单斜断块山体。

第四纪以来，受西部区域构造应力的影响，峨眉山地区开始强烈抬升，据有关地形变资料，峨眉山地区在全新世以来继续抬升，抬升速率为 1~2 mm/a，抬升幅度为 10~20 m，逐渐形成现今地貌。地壳的抬升造就了滑坡区所在的峨眉山背斜一翼高陡的地势，为峨眉山玄武岩坡体的失稳滑动提供了良好的临空面和巨大的势能。

虽然滑坡的剪出口位于斜坡体坡脚附近，滑坡剪出口并不具备较好的临空高度，但是滑源区坡体的坡脚处有断层发育（图 5-2、图 5-3 和图 5-7），受断层活动的影响，断层破碎带及其附近的岩体较为破碎，成为整个坡体较为薄弱的部位，在强震等外力作用下断层附近的岩体能够发生剪断破坏，从而形成滑坡。

2. 滑坡区岩体遭受河流、地下水的长期侵蚀作用

滑坡的汇流区分布在滑坡源区上部，由于滑坡后缘顶部为地形较平缓的夷平面，能够形成较大范围的汇水区域。该区域降水丰富，基岩裂隙发育、贯通性好，伴随着降雨雪入渗以及地下水沿层面径流，滑坡体后缘地下水汇聚，后缘的孔隙水压力增加，成为滑坡体遭受地下水浸润侵蚀的主要来源，是加速滑坡体失稳的一个重要原因。

滑源区的地下水的赋存类型主要是基岩裂隙水，峨眉山玄武岩中的凝灰岩夹层的透水性较弱，成为相对隔水层，构成基岩裂隙含水层。由于斜坡体上部的汇水区域范围较大，能够长期接受较为充沛的降雨量补给，且岩体节理裂隙发育，更利于地下水的入渗。滑坡体中地下水的浸润侵蚀作用增加了斜坡体的容重，并进一步削弱了凝灰岩软弱夹层的强度，使滑坡体的下滑力不断增大。此外，石河大致由南向北流经滑源区坡脚前缘，由于河流不断下切，侵蚀冲刷坡脚，并在坡体前部形成开阔的沟谷地貌，为坡体失稳滑动提供了开阔的下滑空间。

由于玄武岩体层状构造、柱状节理发育，节理裂隙连通性好，坡体上部接受大气降水和地表水的补给，形成丰富的基岩裂隙水。地下水沿玄武岩体中的凝灰岩夹层等似层面由高往低径流，然后在位于坡脚处的脚盆坝龙洞村附近以泉或暗河的形式排泄（图 5-5）：龙洞村有溶洞发育，上部的地下水汇聚于此形成暗河和湖沼，经由龙洞村的泉流溢出最终汇入石河。这样在滑坡区就形成了完整的水流系统，这为滑源区岩体的失稳提供了持久的饱水软化层条件，也为岩质坡体发生高速远程滑动提供了润滑条件。

3. 滑源区岩体结构对滑坡的影响

由于高速远程滑坡的物质较为破碎，这些碎屑颗粒在运动过程中携卷了高速流动的空气和细粒物质，产生动力更强的流态化运动，从而使碎屑流具有远程效应；而高速远程滑坡的碎屑物质大部分来源于滑源区碎裂化的岩体，因此滑源区岩体的碎裂化程度是滑坡能否转化为高速远

程碎屑流的关键。

峨眉山玄武岩具有特殊的岩体结构特征，在溶岩流冷凝过程中，峨眉山玄武岩广泛发育原生柱状节理以及与溢流面平行、与柱状节理垂直的层状节理（主要包括喷发间断面以及凝灰岩软弱夹层等岩性分界面）；并且在柱状节理形成过程中，冷凝作用从熔岩流的顶部和底部同时向中部发展，在柱体内部便产生了多个收缩作用力，从而形成与柱状节理近垂直的张性微裂隙。这些原生结构面的广泛发育使玄武岩体在成岩之初就存在多套不连续的破裂面，横向和纵向的节理贯穿、围限整个岩体，成为影响岩体碎裂化发展的控制性因素。后期岩体又遭受了褶皱、地震等构造活动的影响，以及水流侵蚀、风化卸荷等浅表生改造作用，使原生结构面进一步破裂发展，并在原生结构面的基础上产生了一系列构造结构面和浅表生改造结构面，严重破坏了玄武岩体的完整性，使滑源区岩体整体结构更为破碎，碎裂化程度大大增加（图 5-7）。在脚盆坝滑坡滑源区现场调查发现，纵横交错的结构面把玄武岩体分割为不同尺度的块体，等效块径最大不超过 20 cm，且分布比较均匀，平均块径介于 4~5 cm 之间，主体块径集中在 1~10 cm（图 5-7），现场用锤子敲击岩块，由于玄武岩是典型的脆性岩，结构体便会随着裂隙规则开裂为大小不同的岩块，破碎后的岩块粒径多集中在 1~10 cm。

因为峨眉山玄武岩特殊的岩性特征，后期又遭受了强烈的构造作用以及浅表生改造作用，使玄武岩大规模、高密度地发育结构面，岩体碎裂化程度较高，因此岩体失稳后，瞬间发生"溃散"破坏，即刻碎裂解体转化为碎屑颗粒流，并在滑动过程中进一步破碎。玄武岩的碎裂过程是伴随着整个滑坡演化过程进行的，但是由于玄武岩块体本身非常坚硬，因此在滑动过程中发生进一步碎裂的程度是很有限的，这可以通过调查分析滑动路径上停积的滑坡物质的粒度组成得到验证：在整个滑坡体的流通区（粒径分布一般为 2~20 cm）以及堆积区（粒径分布一般为 0.2~20 cm）停积的碎屑颗粒，虽然滑动距离越远，沿途停积的滑坡物质中细颗粒组分的含量越多，但是其整体的粒度组成并没有发生显著的变化。

通过以上的调查分析可知，滑坡源区玄武岩体被结构面所围限的块体的尺寸与滑坡堆积体的碎屑粒度分布是很接近的，而玄武岩碎屑颗粒在滑动过程中发生进一步碎裂的程度是很有限的，因此滑坡碎屑流中物质的粒度组成情况主要还是取决于滑源区岩体的碎裂化程度，由此造成了滑坡堆积体的物质成分主要由解体较为充分的块碎石（块径 0.2~20 cm）组成，而粒径在 2 mm 以下的细颗粒部分所占比例很小，微米级的黏土颗粒几乎缺失。此外，滑源区坡体的深部因为风化程度不高，岩体结构的碎裂化程度相对较小，所以滑体失稳后，会在流通区和堆积区找到体积较大的未完全解体的玄武岩巨石。由此可见，滑坡源区由各级结构面所围限的碎裂块体尺寸对于滑坡堆积体的碎屑粒径组成起到了控制性的作用，进而对滑坡的运动演化过程产生了深远影响。

4. 强震作用对滑坡的影响

滑坡区地处由峨眉山断层、新开寺断层、万年寺断层和麻子坝断层所围限的大峨山断块中。研究发现，第四纪以来，受西部区域构造应力的影响，峨眉山地区多次发生强烈抬升，也伴随着构造运动的发展；新构造运动强烈，地震活动频繁，地震多发生在断层的交汇处和端点处。

滑坡堆积区分布在潜池、鲜湾、袁坪和楠木坪一带，该区域由于滑坡物质的堆积以及后期河流的冲刷、侵蚀下切，而形成被河谷分离开的平台地形，构成了研究区内的第五级夷平面（高程为 900~1 000 m）。通过对区域夷平面进行对比分析，并结合大渡河流域河谷演化的研究成果，可判断该滑坡堆积体大致形成于中更新世。

脚盆坝滑坡体为玄武岩，表现为巨厚层状的顺层岩质坡体，该区域玄武岩地层厚度达到几十米甚至上百米，一次强降雨几乎不可能触发如此大规模的滑坡事件，但是通过对地震滑坡的研究发现，在地震高烈度区发生的强震事件往往能够诱发大规模岩质滑坡事件的发生。滑坡区位于Ⅶ度地震烈度区，判断该滑坡是由发生于中更新世的一次强震事件触发的，强震作用是造成滑坡最终滑动失稳的关键性因素。

5.4 滑坡变形破坏机理分析

通过前文对滑坡发生的控制因素进行研究表明，峨眉山玄武岩体的变形失稳过程是岩体强度逐步弱化的过程，斜坡岩体的稳定性受到了"累积"和"触发"两个方面效应的影响。因此，本书主要通过岩体的"变形累积"和"触发失稳"这两方面对滑坡的变形失稳机理进行分析。

5.4.1 峨眉山玄武岩体的变形累积过程

1. 峨眉山玄武岩体的原生建造

峨眉山玄武岩具有特殊的岩体结构特征，在溶岩流冷凝过程中，峨眉山玄武岩广泛发育原生柱状节理以及与岩流面平行、与柱状节理垂直的层状节理（主要包括岩性分界面以及火山集块岩和角砾岩层、凝灰岩层等形成的喷发间断面）。层状节理的广泛发育，使玄武岩表现出了类似于沉积岩的层状构造，这类似层状岩体往往能够孕育大规模的变形破坏。其中，喷发间断面上的火山集块岩和角砾岩层主要分布在各喷发旋回的底部，具有较多的孔隙，结构疏松，力学强度较弱，往往成为斜坡体的薄弱面。经过野外地质调查发现，在位于脚盆坝滑坡源区前缘的调查点 D078 处（图 5-1）可见，玄武岩与下伏灰岩的接触面是由火山集块岩和角砾岩层构成的，火山集块岩和角砾岩层表面因遭受长期风化和流水侵蚀而显得极为破碎，局部已出现泥化现象（图 5-15）。根据脚盆坝滑坡堆积体大部分由玄武岩块碎石构成且无灰岩成分推测，该滑坡的滑面是受峨眉山玄武岩底部的火山集块岩和角砾岩软弱夹层的控制并由此发育而成的。

此外，在柱状节理形成过程中，冷凝作用从熔岩流的顶部和底部同时向中部发展，在柱体内部便产生了多个收缩作用力，从而形成与柱状节理近垂直的张性微裂隙。峨眉山玄武岩所特有的这些原生结构面分布广、数量多，使玄武岩体在成岩之初就存在多套不连续的破裂面，横向和纵向的节理贯穿、围限整个岩体，对岩体的完整性产生很大影响。

图 5-15　火山集块岩和角砾岩层构成了玄武岩与下伏灰岩的接触面

2. 构造改造作用的影响

峨眉山玄武岩体在原生建造的基础上，后期又遭受了褶皱、地震等构造活动的影响，使原生结构面进一步破裂发展，原生结构面在强烈的构造运动影响下往往发展为层间错动带以及层内错动带，并产生了一系列构造结构面，使滑源区岩体整体结构更为破碎，严重破坏了玄武岩体的完整性。

前文已经述及，脚盆坝滑坡区地处被断裂切割而形成单斜断块山体，该滑坡的剪出口位于坡脚附近，虽不具备较好的临空高度，但是滑源区坡体的坡脚处有逆冲断层发育，滑坡体位于断层上盘，断层上盘受断裂活动的影响，层状坡体完整性差、顺层结合力弱。更为重要的是，断层附近的岩体受到断层活动的剪切、挤压破碎，坡脚断层破碎带及其附近的岩体节理裂隙密集发育，岩体较为破碎，成为整个坡体最为薄弱的部位。如果后期遭受强烈的外部荷载作用，沿断层附近的岩体容易发生变形破坏，为滑坡的发展提供了剪出口图（5-16A）。因此，滑源区坡体坡脚处断层的发育对剪出口的形成以及坡体的失稳起到了控制性的作用。

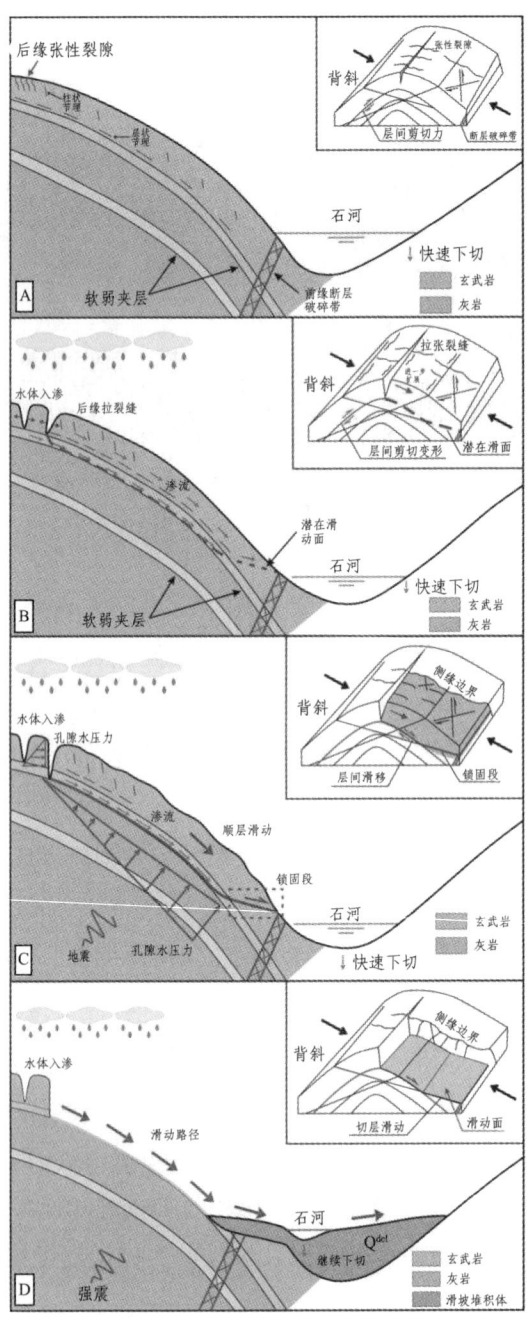

图 5-16 脚盆坝滑坡变形失稳机制示意图

3. 浅表生改造作用的影响

浅表生改造作用主要包括流水的侵蚀、坡体卸荷以及风化作用。滑源区后部具有较大的汇水区域，滑坡体后缘水体汇聚，后缘的孔隙水压力增加，进一步促进了斜坡后缘裂缝向岩体深部扩展。地表水体顺裂隙入渗，由上往下流经滑体，使滑体容重增加，滑体的下滑力随之增大，并使玄武岩体中的火山集块岩和角砾岩层、凝灰岩层等软弱结构面遭受水流浸润侵蚀，抗剪强度降低，为滑坡失稳提供了潜在的滑动面。岩体中的结构面成为水体入渗径流的通道，而流水的浸润侵蚀作用以及冻融循环作用则进一步促进了岩体结构面的扩展。

第四纪以来，峨眉山地区开始强烈抬升，地壳的抬升也带动了滑源区坡脚前缘石河的溯源侵蚀作用，坡体外围的岩体被逐步剥蚀掉，沟谷逐渐加深，造就了峨眉山玄武岩体高陡的地势，坡体前缘临空，前后缘高差巨大。伴随着坡体地形地貌的演变，坡体内原有的应力状态也发生了改变，所受到的主应力由 NW-SE 向的压应力逐步变成拉张应力，在新的应力作用下岩体向着临空方向卸荷回弹，以达到新的应力平衡。岩体内走向与卸荷方向近于平行的裂隙会在应力作用下产生拉张破坏，形成新的结构面；而走向与卸荷方向近于垂直的裂隙会在拉张力作用下不断向卸荷方向发生回弹变形，其张裂程度进一步扩大（图 5-16B）。因此，岩体在卸荷作用的影响下，岩体结构进一步趋于碎裂化。

峨眉山地区海拔较高，昼夜温差大，降雨雪充沛，夏季湿热，冬季寒冷，岩体经受了长期强烈的风化作用。同卸荷作用一样，风化作用主要作用于浅表部岩体，均属于浅表生改造作用，但是两者在作用机理上又具有较大的差异：前已述及，岩体在卸荷作用下浅表部发生应力的重分布，进而发生卸荷回弹以及拉张破坏，使岩体结构进一步趋于碎裂化。风化作用按照作用机理可以划分为物理风化作用、化学风化作用以及生物风化作用，脚盆坝滑坡区主要受到物理风化和化学风化的作用（表 5-3），岩体在风化作用下除了发生碎裂破坏之外，岩体的矿物成分也会发生变化，物质成分逐渐发生泥化现象，其易溶成分遇水被淋滤侵蚀，使局部的力学强度几乎完全丧失。

在滑坡现场调查发现，滑坡区的玄武岩体遭受长期的风化作用后，被结构面所分割的岩体外部泥化现象严重（图 5-17）：外部风化严重的结构体表现为层状结构的腐岩壳，其矿物成分大部分已转变为黏土矿物、可溶性组分以及其他残余矿物，孔隙率高，渗透率增大，更易遭受流水侵蚀，外部的腐岩壳一捏就碎，其力学强度几乎丧失；而内部被包围的核心石遭受腐蚀的程度较轻微，整体表现为"土夹石"的散体状结构特征（表 5-4）。这种"土夹石"结构在西南地区峨眉山玄武岩的分布区是普遍存在的，风化作用使岩体的完整性大大削弱，力学强度也大大降低。

表 5-3 研究区风化作用的机理

风化作用的类型		作用机理
物理风化作用		主要使岩体发生碎裂，但不改变岩石的矿物成分。在研究区物理风化作用主要表现为三个方面：（1）滑坡区昼夜温差大，岩体随着温度的变化发生热胀冷缩，长期的热胀冷缩效应使岩体的浅表部出现裂隙；（2）滑坡区冬季气温都在冰点以下，岩体中的裂隙水冻结成冰，并对岩体产生冻胀作用以及冰劈作用，使岩体裂隙发展、扩大，随着温度的变化，岩体内裂隙水发生反复的冻融循环，岩体内产生新的裂隙并不断发展，最终造成岩体的碎裂；（3）峨眉山玄武岩经历了多期喷发溢流的成生环境，具有不同的岩性层，而不同岩性层矿物的水理性质是不同的，从而在吸水和失水的过程中各岩性层会产生不均匀的形变，进而在岩体内形成裂隙，该作用过程较为缓慢，在岩体的碎裂化过程中发挥的作用较小
化学风化作用	溶解作用	滑坡区降水量大，岩体中地下水发育，在流水的浸润作用下，峨眉山玄武岩中的无机盐等易溶矿物会溶解在水中并随水流失，岩石的矿物组分发生变化，力学强度降低
	氧化作用	在氧气含量较为充足的岩体浅表部，峨眉山玄武岩中具还原性的亚铁离子能够被氧化为高价铁离子（$Fe^{2+}-e\rightarrow Fe^{3+}$），形成新的矿物成分，岩体力学强度被削弱

续表

风化作用的类型		作用机理
化学风化作用	水合作用	滑坡区岩体中的地下水丰富，峨眉山玄武岩中的亲水矿物能够与水分子结合，进而形成新的矿物（$Fe_2O_3+nH_2O \rightarrow Fe_2O_3 \cdot nH_2O$），削弱了岩体的力学强度
	水解作用	组成峨眉山玄武岩矿物中的无机盐成分在水中电解出离子，这些离子能够和水中的 H^+ 和 OH^- 离子结合生成弱电解质，进而形成新的矿物[$4K(AlSi_3O_8)+6H_2O \rightarrow Al_2(SiO_2)(OH)_4+11SiO_2+4KOH$；$Al_2(SiO_2)(OH)_4+5H_2O \rightarrow Al_2O_3 \cdot 3H_2O+2H_4SiO_4$]。新生成的矿物中，氧化物（KOH）具有水溶性而被溶解流失；硅铝络合酸根离子和 OH^- 离子结合生成的黏土矿物水溶性较差，因而在原岩中残留，形成了玄武岩体风化壳，其矿物组分已被完全改变，岩体的力学强度也被大大削弱
	碳酸化作用	岩体浅表部的水体中因为溶解了空气中的二氧化碳而呈弱酸性，并在水中电解出 CO_3^{2-} 离子和 H^+ 离子，因而能够与玄武岩中的碱性矿物发生化学反应并被分解。例如玄武岩中的钾长石与水中碳酸反应而被分解：$3KAlSi_3O_8+2H_2CO_3+12H_2O \rightarrow KAl_3Si_3(OH)_2+6H_2SO_4+2K^++2HCO_3^-$

图 5-17 玄武岩遭受严重风化后表现为"土夹石"结构

表 5-4　风化玄武岩的物理水理性质指标（据王品）

岩体结构	密度/（g/cm³）	孔隙度/%	渗透率/（×10⁻³）μm²
内层腐岩壳	1.881 6	32.82	301.515 7
核心石	2.943 4	0.24	0.008 1

因此，峨眉山玄武岩体的变形累积过程是伴随着整个岩体演化进程的：峨眉山玄武岩所特有的原生结构面使玄武岩体在成岩之初就存在一系列横纵交错贯穿的软弱面，这为岩体碎裂化的发展提供了潜在的破裂面。后期岩体又遭受了构造作用以及浅表生改造作用的影响，在原生建造的基础上结构面进一步变形发展，并产生新的裂隙，岩体结构进一步趋于碎裂化，外部风化严重的结构体形成腐岩壳，其矿物成分大部分已转变为黏土矿物、可溶性组分以及其他残余矿物，力学强度更趋近于土质。峨眉山玄武岩体经过了长期的变形累积过程，逐步由原来的厚层状结构转变为顺倾板状结构体，成为不稳定的斜坡体。

5.4.2　峨眉山玄武岩体的触发失稳过程

滑源区的不稳定斜坡体在强烈地震的触发作用下，最终发生失稳滑动。根据应力波理论，当应力波在传播过程中遇到结构面时，随着应力波由力学强度较高的岩体传入到力学强度较低的软弱结构面，应力波将反射成拉伸波，反射波和入射波叠加后则可能在结构面附近产生拉伸和压缩变形，并且两种介质的强度差别越大，拉伸和压缩作用就越强烈。因此，当强烈的地震动持续作用于岩体，将造成岩体沿软弱结构面产生拉裂破坏，滑坡体后缘裂隙震动拉裂形成拉裂缝，并向内部发展逐步贯通至软弱夹层。强烈地震动作用下坡体上，产生了巨大惯性力，具有坡体波动振荡加速效应，坡体的往复运动使潜在滑动面进一步破碎并逐步扩展，滑体物质发生震裂溃屈，此时坡体剪应力几乎都集中在了"锁固段"（图 5-16C）。

峨眉山玄武岩是典型的脆性岩体，对于脆性岩体的破坏机理，格里菲斯认为是岩体中的结构面出现了拉应力集中，从而造成结构面发生拉裂破坏。格里菲斯强度理论认为，岩体受到外力的作用而发生变形累积，同时岩体内部的弹性应变能也不断积聚，如果积聚的弹性应变能超过了结构面的强度时，岩体就会发生破坏，弹性应变能得到释放。因为在脆性岩体的变形破坏过程中，岩体几乎不产生塑性变形，所以脆性材料破坏后释放的弹性应变能大部分用于形成新的结构面所做的功。脚盆坝滑坡体经受了长期的变形累积过程，玄武岩体中不断积聚弹性应变能，因为玄武岩的强度和弹性模量都很大，如果外力作用较小，岩体的变形就小，如果想要玄武岩发生较大变形进而破坏，就需要提供很大的外力作用，所以玄武岩体具备较高的储能条件。也就是说，玄武岩体在失稳滑动前，岩体内积聚了大量的弹性应变能，当滑坡的变形累积达到一定程度时，在强烈地震动持续作用下，坡脚处"锁固段"岩体最终贯通，"锁固段"岩体骤然发生剪断，岩体瞬间释放出大量的应变能，成为滑坡体滑动的动能。脚盆坝滑坡的剪出口位于坡脚附近，坡脚临空后断层带受压塑性挤出，牵动斜坡岩体顺层滑移，大幅度削弱层间结合力，当与两侧长大结构面耦合形成侧裂面时，形成巨型顺倾板状结构体；在强震等外力作用下断层附近的岩体能够发生拉破坏，以压致-滑移-拉裂模式而形成大型高位滑坡（图 5-16D）。

5.5 滑坡碎屑流远程滑动机理分析

玄武岩滑坡能够转化为碎屑流并保持远程滑动，需要具备三个关键条件：（1）滑源区高差巨大，滑坡体具有较高的势能；（2）滑源区坡体的碎裂化程度较高；（3）滑坡体启程剧动后，能够一直保持高速运动，也即滑坡体具有持速效应。下面主要从滑坡体的持速效应和滑源区坡体的碎裂化程度这两方面，来对滑坡碎屑流的远程滑动机理进行分析。

5.5.1 滑源区坡体的碎裂化程度对滑坡远程滑动的影响

滑源区的玄武岩体在原生结构面的基础上，后期又长期遭受构造作用以及浅表生改造作用的影响，岩体完整性进一步恶化，使滑源区岩体的碎裂化程度较高（图 5-7）。特别地，因为滑坡体处于高位，所以其遭受的风化作用较为强烈，岩体外部成为层状结构的腐岩壳，力学强度几乎丧失，从而岩体失稳滑动后，外部的腐岩壳很快破碎为细颗粒物质，这是滑坡堆积体中细颗粒物质（粒径＜2 mm）的主要来源。但是对于整个滑体来说，深部的岩体风化程度较轻，较为新鲜岩石的规模还是远大于腐岩壳的，所以从整个堆积体的物质组成来说，粒径在 2 mm 以下细粒组分所占比例很小，滑坡堆积体的物质成分主要是滑源区岩体充分解体后的块碎石（块径 0.2~20 cm）。

由此可见，脚盆坝滑坡堆积体的碎屑粒径主要受到滑源区坡体碎裂化程度的控制。也就是说，滑源区的岩体由各级结构面所围限的碎裂块体的尺寸和形态，决定了岩体失稳后在滑动过程中发生进一步破碎所形成的碎屑颗粒的粒度分布情况，而构成滑坡体的碎屑颗粒的粒度组成特征对滑坡物质的高速远程运移起到了关键性的影响，固体碎屑颗粒的成分、含量和平均粒度很大程度上决定了碎屑流的流动形式、规模以及致灾性。已有研究表明：在滑体运动过程中，细颗粒之间会产生较大的摩擦阻力，摩擦耗能显著，因此以细颗粒为主要组分的滑体在滑动中内部能量耗散严重，其运动距离被大大限制；而粒径较为粗大的块碎石在运动过程中因为颗粒间发生碰撞而存在明显的动量传递作用，进而促进了碎屑流进行长距离的运动；滑体物质的粒径越大，滑体能够表现出更强的冲击力，进而滑动更远的距离。脚盆坝滑坡的碎屑物质主要由解体较为充分的块碎石（块径 0.2~20 cm）组成，而粒径在 2 mm 以下的碎屑物质所占比例很小，微米级的黏土几乎缺失。通过对我国西南地区众多峨眉山玄武岩大型滑坡碎屑流的调查研究发现（表 5-5），构成峨眉山玄武岩高速远程滑坡的碎屑物质多以粗大粒径的碎块石为主（粒径＞2 mm），而细颗粒组分（粒径＜2 mm）占比较小，以粗大粒径碎块石为主的峨眉山玄武岩大型滑坡碎屑流在运动过程中具有明显的动量传递作用，从而能够滑动更远的距离。

表 5-5 西南地区峨眉山玄武岩滑坡堆积体粒度分布情况统计

滑坡分区	名称	位置	堆积体粒度分布情况
金沙江上游地区	落淇湾滑坡	金沙江永胜河段左岸	主要为块碎石土，块碎石粒径一般为 0.2~20 cm，最大粒径可达 30 cm，大约占 60%；也可见巨大块石，直径 0.5~3 m，占 10%；其他为河流阶地物质
	下喇嘛滑坡	金沙江永胜河段左岸	主要为块碎石土，块碎石粒径一般为 0.2~20 cm，最大粒径可达 50 cm，大约占 60%；也可见巨大块石，直径 0.5~5 m，占 10%；其他为河流阶地物质
	罗打拉滑坡	金沙江支流五郎河右岸	主要为块碎石土，块碎石粒径一般为 2~20 cm，最大粒径可达 30 cm，大约占 70%；也可见巨大块石，直径 0.5~5m，占 10%；2 mm 以下的细颗粒占比较少，不到 20%
	五郎坪滑坡	金沙江支流五郎河右岸	主要为块碎石土，块碎石粒径一般为 2~20 cm，最大粒径可达 30 cm，大约占 70%；也可见巨大块石，直径 0.5~5 m，占 10%；2 mm 以下的细颗粒占比较少，不到 20%
	土老地滑坡	金沙江鹤庆河段左岸	主要为块碎石土，块碎石粒径一般为 0.2~20 cm，最大粒径可达 30 cm，大约占 60%；也可见巨大块石，直径 0.5~5 m，占 10%；2 mm 以下的细颗粒占比约 30%

续表

滑坡分区	名称	位置	堆积体粒度分布情况
金沙江支流-雅砻江地区	官地滑坡	雅砻江官地电站坝前左岸	主要为块碎石土，块碎石粒径一般为 2~20 cm，最大粒径可达 30 cm，大约占 70%；也可见巨大块石，直径 0.5~5 m，占 10%；2 mm 以下的细颗粒占比较少，不到 20%；0.005 mm 以下的黏土物质几乎缺失
	金龙山谷坡Ⅰ区滑坡	雅砻江二滩水电站库首左岸	主要为块碎石土，块碎石粒径一般为 0.2~20 cm，最大粒径可达 30 cm，大约占 70%；也可见巨大块石，直径 0.5~2 m，占 10%；2 mm 以下的细颗粒占比较少，不到 20%；0.005 mm 以下的黏土物质几乎缺失
	金龙山谷坡Ⅱ区滑坡	雅砻江二滩水电站库首左岸	主要为块碎石土，块碎石粒径一般为 0.2~20 cm，最大粒径可达 30 cm，大约占 70%；也可见巨大块石，直径 0.5~2 m，占 10%；2 mm 以下的细颗粒占比较少，不到 20%；0.005 mm 以下的黏土物质几乎缺失
雅砻江最大支流-安宁河地区	黑湾子滑坡	安宁河米易河段右岸	主要为块碎石土，块碎石粒径一般为 0.2~20 cm，最大粒径可达 40 cm，大约占 70%；也可见巨大块石，直径 0.5~3 m，占 10%；2 mm 以下的细颗粒占比较少，不到 20%
	大凹子滑坡	安宁河米易河段右岸	主要为块碎石土，块碎石粒径一般为 0.2~20 cm，最大粒径可达 40 cm，大约占 70%；也可见巨大块石，直径 0.5~5 m，占 10%；2 mm 以下的细颗粒占比为 20%

续表

滑坡分区	名称	位置	堆积体粒度分布情况
金沙江中下游地区	烂泥沟滑坡（金沙江支流-白水河地区）	禄劝县马鹿塘村烂泥沟	主要为块碎石土，块碎石粒径一般为 0.3~20 cm，最大粒径可达 50 cm，大约占 80%；也可见巨大块石，直径 0.5~8 m，占 5%~10%；而黏土颗粒在某些堆积体部位缺失，总体占比不到 10%
	底古滑坡（金沙江支流-黑水河地区）	黑水河宁南县松新镇河段左岸	主要为块碎石土，块碎石粒径一般为 0.2~20 cm，最大粒径可达 30 cm，大约占 70%；也可见巨大块石，直径 0.5~3 m，占 10%；2 mm 以下的细颗粒占比较少，不到 10%；0.005 mm 以下的黏土物质缺失
	矮子沟滑坡（金沙江支流-矮子沟地区）	金沙江支流矮子沟中段左岸	主要为块碎石土，块碎石粒径一般为 0.5~20 cm，最大粒径可达 30 cm，大约占 80%；也可见巨大块石，直径 0.5~5 m，巨石粒径集中在 0.5~1 m，占 10%；2 mm 以下的细颗粒占比较少，不到 10%；0.005 mm 以下的黏土物质缺失
	美姑河火洛滑坡（金沙江支流-美姑河地区）	昭觉县哈甘乡火洛洼喜村	主要为块石、角砾及碎屑混合堆积，块碎石及角砾粒径一般为 0.2~20 cm，最大粒径可达 50 cm，大约占 70%；也可见巨大块石，直径 0.5~7 m，占 10%；2 mm 以下的碎屑及岩粉占比较少，不到 20%；0.005 mm 以下的黏土物质几乎缺失

续表

滑坡分区	名称	位置	堆积体粒度分布情况
金沙江中下游地区	杨家坪滑坡	金沙江雷波河段左岸	主要为块碎石土，块碎石粒径一般为2~20 cm，最大粒径可达30 cm，大约占70%；也可见巨大块石，直径2~5 m，占10%；其他为河流阶地物质
	白沙村滑坡	金沙江雷波河段左岸	主要为块碎石土，块碎石粒径一般为3~10 cm，最大粒径可达30 cm，碎石分选性较好，等效粒径介于4~6 cm，大约占70%；也可见巨大块石，直径0.5~3 m，巨石粒径集中在0.5~1 m，占10%
	大田村滑坡（金沙江支流-豆沙溪沟地区）	金沙江支流豆沙溪沟右岸	主要为块碎石土，块碎石粒径一般为3~20 cm，最大粒径可达30 cm，大约占70%；也可见巨大块石，直径2~6 m，占10%
	郑家寨堡滑坡（金沙江支流-豆沙溪沟地区）	金沙江支流豆沙溪沟右岸	主要为块碎石土，块碎石粒径一般为3~20 cm，最大粒径可达30 cm，大约占70%；也可见巨大块石，直径2~6 m，占10%
	马湖滑坡Ⅱ期	雷波县马湖	主要为块碎石土，块碎石粒径一般为2~20 cm，最大粒径可达30 cm；也可见巨大块石，直径0.5~7 m，孤、块碎石占比超过80%；而2 mm以下的细颗粒物质占比较少，不超过20%，0.005 mm以下的黏粒几乎缺失

续表

滑坡分区	名称	位置	堆积体粒度分布情况
金沙江中下游地区	马湖滑坡Ⅲ期	雷波县马湖	主要为块碎石土，块碎石粒径一般为 2~15 cm，最大粒径可达 30 cm；也可见巨大块石，直径 1~8 m，孤、块碎石占比超过 80%；而 2 mm 以下的细颗粒物质占比较少，不超过 20%，0.005 mm 以下的黏粒几乎缺失
	马湖滑坡Ⅴ期	雷波县马湖	主要为块碎石土，块碎石粒径一般为 2~10 cm，最大粒径可达 40 cm；也可见巨大块石，直径 0.5~8 m，孤、块碎石占比超过 80%；而 2 mm 以下的细颗粒物质占比较少，不超过 20%，0.005 mm 以下的黏粒几乎缺失
金沙江下游支流-牛栏江地区	中营滑坡（金沙江支流-牛栏江地区）	牛栏江威宁县中营村河段右岸	主要为块碎石土，块碎石粒径一般为 0.2~20 cm，最大粒径可达 30 cm，大约占 60%；也可见巨大块石，直径 0.5~6 m，占 20%；其他细粒物质约占 20%
	大蒿地滑坡（金沙江支流-牛栏江地区）	牛栏江威宁县大蒿地村河段右岸	主要为块碎石土，块碎石粒径一般为 0.2~20 cm，最大粒径可达 40 cm，大约占 70%；也可见巨大块石，直径 0.5~5 m，占 10%；其他细粒物质约占 20%
	小岩头滑坡（金沙江支流-牛栏江地区）	牛栏江威宁县小岩头村河段右岸	主要为块碎石土，块碎石粒径一般为 0.2~20 cm，最大粒径可达 30 cm，大约占 70%；也可见巨大块石，直径 0.5~6 m，占 10%；其他细粒物质约占 20%

续表

滑坡分区	名称	位置	堆积体粒度分布情况
金沙江下游支流-牛栏江地区	甘家寨Ⅰ区滑坡	鲁甸县甘家寨村沙坝河右岸	主要为块碎石土,块碎石粒径一般为0.2~20 cm,最大粒径可达50 cm,大约占80%;也可见巨大块石,直径1.5~5 m,占10%;其他细粒物质占比较少
	甘家寨Ⅱ区滑坡	鲁甸县甘家寨村沙坝河右岸	主要为块碎石土,块碎石粒径一般为2~20 cm,最大粒径可达50 cm,大约占80%;也可见巨大块石,直径1.5~8 m,占10%;其他细粒物质占比较少
	苗寨子滑坡	鲁甸县苗寨子村沙坝河左岸	主要为块碎石土,块碎石粒径一般为0.2~20 cm,最大粒径可达60 cm,大约占80%;也可见巨大块石,直径1.5~6 m,占10%;其他细粒物质占比较少
	马桑坪对岸滑坡	鲁甸县苗寨子村北侧沙坝河左岸	主要为块碎石土,块碎石粒径一般为0.2~20 cm,最大粒径可达40 cm,大约占70%;也可见巨大块石,直径0.5~5 m,占10%;其他细粒物质约占20%
金沙江下游支流-横江地区	头寨滑坡	昭通市盘河乡头寨沟村	主要为块碎石土,块碎石粒径一般为1~20 cm,最大粒径可达30 cm,大约占80%;也可见巨大块石,直径1.5~5 m,占10%;其他为河流相物质
	窝子箐滑坡	昭通市昭阳区乐居乡	主要为块碎石土,块碎石粒径一般为3~20 cm,最大粒径可达50 cm,大约占80%;也可见巨大块石,直径1.5~6 m,占10%;其他细粒物质占比较少

续表

滑坡分区	名称	位置	堆积体粒度分布情况
大渡河汉源县-铜街子段	二蛮山滑坡	汉源县万工乡二蛮山大沟	主要为块碎石土，块碎石粒径一般为 2~20 cm，最大粒径可达 30 cm，大约占 80%；也可见巨大块石，直径 0.5~3 m，占 15%；砂粒占比不到 5%；0.075 mm 以下的粉粒、黏粒几乎缺失
	核桃坪滑坡	大渡河峨边县沙坪镇河段右岸	主要为块碎石土，块碎石粒径一般为 5~15 cm，最大粒径可达 30 cm，大约占 65%；也可见巨大块石，直径 3~16 m，占 10%；其他为河流阶地物质
	黑竹沟滑坡	大渡河峨边县长虹村河段左岸	主要为块碎石土，块碎石粒径一般为 3~20 cm，最大粒径可达 30 cm，大约占 70%；也可见巨大块石，直径 0.6~15 m，占 10%；其他为河流阶地物质
	铜街子滑坡	大渡河乐山市沙湾区河段左岸	主要为块碎石土，块碎石粒径一般为 3~20 cm，最大粒径可达 50 cm，大约占 60%；也可见巨大块石，直径 2~15 m，占 10%；其他为河流阶地物质
青衣江支流	脚盆坝滑坡	峨眉山市脚盆坝南东侧坡体	主要为块碎石土，块碎石粒径一般为 0.2~20 cm，最大粒径可达 30 cm，大约占 80%；也可见巨大块石，直径 0.5~7 m，占 10%；2 mm 以下的细颗粒占比较少，不到 10%；0.005 mm 以下的黏土物质几乎缺失
	王山-抓口寺滑坡	峨眉山市九里镇九沙河右岸	主要为块碎石土，块碎石粒径一般为 0.2~20 cm，最大粒径可达 40 cm，大约占 70%；也可见巨大块石，直径 0.5~7 m，占 10%；2 mm 以下的细颗粒占比较少，不到 20%

5.5.2 滑坡体的持速效应

根据能量守恒定律：滑体滑动前的总能量，与滑动过程中滑体每一瞬间所具有的总能量是相同的。可计算出在滑动过程中，某一瞬间滑体系统的能量平衡方程式为：

$$\frac{1}{2}mv_1^2 = \frac{1}{2}mv_s^2 + mgh_0 - mgh_0 f \cot\alpha \qquad (5\text{-}1)$$

式中：m——滑体质量；
$\quad\quad v_1$——滑体在某一瞬间的滑速；
$\quad\quad v_s$——滑体启程初速度；
$\quad\quad h_0$——滑体质心高度；
$\quad\quad \alpha$——滑面倾角；
$\quad\quad g$——重力加速度；
$\quad\quad f$——动摩擦系数。

通过上面公式的推导能够得出，滑坡体的初始动能以及势能，一部分转化为滑坡体滑动的动能，另一部分则用来克服滑动中摩擦力所做的功。通过前文的分析知道，脚盆坝滑坡体失稳后发生高速剧滑，具有较高的初始动能，并且滑源区山顶与山脚的高差为 1 040 m，高差巨大，因此也具备极大的势能，这些都是滑坡体失稳后能够保持高速远程滑动的重要因素。

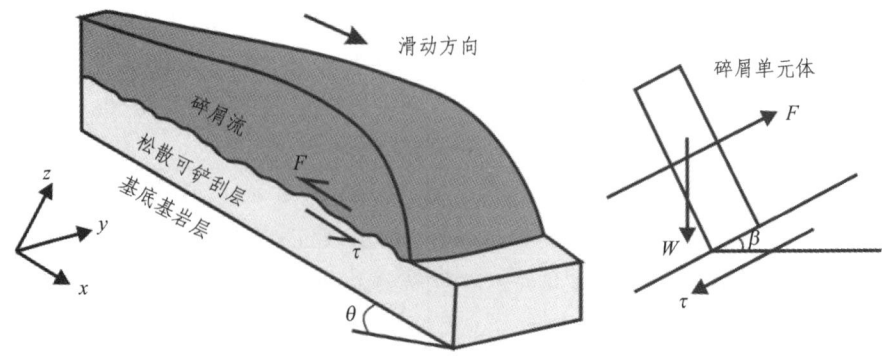

图 5-18 碎屑流在运动过程中的受力示意图

滑坡体启程滑动后,如果能够一直保持高速运动,只具备较大的初始动能以及势能是不够的,还需要在滑动过程中具有较低的摩擦阻力。碎屑流在滑动过程中,底部滑床会对碎屑流形成一定的摩擦阻力,假设滑体处于理想的受力平衡状态,根据牛顿第三定律可知,作用力等于反作用力,碎屑流体也会对滑床表面产生一定的剪切力,也即铲刮作用力(图 5-18)。滑动面上的抗剪力可以通过库仑定律得出:

$$\tau = c + \sigma \tan\varphi = c + W\cos\beta\tan\varphi \qquad (5\text{-}2)$$

碎屑流受到的摩擦阻力为:

$$F = \mu W\cos\beta = W\cos\beta\tan\theta \qquad (5\text{-}3)$$

根据作用力等于反作用力,也即碎屑流受到的摩擦阻力与滑动面上的剪切力相等,得出:

$$W\cos\beta\tan\theta = c + W\cos\beta\tan\varphi \qquad (5\text{-}4)$$

由上式可得:

$$\mu = \tan\theta = \frac{c}{W\cos\beta} + \tan\varphi \qquad (5\text{-}5)$$

式中:σ——作用在滑动面上的总应力;

W——滑体的总重力;

c——滑动带的黏聚力;

φ——滑动带的内摩擦角;

θ——碎屑流与滑床的等效摩擦角;

β——滑动面坡角;

μ——滑体与滑床的等效摩擦系数。

通过以上对滑动面的受力分析可以得出,要想使滑体在滑动过程中具有较低的摩擦阻力,就必须降低滑体与滑床之间的等效摩擦系数 μ;而根据公式(5-5)的计算可知,如果滑体的总重力 W 越大,那么等效摩擦系数 μ 就会越小。邢爱国在进行高速运动条件下玄武岩摩擦系数的实验研究后发现，大型高速玄武岩质滑坡滑动过程中，底滑面的摩擦系数随上部法向应力的增大呈现减小趋势；滑坡体积越大，底滑面埋藏就越深，作用在底滑面上的法向应力也就越大。因此，高速远程滑坡碎屑流具有"尺寸效应"。

　　脚盆坝滑坡体失稳后具有较大的初始动能以及势能，而且滑坡体的规模巨大，体积达到上亿方，根据以上对碎屑流"尺寸效应"的分析可知，滑体在滑动过程中，其滑动面的摩擦系数较小。此外，通过5.4节的分析还知道，滑源区的玄武岩体遭受长期的风化作用后，岩体外部成为层状结构的腐岩壳，其矿物成分大部分已转变为黏土矿物、可溶性组分以及其他残余矿物，外部的腐岩壳一捏就碎，其力学强度几乎丧失，所以岩体失稳滑动后，外部的腐岩壳很快破碎为细颗粒物质，这些细颗粒物质散布充填在核心石周围，充当了"密封剂"和"润滑剂"；而且滑坡体在滑移过程中经过了较远的河谷地段，由于石河周边较高含水量的河流堆积物的存在，也对滑坡物质的运移起到了一定的润滑作用。以上因素的综合作用，使滑坡碎屑流能够保持较高的速度运动较远的距离。

5.6　本章小结

　　脚盆坝滑坡发生在地形陡峻的峨眉山上，体积近 $6.75 \times 10^8 \ m^3$ 的巨量滑坡物质自高陡的山体上失稳滑落，形成大规模高位远程滑坡碎屑流，最远滑动距离约 7.5 km。滑坡区地处峨眉山背斜的西翼，该区域被断裂切割而形成单斜断块山体，虽然滑坡的剪出口位于坡脚附近，不具备较好的临空条件，但是滑源区坡体的坡脚处有逆冲断层发育，滑坡体位于断层上盘，断层破碎带及其附近的岩体较为破碎，成为整个坡体最为薄弱的部位，在地震等外力作用下沿断层附近的岩体能够发生剪断破坏，从而形成滑坡。因此从滑坡的发育特征上看，脚盆坝滑坡属于典型的断层上盘顺层滑坡。

　　根据滑坡的运动演化过程和堆积体特征，可将滑坡区域划分为汇流区、滑源区、碎屑流流通区以及主堆积区这四个区域。由于滑坡后缘顶部为地形较平缓的夷平面，能够形成较大范围的汇水区域，地下水不断汇聚于滑坡体后缘，成为滑坡体遭受地下水浸润侵蚀的主要来源；滑坡体滑出剪出口后，由于滑体地处高位具有极大的势能，巨量滑坡物质沿NW方向高速下滑，并伴随着快速解体，形成高速远程碎屑流；滑坡碎屑流在高速滑动过程中形成了对沿途主沟床表层松散物质强烈的刮铲，并伴随着碎屑颗粒之间的相互撞击；滑坡物质运动一段距离后，因地形变缓和能量的不断耗散而逐渐进入堆积阶段，堆积区域主要分布在潜池、鲜塆、袁坪和楠木坪一带。在滑坡堆积体不同高度层位上，堆积体内部具有反粒序结构的堆积特征，滑坡堆积体浅表部含有较多的大块石，而位于下部的堆积体中所含大块石较少，主要以碎石、角砾等细颗粒为主。根据对滑坡堆积物和基覆界面分布情况的调查结果，推测古滑坡坝堆积厚度约 150 m，滑坡堆积物总体积约 3.7×10^8 m³。

影响滑坡发生的主要因素包括：（1）构造作用的影响；（2）滑坡区岩体遭受河流、地下水的长期侵蚀作用；（3）滑源区岩体结构的影响；（4）强震作用。峨眉山玄武岩体的变形失稳过程是岩体强度逐步弱化的过程，斜坡岩体的稳定性受到了"累积"和"触发"两个方面效应的影响：峨眉山玄武岩体的变形累积过程是伴随着整个岩体演化进程的，峨眉山玄武岩所特有的原生结构面使玄武岩体在成岩之初就存在一系列纵横交错贯穿的软弱面；后期岩体又遭受了构造作用以及浅表生改造作用的影响，在原生建造的基础上结构面进一步变形发展，岩体结构进一步趋于碎裂化；外部风化严重的结构体形成腐岩壳，其矿物成分大部分已转变为黏土矿物、可溶性组分以及其他残余矿物，力学强度更趋近于土质；峨眉山玄武岩体经过了长期的变形累积过程，逐步由原来的厚层状结构转变为顺倾板状结构体，成为不稳定的斜坡体。脚盆坝滑坡的剪出口位于坡脚附近，虽不具备较好的临空高度，但是滑坡体的坡脚处有逆冲断层发育，滑坡体位于断层上盘，断层上盘受断裂活动的影响，层状坡体完整性差、顺层结合力弱；更为重要的是，断层附近的岩体受到断层活动的剪切、挤压破碎，坡脚断层破碎带及其附近的岩体节理裂隙密集发育，岩体较为破碎，成为整个坡体最为薄弱的部位；坡脚处断层的发育对滑坡剪出口的形成以及坡体的失稳起到了控制性的作用。脚盆坝滑坡的剪出口位于坡脚附近，坡脚临空后断层带受压塑性挤出，牵动斜坡岩体顺层滑移，大幅度削弱层间结合力，当与两侧长大结构面耦合形成侧裂面时，形成巨型顺倾板状结构体；在强震等外力作用下断层附近的岩体能够发生拉破坏，以压致-滑移-拉裂模式而形成大型高位滑坡。

玄武岩滑坡能够转化为碎屑流并保持远程滑动，需要具备三个关键条件：（1）滑源区高差巨大，滑坡体具有较高的势能；（2）滑源区坡体的碎裂化程度较高；（3）滑坡体启程剧动后，能够一直保持高速运动，也即滑坡体具有持速效应。

峨眉山玄武岩是典型的脆性岩体，因为在脆性岩体的变形破坏过程中，岩体几乎不产生塑性变形，所以脆性材料破坏后释放的弹性应变能大部分用于形成新的结构面所做的功；脚盆坝滑坡体经受了长期的变形累积过程，岩体内积聚了大量的弹性应变能，当滑坡的变形累积达到一定程度时，在强震持续作用下，坡脚处"锁固段"岩体骤然发生剪断，岩体瞬间释放出大量的应变能，成为滑坡体滑动的动能。

脚盆坝滑坡堆积体的碎屑粒径主要受到滑源区坡体碎裂化程度的控制，滑源区的岩体由各级结构面所围限的碎裂块体的尺寸和形态，决定了岩体失稳后在滑动过程中发生进一步破碎所形成的碎屑颗粒的粒度分布情况，而碎屑颗粒的成分、含量和平均粒度很大程度上决定了碎屑流的流动形式、规模以及致灾性。滑坡体失稳后，岩体迅即发生溃散破坏，以粗大粒径碎块石为主的峨眉山玄武岩大型滑坡碎屑流在运动过程中具有明显的动量传递作用，从而能够滑动更远的距离。

碎屑流具有"尺寸效应"，滑体在滑动过程中，其滑动面的摩擦系数较小。此外，滑源区的玄武岩体遭受长期的风化作用，岩体外部成为层状结构的腐岩壳，其矿物成分大部分已转变为黏土矿物、可溶性组分以及其他残余矿物，力学强度几乎丧失，所以岩体失稳滑动后，外部的腐岩壳很快破碎为细颗粒物质，这些细颗粒物质散布充填在核心石周围，充当了"润滑剂"；而且滑坡体在滑移过程中经过了较远的河谷地段，由于石河周边较高含水量的河流堆积物的存在，也对滑坡物质的运移起到了一定的润滑作用。以上因素的综合作用，使滑坡碎屑流能够保持较高的速度运动较远的距离。

第6章 单斜中缓倾高位顺层滑坡孕育机制

6.1 滑坡区的地质环境概况

滑坡区地处金沙江流域下游，金沙江在本区由南向北流（图 6-1 和图 6-2）。矮子沟为四川省凉山州宁南县境内一大型沟谷，为金沙江的一级支流，滑坡源区发育于矮子沟中段左岸凉山山脉南坡。巨量的滑坡物质自高陡的山体上高位高速滑出，并以矮子沟为流通通道，顺沟谷运动约 3 km，最终抵达金沙江对岸，形成巨型堰塞坝，阻断了金沙江。滑坡区被断裂切割而形成单斜断块山体，滑源区岩体由峨眉山玄武岩构成，滑坡剪出口高程为 1 530 m，滑源区山体坡脚处高程为 1 130 m，垂直高差 400 m，高差巨大；玄武岩层间发育中缓倾的凝灰岩软弱夹层临空，成为潜在的滑动面；岩体由软弱夹层控制，并受到其他不利因素的耦合作用，最终在强震触发下发生大规模顺层滑动。因此从滑坡的发育特征上看，矮子沟滑坡属于典型的单斜中缓倾高位顺层滑坡，是峨眉山玄武岩大型高位远程滑坡灾害中的一类重要地质类型。通过在滑坡区开展深入细致的地质调查工作，对其发育特征及滑坡的孕育、发展过程进行研究，旨在揭示该类单斜中缓倾高位顺层滑坡的形成机制。

第 6 章 单斜中缓倾高位顺层滑坡孕育机制

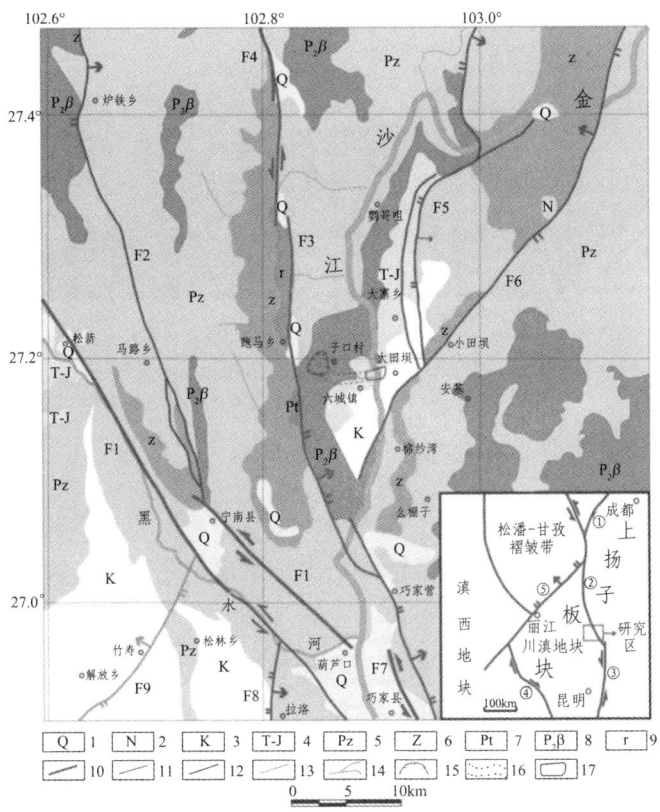

1—第四系；2—第三系；3—白垩系；4—三叠系-侏罗系；5—古生界；
6—震旦系；7—前震旦系；8—二叠系玄武岩；9—前震旦系花岗岩；
10—全新世断裂；11—晚更新世断裂；12—早-中更新世断裂；
13—前第四纪断裂；14—水系；15—滑坡源区；16—滑坡运移路径；
17—滑坡堆积区；F1—则木河断裂；F2—越西断裂；
F3—四开-交际河断裂；F4—布拖断裂；F5—茂租断裂；
F6—莲峰-巧家断裂；F7—小江断裂；
F8—普渡河-大桥河断裂；F9—宁南-会理断裂；
①—龙门山断裂；②—则木河断裂；
③—小江断裂；④—红河断裂；
⑤—小金江断裂。

图 6-1 研究区地质图及构造背景图

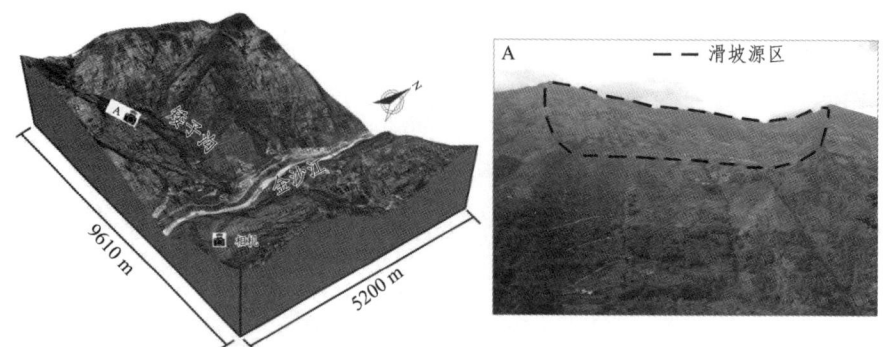

图 6-2　矮子沟滑坡遥感图像及滑坡源区现场

6.1.1　滑坡区地形地貌

矮子沟滑坡位于四川省宁南县矮子沟流域内。滑坡区地处川西南、滇东北部金沙江流域下游，金沙江在本区由南向北流，河谷呈不对称 V 字形。本区金沙江左岸地形较缓，平均坡度 15°～20°，为凉山山脉，主峰高程 3 600 m，山脉近 SN 走向；右岸地形坡度大于 45°，为药山山脉，主峰高程 4 041 m。研究区内地势总体上西北高、东南低，地形起伏大，冲沟发育，纵横交错，切割深。山顶高程一般 2 500～3 000 m，与河谷相对高差 1 400～2 000 m，属中山峡谷地貌（图 6-2 所示）。

滑坡源区位于矮子沟中段左岸凉山山脉南坡。矮子沟为四川省凉山州宁南县境内一大型沟谷，为金沙江的一级支流。矮子沟流域面积约 66.55 km²，主沟长 19.55 km，主沟总体流向为近 90°方向，沟谷平均比降 15.5%。

6.1.2　滑坡区地层岩性

滑坡区出露的地层主要有二叠系上统峨眉山组玄武岩（$P_2\beta$），滑坡源区山体即为该套玄武岩构成（图 6-3 所示）。研究区玄武岩属陆相喷发（喷溢）型，共分为 11 个岩流层（$P_2\beta_1 \sim P_2\beta_{11}$），岩性包含：角砾（集块）熔岩、斜斑玄武岩、隐晶（微晶）玄武岩（发育柱状节理的为柱状节理

第 6 章　单斜中缓倾高位顺层滑坡孕育机制

玄武岩）、杏仁状玄武岩、角砾熔岩、凝灰岩。金沙江左岸出露 $P_2\beta_2 \sim P_2\beta_4$，右岸出露 $P_2\beta_2 \sim P_2\beta_{11}$。

峨眉山组玄武岩下伏地层为二叠系下统茅口组灰岩（P_1m），上覆地层由老到新依次为三叠系下统飞仙关组（T_1f），主要出露于矮子沟下游段两岸处，岩性为紫红色中厚层至厚层砂岩、泥岩互层；三叠系上统须家河组（T_3x），主要分布在矮子沟沟口一带，岩性为青灰色中厚层至厚层砂岩、泥质粉砂岩互层；白垩系小坝组（K_1x），主要分布于矮子沟口金沙江对岸，岩性为砖红色中厚层至巨厚层砂岩，夹薄层泥岩及粉砂岩。滑坡区内其他地层没有出露或缺失，各地层间均为平行不整合接触，第四系堆积物不整合于基岩之上。

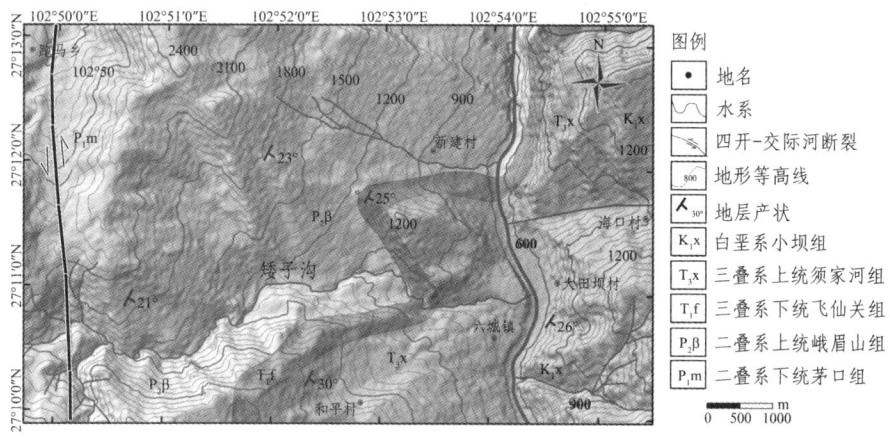

图 6-3　滑坡区地貌图

6.1.3　滑坡区地质构造及岸坡结构

研究区大地构造位于上扬子板块西缘，北为四川盆地，南为川滇复杂构造带，这个构造带在新生代以来受印度洋板块与欧亚板块碰撞的东构造侧向挤压的影响，在川滇地区形成独特的川滇菱形块体。菱形块体东南缘为小江断裂带，东北缘为则木河断裂带，西南缘为红河断裂带，西北缘为小金江断裂带。而研究区域恰好位于菱形块体的东北边缘（图

6-1)，有历史记载以来，在这些强烈活动的断裂带上发生了多次震级为 7 级及 7 级以上地震。

滑坡区位于小江断裂北端点以北约 31 km 处，小江断裂带北段为研究区内规模最大的断裂构造。小江断裂带作为川滇菱形块体的东南边界断裂，在青藏高原向东强烈的挤出作用下，断裂带以左旋走滑运动为主且伴随有强烈而频繁的地震活动。小江断裂带北段从巧家北至蒙姑以南，大致沿金沙江延伸，整体走向为 340°~345°，断裂带总体向西陡倾，长度约为 60 km。据前人对该区断面露头剖面的观察显示，晚更新世—早全新世以来有多次地震事件发生，震级在 7 级左右，是史前强震破裂段。

整个滑坡区位于联合乡背斜东翼，该区域被断裂切割而形成单斜断块山体，滑坡所在部位的基岩地层产状为 N30°~40°E/SE∠18°~35°，总体上表现为偏金沙江左岸倾上游的顺向坡。

6.2 滑坡基本特征

为了对矮子沟滑坡的形态特征、运动演化过程进行深入分析，野外对整个滑坡区域进行了详细地质调查，并根据滑坡运动过程和动力学特征，将滑坡区域进行详细划分（图 6-4），主要包括：滑源区（Ⅰ）、高位高速下滑区（Ⅱ）、撞击碎裂区（Ⅲ）、流通区（Ⅳ）、堆积区（Ⅴ）四部分。

6.2.1 滑源区和高位高速下滑区特征

滑源区（Ⅰ）和高位高速下滑区（Ⅱ）位于矮子沟中段左岸斜坡，整体滑向为 130°，滑源区顶部高程为 2 340 m，现矮子沟出口段金沙江水位高程约 605 m，垂直高差 1 735 m。滑坡剪出口位于 1 530 m 高程处，滑源区山体坡脚处高程为 1 130 m，垂直高差 400 m。滑源区岩体岩性单一，为二叠系上统峨眉山组玄武岩（$P_2\beta$）。滑坡两侧边界均以山脊为界，滑坡发生后在滑源区形成了巨大的凹槽地形（图 6-2 和图 6-5）。滑源区岩体表部风化卸荷强烈,主要发育三组结构面:① 节理 J_1,产状 58°∠51°;② 节理 J_2,产状 253°∠57°;③ 节理 J_3,产状 327°∠80°。斜坡原始坡度约为 30°,估算滑源区滑体面积约 $416×10^4 \, m^2$,滑动方量约为 $3.82×10^8 \, m^3$,并对滑源区原始地形进行了复原(图 6-4)。

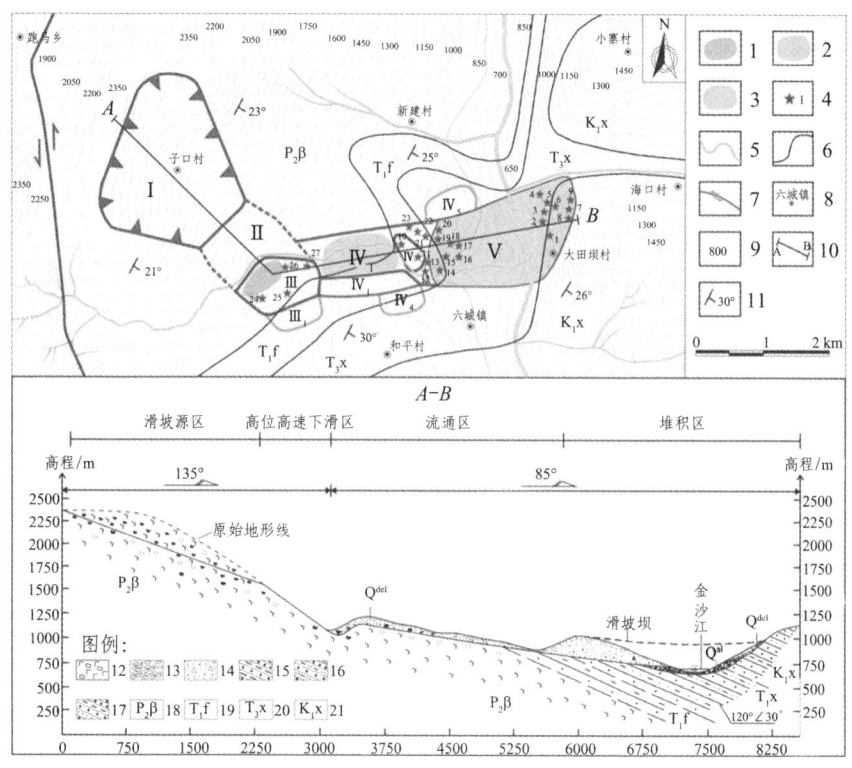

1—大块石、孤石分布区;2—块石、碎石分布区;3—块碎石、角砾分布区;
4—调查点及编号;5—水系;6—地层分界线;7—四开-交际河断裂;8—地名;
9—等高线及高程值;10—剖面线及编号;11—岩层产状;12—杏仁状玄武岩;
13—冲积物;14—滑坡堆积物;15—砂岩与泥岩互层;
16—砂岩与泥质粉砂岩互层;17—砂岩夹泥岩及粉砂岩;
18—二叠系玄武岩;19—三叠系下统飞仙关组;
20—三叠系上统须家河组;21—白垩系小坝组。

图 6-4 矮子沟滑坡平面图及剖面图

图 6-5 滑坡区概貌

6.2.2 撞击碎裂区特征

撞击碎裂区（Ⅲ）分布在滑坡源区对岸（矮子沟右岸），其分布如图 6-4 和图 6-5 所示。该区域分布高程为 1 093～1 490 m。根据现场调查，在观测点 24#（高程 1 355 m）至 25#点（高程 1 363 m）一段有基岩岩脉出露，岩性为玄武岩（图 6-4）。该段岩体正对矮子沟对面的滑坡源区，岩体走向与滑坡滑向几乎垂直。现场调查发现，岩体表面呈碎裂状，其节理裂隙密集发育，表面岩块用力触碰即可发生碎裂剥落，碎裂后块体粒径多为 3～8 cm（图 6-6），而且该段局部岩体浅表部时常发生崩落现象，可见大量块碎石堆积在坡面。在观测点 26#（高程 1 205 m）至 27#（高程 1 155 m）段也有连续的玄武岩基岩出露，延伸 100 m，岩体表面呈碎裂状，与前述碎裂状基岩表现出类似的特征（图 6-6）。上述碎裂状岩体与研究区内相邻的岩体岩性相同，但外部特征表现出很大的差异：

调查发现，与该区域极为破碎的岩体相比，相邻区域的矮子沟上下游出露的玄武岩均相对完整（图6-6）。如图6-4所示，在1 132～1 230 m高程段，广泛分布有玄武岩大块石、孤石（图6-5和图6-7），堆积成片，孤石体积较大，最大为5 m×0.8 m×0.7 m。在该区域的中下部（高程范围1 093～1 297 m），坡体表面覆盖有滑坡堆积物（图6-7）：物质组成为块碎石土，结构紊乱，胶结较密实；块碎石多呈棱角状，粒径一般2～5 cm，最大18 cm；块碎石岩性为杏仁状、块状玄武岩，风化较严重，局部块碎石已出现泥化现象。此外，该区域的上部（图6-4中区域Ⅲ$_1$），高程范围1 360～1 605 m，还有一处由滑坡物质撞击山体后抛洒碎屑物质而形成的抛洒区，由于发生撞击的面积巨大且极为猛烈，部分滑坡物质在惯性力作用下，被抛射到撞击碎裂区的后部。

图B1、B2—观测点#24至#25段出露的碎裂状基岩；图B3、B4—观测点#26至#27段出露的碎裂状基岩；图B5—撞击碎裂区相邻地区出露的相对完整的玄武岩基岩。（分布位置如图6-5所示）

图6-6　撞击碎裂区内及其相邻地区出露的玄武岩基岩

图 C1、C2—玄武岩大块石、孤石分布区；图 C3、C4—撞击碎裂区中下部分布的滑坡堆积物。（分布位置如图 6-5 所示）

图 6-7　滑源区对岸坡体上的滑坡堆积物

　　滑坡体的破碎化是伴随着从坡体变形到失稳滑动整个过程进行的，整个滑坡体从源区滑落时可能已经非常破碎了，当高速下滑的滑坡体与前进方向上对岸山体发生撞击会破碎为颗粒更小的碎屑物质。撞击碎裂区坡体表面覆盖的滑坡堆积物为滑体下滑过程中部分停积下来的物质以及与对岸山体发生撞击后部分回落并停积的物质。滑坡源区对岸广泛分布的玄武岩大块石、孤石，以及呈碎裂状的玄武岩体，成为该处坡体遭受强烈撞击的有力证据，证明了当时冲击过来的滑坡物质能量巨大，猛烈的撞击造成该范围内玄武岩体发生碎裂，从而呈现出了与研究区内其他区域的玄武岩体迥异的特征。滑坡事件中，该区域是滑坡向碎屑流转化的主要场所，滑坡物质进一步碎裂解体转化为碎屑流，并发生转向，由 130°转为 85°方向继续沿矮子沟沟谷高速运动。

6.2.3 高速碎屑流流通区特征

流通区(Ⅳ)主要位于矮子沟沟道内,其分布如图6-4和图6-5所示。根据其运动学特征,该区又可进一步细分为四个亚区,即主流通区($Ⅳ_1$)、铲刮区($Ⅳ_2$)、碰撞爬高区($Ⅳ_3$)和抛洒区($Ⅳ_4$、$Ⅳ_5$)。

1. 主流通区特征

该区域主要沿矮子沟沟床中轴线呈长条形展布,长约2 100 m,平均宽度约 550 m,为滑坡碎屑流高速运动的主要流经和部分堆积区域(图6-4、图6-5和图6-8)。碎屑流体顺矮子沟河谷运动,在高速运动过程中形成了对主沟床表层松散物质强烈的刮铲,且伴随着碎屑颗粒之间的相互撞击,由于能量消耗,部分滑体物质受阻而停积,散落堆积于沟道内,而能量较大者则携卷基底被刮铲的物质共同运行。主流通区在某种意义上也是堆积区,但是与滑体总体积相比,沿程堆积的体积相对较小。因此,将该区段定义为主流通区。

图 6-8 滑坡流通区

在堆积物质粒度组成上，该区域主要分布块石、碎石，块碎石粒径一般为 2~20 cm，多呈棱角状，局部散落有较大孤石。块碎石多为玄武岩，并有砂岩混杂。

2. 铲刮区特征

前已述及，因初始滑坡物质发生撞击的区域位于矮子沟右岸斜坡，碎屑流运动区域也就主要处于沟谷中心偏右岸，因此碎屑流在高速运动过程中主要对矮子沟右岸坡体浅表层物质产生强烈的铲刮，这是由于碎屑流外侧物质在高速运动过程中发生"弯道超高"引起的（图 6-4 中区域Ⅳ$_2$）。相对于矮子沟左岸，右岸处斜坡由上游至下游整体呈现出较为连续平滑的壁面，斜坡坡度一般为 25°~30°，此段长约 1 400 m，平均高约 120 m；而现今右岸坡体仍会发生局部滑塌事件（图 6-5），表明碎屑流在高速运动中猛烈铲刮矮子沟右岸坡体，使斜坡浅表层产生松动破坏，从而导致后期斜坡外围松散物质时常向沟槽内发生滑塌。调查还发现，位于矮子沟下游右岸坡体上部，高程范围 880~1 060 m（图 6-4 中区域Ⅳ$_4$），分布有大量玄武岩块碎石，块径一般为 10~30 cm；局部有玄武岩大块石出露（图 6-5），尺寸最大为 0.7 m×0.5 m×0.4 m，块碎石多见杏仁构造。分析形成原因为碎屑流体高速运动过程中，产生巨大的冲击气浪，使较大的玄武岩块碎石发生凌空飞行，抛射到此处。

3. 碰撞爬高区特征

当碎屑流体运动到矮子沟出口段时，受到沟口北侧突出山体的正面阻挡，在滑坡物质运动过程中发生了第二次强烈撞击（图 6-4 中区域Ⅳ$_3$），该区域分布高程 790~890 m。发生碰撞的山体走向为 150°左右，基岩为三叠系下统飞仙关组（T_1f）砂岩、泥岩互层。现场调查中，在 11#调查点（高程 825 m）处，可见一处人工开挖的洞室（图 6-5 和图 6-9），洞深 6.8 m、宽 2.4 m、高 1.8 m，为研究碎屑流堆积物的内部结构提供了条件。该处可见典型的滑坡堆积物剖面，物质组成为块碎石土，以泥质胶结为主，胶结密实。碎石多为次棱角状，粒径较均匀，一般为 0.5~5 cm，风化较严重,块碎石为玄武岩,多见杏仁状构造,厚度 90 m 左右。说明部分碎屑流撞击该区域后覆盖在原坡体表面,将该处原有部分基岩包裹其中。由于碎屑流体动能巨大,另一部分滑坡物质与山体发生刮擦碰撞后,裹挟了大量原山体物质继续爬高并翻越山脊,冲向金沙江对岸。此外,在碰撞爬高过程中,部分滑坡物质被抛撒至撞击区背面,形成另一处抛洒区(图 6-4 中区域Ⅳ$_5$)。

图 6-9 11#调查点处的滑坡堆积物

6.2.4 主堆积区、堰塞坝残体特征

通过地质调查发现,在矮子沟出口段北侧坡体上广泛分布有滑坡堆积物,整体呈非基质巨厚堆积层坡体结构特征(图 6-9 和图 6-10)。野外进行了定点观察记录(图 6-4 和图 6-5),在观测点 10#、11#、12#、13#、14#、15#、16#、17#、18#、19#、23#处均出露有典型的滑坡堆积物剖面(图 6-10)。滑坡堆积物分布高程为 700~985 m,物质组成为块碎石土,块碎石多呈次棱角状,粒径一般为 0.5~5 cm,最大为 20 cm 左右;结构

紊乱，胶结较密实，以泥质胶结为主，局部为钙质胶结，块碎石表面风化严重，部分出现泥化现象。块碎石岩性主要为杏仁状、块状玄武岩，部分堆积物中混杂有大量砂岩，证明了滑坡物质在运移过程中与沿途山体发生猛烈刮擦碰撞，携卷了大量原山体物质。该坡体上部为一平台地形，山脊处分布有玄武岩大块石、孤石（调查点为 20#、21#、22#），块石尺寸最大可达 1 m×1.5 m×1.8 m，多见杏仁构造（图 6-10）。

图 A～I—调查点#12、#13 和#14 处的滑坡堆积物；图 J、K—调查点#18 处的滑坡堆积物；图 L—山脊处分布的玄武岩大块石。

图 6-10　矮子沟出口段北侧坡体上广泛分布的滑坡堆积物

对矮子沟沟口对岸坡体同样展开了细致的地质调查工作，发现在金沙江右岸坡体上也广泛分布有滑坡堆积物（图 6-11）。如图 6-4 所示，在调查点 1#、2#、3#、4#、5#、6#点处，均出露有滑坡堆积物剖面，其物质组成及形态特征与前述一致，属同源物质。从坡脚至坡顶沿途均可见随处散落的玄武岩块碎石，特别是在 6#调查点处，发现部分玄武岩块碎石已出现泥化现象，内部可见植物根系贯通，但杏仁构造仍清晰可见，该风化极为严重的现象说明滑坡堆积物形成年代久远（图 6-11）。在 7#点（高程 906 m）处，出露有规模较大的滑坡堆积体剖面（图 6-11），其总体特征与前文所述的金沙江左岸 11#点（高程 826 m）处揭示的滑坡堆积物非常相似，做以详细介绍。该堆积体高 3~6 m，长 12 m，整体呈似角砾状堆积体结构特征，物质组成为块碎石土，块碎石均由杏仁状、块状玄武岩构成，结构密实，胶结良好。碎石多为次棱角状，粒径 0.5~5 cm，局部可见块石，块径为 15~30 cm。块碎石风化较严重，部分出现泥化现象。9#（高程 915 m）和 8#调查点（高程 926 m）均位于山体上的一处平台（图 6-11），平台上随处可见散落的玄武岩块碎石，块径多为 0.5~5 cm，局部还可见玄武岩大块石，尺寸最大为 1 m×0.7 m×0.5 m，多见杏仁构造。

在堆积碎屑粒度组成上，该区域主要为块碎石、角砾分布区，粒径一般为 0.5~20 cm，多呈次棱角状，局部散落有较大孤石。块碎石多为玄武岩，并有砂岩混杂，为碎屑流运动过程中携卷铲刮的沿途物质。

由于矮子沟口金沙江两岸的坡体均存在平台地形，使得分布在两岸坡体上的古滑坡物质能够长久保存（图 6-5F）。矮子沟口金沙江两岸坡体上分布的滑坡堆积体，其物质组成和形态特征相同，堆积体中的块碎石主要为杏仁状、块状玄武岩，与滑源区一致。而金沙江右岸该调查区域内并没有玄武岩基岩发育，综合地形地貌、地层岩性分析判断可知，金沙江右岸发现的含有大量玄武岩块碎石的滑坡物质来源于金沙江左岸，为左岸矮子沟流域内"飞"过来的残留物。金沙江两岸坡体上覆盖的滑坡堆积物为同源产物，也表明这套堆积物在空间上形成了跨河堆积，是古滑坡坝体存在的有力证据，分布在金沙江两岸呈不规则垄岗状的滑坡堆积坡体判断为古堰塞坝体残留部分。此外，野外调查还发现，堰塞坝残体物质位于金沙江二级阶地之上，说明矮子沟滑坡发生于金沙江该河段二级阶地形成之后，结合前人对金沙江该区域的河谷演化研究（表6-1），可判断滑坡大致发生于晚更新世。

图 A、B—调查点#2 处的滑坡堆积物；图 D、E—调查点#3 处的滑坡堆积物；图 C、F—调查点 6#处部分玄武岩块碎石已出现泥化现象；图 G~K—调查点#7 处的滑坡堆积物；图 I、L—金沙江右岸坡体平台处分布的玄武岩大块石。

图 6-11 金沙江右岸坡体上广泛分布的滑坡堆积物

表 6-1　金沙江下游矮子沟段河谷演化阶段（据黄典、韩刚）

地貌类型	海拔高度（高程值）/m	地质年代	形成时代/ka
Ⅳ级阶地	250（830）	Q_p^2	180
Ⅲ级阶地	140（720）	Q_p^2	150
Ⅱ级阶地	100（680）	Q_p^3	39
Ⅰ级阶地	20（600）	Q_h	11

6.3　古堰塞湖沉积物特征

古堰塞湖沉积物从六城镇开始，溯江而上，在金沙江两岸断续分布，经葫芦口、巧家县、大崇、金堂、蒙姑，直到格勒，全长约 75 km（图 6-12）。古堰塞湖沉积物分布高程从上游的 800 m 沿江而下逐渐下降到 640 m。

1—堰塞湖湖相沉积物；2—洪积物；3—冲积物；4—滑坡堆积物；5—基岩；
6—断层；7—水系；8—采样点；（A）—新场出露的粉土层；
（B）—葫芦口出露完整的堰塞湖沉积物；（C）—金堂出露的粗砂层；
（D）—格勒出露的砂砾石层。

图 6-12　金沙江两岸出露的古堰塞湖沉积物

粉土层主要分布于新场、棉纱村和葫芦口一带（图 6-12 中插图 A），分布高程在 647~680 m，出露厚度为 0.9~1.5 m（未见底）。在葫芦口地区可见较为完整的堰塞湖沉积物剖面，上部为厚度约 141 cm 的粉土层，下部为厚约 67 cm 的细砂层（未见底）；中间为浅黄色粉土和青色细砂砂层的互层，多发育水平纹层，总厚度为 31 cm；呈韵律出现，共约 11 套韵律互层（图 6-12 中插图 B），说明当时水流流速出现规律性变化。堰塞湖沉积物中粉土、细砂构成的细粒沉积物中的水平纹层状构造在总体上保持稳定，但随着季节性湖泊水动力环境的变化而小幅波动，这种构造在滑坡堰塞湖沉积物中是普遍的。

细砂层主要分布在新场、棉纱村和葫芦口的堰塞阶地，出露厚度 5~30 m（未见底）。中、粗砂层主要分布于葫芦口、大崇、金堂、格勒一带，分布高程在 690~800 m，出露厚度为 2~20 m；在大崇和金堂一带有巨厚层状的粗砂层，厚度在 20 m 以上（图 6-12 中插图 C），粗砂层的岩性主要为灰黑色片岩、板岩，小江流域的前震旦系变质岩系显然是泥沙的主要来源。砂砾石层主要分布于格勒村一带（图 6-12 中插图 D），厚度为 3~5 m（未见底），主要为堰塞湖尾部沉积物。

通过对古堰塞湖沉积物的分布和发育特征进行调查后发现，堰塞湖沉积物的分布具有一定的规律性，自古堰塞坝址至上游依次为粉土、细砂、中砂、粗砂、砂砾石。从堰塞坝到库尾，沉积物粒度呈现出逐渐变大的趋势：越往上游，粉土层明显变薄，并开始出现砂层，出现砂层后逐渐过渡到砂砾石层。此外，矮子沟沟口处金沙江以下河段未发现湖相沉积物的分布，以上所述堰塞湖沉积物在空间上的发育特征也可作为滑坡堵江事件的依据之一。野外调查还发现，滑坡坝残体位于金沙江二级阶地上，表明该滑坡事件发生在金沙江二级阶地形成之后，因此，滑坡事件发生在晚更新世期间。现场在古堰塞湖出露位置取样，并进行光释光测年，测年结果指示该滑坡形成堰塞湖发生在距今 2.5 万年左右。

6.4 矮子沟滑坡形成条件

矮子沟滑坡就是一起典型的峨眉山玄武岩大型高位远程滑坡事件，

属于单斜中缓倾高位顺层滑坡，通过对滑坡地形地貌、地层岩性、坡体结构以及地震条件的综合分析，将滑坡发生的主控因素从以下几个方面进行论述。

6.4.1 独特的地形地貌条件

滑坡区位于强烈活动的川滇菱形块体东侧边缘附近，受新构造活动影响强烈。第四纪以来本区地壳强烈抬升，据有关资料，现代该地区仍以每年数毫米的速率上升，伴随着强烈的构造抬升作用，金沙江河谷迅速下切，也带动其支流矮子沟强烈下切，使玄武岩体盖层逐渐剥离，致使矮子沟中段处坡体前缘临空，使坡体前部为开阔而急陡的跌坎，剪出口距山体坡脚处垂直高差 400 m（图 6-2 和图 6-5）。该滑坡为典型的剪出口临空的单斜式滑坡，滑坡体高悬于斜坡中上部，为滑坡形成创造了良好的临空条件，巨大的高差使滑体从剪出口滑出后具有极大的势能。

6.4.2 有利于滑坡产生的坡体结构

矮子沟滑坡形成之前，原始斜坡总体上为偏金沙江右岸倾上游的顺层边坡，这类顺向岸坡结构稳定性较差，常孕育大规模变形破坏。

随着矮子沟快速下切，斜坡浅表部岩体发生卸荷回弹，岩体受卸荷作用后，完整性遭到破坏，岩体质量下降，且出现卸荷裂隙，坡脚部位则由于差异卸荷变形产生近水平向的缓倾节理裂隙，不仅破坏岩体的完整性，也为边坡的最终失稳滑落提供了剪出口。野外实地调查结果表明，滑源区岩体表部风化卸荷强烈，坡体内发育多组结构面，其中对滑坡发生起控制作用的三组结构面分别为（图 6-13）：① 节理 J_1，产状 58°∠51°，为陡倾节理；② 节理 J_2，产状 253°∠57°，为陡倾节理；③ 节理 J_3，产状 327°∠80°，为陡倾坡内节理。前两组结构面控制了滑坡两侧壁面，最后一组结构面控制滑坡体的后缘边界。这些结构面对坡体的稳定性极为不利，是滑坡发生的结构基础。

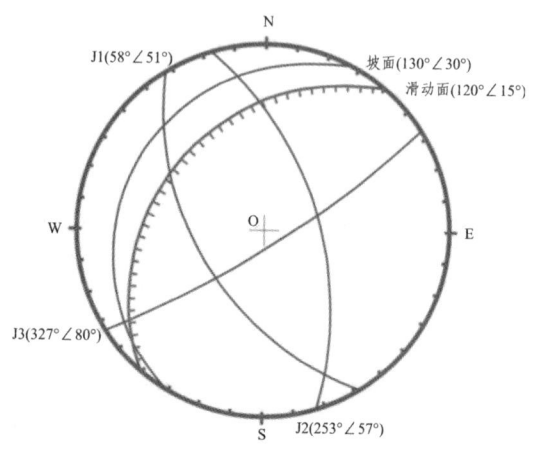

图 6-13 结构面赤平投影图

6.4.3 软弱夹层的影响

峨眉山玄武岩系中，存在着凝灰岩层，凝灰岩层的单层厚度平均为 1～3 m，富含 Ti、Fe、Na 和 K（表 6-2），具遇水崩解、软化特征，凝灰岩经水解后向蒙脱石等次生亲水矿物转化，力学强度大大降低，且易于风化干裂，其与上下岩层强度差异显著、界限清楚、厚度不大，成为岩体中的软弱夹层。软弱夹层的存在削弱了岩体的层间结合力，因其物理力学性质差，不论厚薄，都会给斜坡的稳定性带来一系列的问题。此外，滑坡源区内发育基岩裂隙水，现场调查在坡体上发现多处泉点，斜坡岩体受构造及卸荷作用的影响，岩体完整性遭到一定程度的破坏，为地表水及地下水的入渗和运移提供了良好的通道；水的楔劈力促进了结构面的扩张破坏，水的软化作用降低了岩体结构面特别是凝灰岩软弱夹层的强度，切割面中的静水压力还增加了斜坡体的下滑力，从而使斜坡的稳定条件恶化。

滑坡区被断裂切割而形成单斜断块山体，单斜中缓倾高位顺层斜坡因结构面倾角小于矮子沟沟谷坡角，致使高位斜坡凝灰岩出露位置（潜在剪出口）与坡脚之间的高差达数百米；凝灰岩层成为潜在的滑动面，岩体由软弱夹层控制，上部坡体在重力作用下沿凝灰岩向临空面顺层滑移，后缘拉裂，并受到卸荷风化、流水侵蚀等其他不利因素的耦合作用，最终在强震触发下发生大规模顺层高位滑坡。

表 6-2 岩石化学 CIPW 标准矿物计算统计表（据华东勘测设计研究院资料）

岩石名称	or	ab	an	dwo	den	dfs	di	∑
凝灰岩	26.55	11.91	17.66	1.72	2.58	2.14	4.0	93.72
	hen	hfs	hy	q	ap	il	mt	
	5.9	4.75	11.22	4.59	2.12	7.70	8.76	

注：or—钾长石；ab—钠长石；an—钙长石；dwo—透辉石中的硅灰石；den—透辉石中的正铁辉石；dfs—透辉石中的斜铁辉石；di—透辉石；hen—紫苏辉石的顽火辉石；hfs—紫苏辉石的正铁辉石；hy—紫苏辉石；q—石英；ap—磷灰石；il—钛铁矿；mt—磁铁矿。

6.4.4 强震作用是诱发岩体失稳滑动的关键因素

小江断裂带北段为研究区内主要发震构造带，通过对小江断裂北段大比例尺调查、断裂带石英形貌扫描以及现场氡气测量等综合研究发现，小江断裂北段在晚更新世晚期有一次明显的再活动期，对小江断裂北段露头处碳化明显的断层泥采用 ^{14}C 年代测定法进行年龄的测定，大致判断活动时间为（25.311±0.709）ka。

根据云南省巧家县志记载，公元1899年（清光绪二十五年）境内曾发生强烈地震，造成位于矮子沟沟口金沙江下游 1.3 km 处的海子沟左岸发生大规模山体滑坡，阻断了海子沟，形成一个长约 800 m、宽 400 m 的海子。基于这些历史事件，说明该区域曾经发生的大规模滑坡堰塞事件与强烈地震有着密切关联。结合前文对矮子沟滑坡形成年代的分析，作者认为发生于晚更新世晚期的小江断裂北段的构造活动是造成矮子沟滑坡最终滑动失稳的关键性因素，矮子沟滑坡的高启动速度也是长持时强烈地震作用的结果。

6.5 滑坡运动过程数值模拟

6.5.1 模型建立

以矮子沟滑坡平面图为基础，结合翔实的地质调查资料，对斜坡的原始地形进行恢复，并以与实际坡体 1∶1 的比例构建三维离散元模型，如图 6-14 所示。模型尺寸 X 方向 8 400 m，Z 方向 4 800 m，模型底面高程为 570 m，最高点高程为 2 390 m。

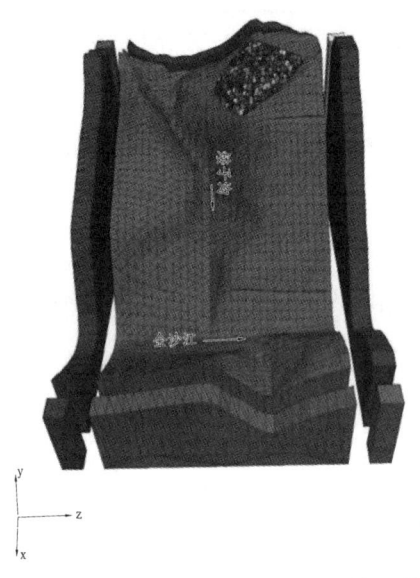

图 6-14 矮子沟滑坡的 3D 离散元数值模型

对于本构模型的选取，由于滑体单元自身的变形很小，相较于其运动位移可以忽略不计，因此滑体部分采用理想的刚体本构模型；而对于滑床部分，虽然并没有发生明显的破坏和运动，但实际上在地震的作用下也发生了一定的弹塑性变形，因此采用弹塑性本构模型，这里选用 Mohr-Coulomb 屈服准则；各结构面之间采用面与面接触的 Coulomb 滑动模型。

滑源区坡体岩性均一，为玄武岩；对于滑坡运移路径上出露的其他地层，以及滑坡堆积体下部的卵砾石层，由于对滑坡影响很小，概化为

第 6 章 单斜中缓倾高位顺层滑坡孕育机制

单一岩体处理；同时把滑体视为弱风化玄武岩，滑床视为微风化玄武岩，主要考虑三组控制性结构面 J_1、J_2、J_3 以及滑面的影响。很多学者已经对研究区内的主要工程岩组进行了大量的力学试验，这些研究成果为本书数值计算中力学参数的设定提供了科学依据。岩体及结构面的物理力学参数见表 6-3、表 6-4。

表 6-3 岩体力学参数

岩性	天然密度 /(kg/m³)	黏聚力 /MPa	内摩擦角 /(°)	体积模量 /GPa	剪切模量 /GPa
微风化玄武岩	2 950	12.9	55	45.8	21.2
弱风化玄武岩	2 860	9.8	45	31.6	17.3

表 6-4 结构面力学参数

结构面	法向刚度 /(GPa/m)	切向刚度 /(GPa/m)	内摩擦角 /(°)	黏聚力 /MPa	抗拉强度 /MPa
节理面	26	19	20	1.2	0.03
滑面	9	6	15	0.5	0.01

为了有效减小边界对地震波的反射，提高模型的准确性，在模型的底部施加黏滞边界，在四周设置自由场边界。黏滞边界的概念最早由 Lysmer J 在 1969 年提出，通过在边界的法向及切向上设置独立的黏壶(阻尼)来吸收来自模型内部的入射波。模型的边界条件见图 6-15。

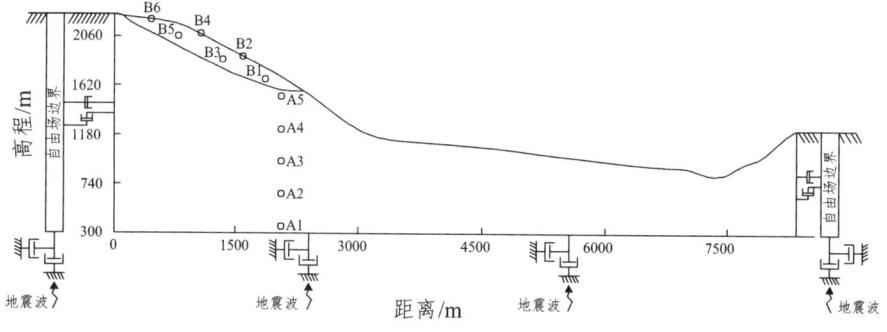

图 6-15 边界条件及监测点示意图

研究区地震活动频繁、烈度较高。据统计，滑坡区附近 1 000 年来发生震级超过 4.7 级的中强震事件 400 余次。安宁河断裂带、则木河断裂带、小江断裂带是研究区内的主要发震构造带，历史上在这些强烈活动的断裂带上发生了多次震级为 7 级及 7 级以上强震。在滑坡区周边 15 km 范围内，有 96 处体积超过 1×10^6 m³ 的大型滑坡。虽然矮子沟滑坡发生年代久远，没有相关的地震监测数据，但从文献记载以及研究成果来看，地震造成了研究区大面积山体失稳和大规模的滑坡堵江事件，我们推测诱发滑坡的地震震级可能在 8 级左右，本书采用经过处理的汶川地震时卧龙台站的地震监测数据作为输入地震波。研究区处于Ⅷ度烈度区，对应的峰值加速度为 3 m/s²，因此将汶川地震波缩小为原来的 0.33 倍，使其水平峰值加速度正好为 3 m/s²，竖直向峰值加速度为 2.11 m/s²，其加速度时程曲线如图 6-16 所示。在 3DEC 软件中进行动力分析时，速度与加速度不能直接施加于黏滞边界上，需要将加速度通过数值积分转化为速度曲线，再将速度转化为应力曲线，最终得到模型中施加的地震动力荷载如图 6-17 所示。

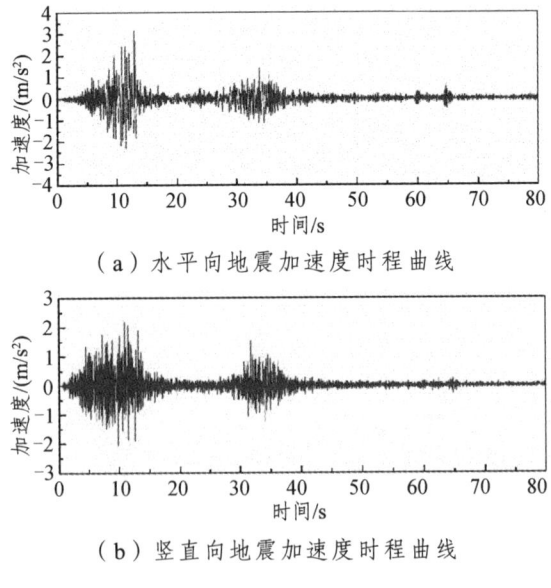

(a) 水平向地震加速度时程曲线

(b) 竖直向地震加速度时程曲线

图 6-16　地震波加速度时程曲线

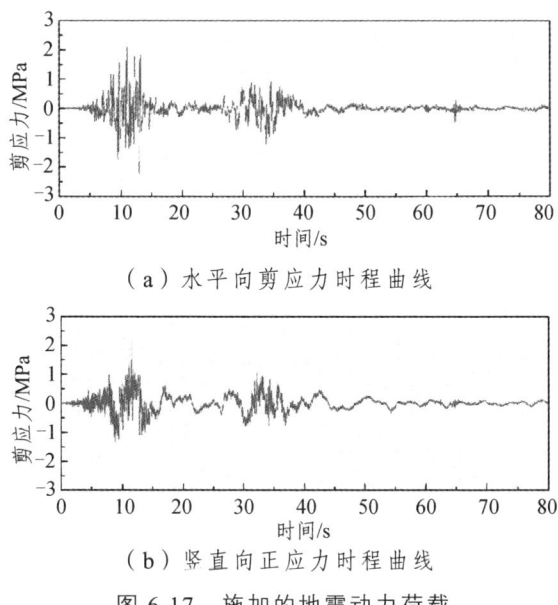

（a）水平向剪应力时程曲线

（b）竖直向正应力时程曲线

图 6-17 施加的地震动力荷载

6.5.2 最大不平衡力

随着地震动力荷载的输入，最大不平衡力随时间的变化曲线如图 6-18 所示。由图可见，最大不平衡力时程曲线与地震波一样为"双波峰"，160 s 后不平衡力趋近于 0，说明基本达到稳定，计算收敛。

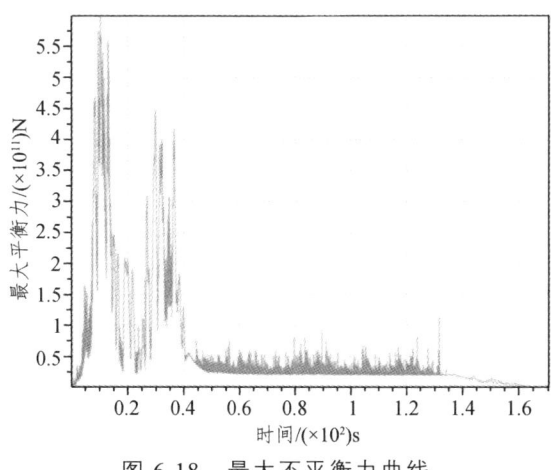

图 6-18 最大不平衡力曲线

6.5.3 加速度放大效应研究

为研究在地震作用下坡体中质点加速度的响应规律，在坡体中设置了一系列监测点，各点位置如图 6-15 所示，选取监测点 A1～A5 为研究对象。定义斜坡中任意一点的响应峰值加速度 PGA 与输入地震波峰值加速度 PGA 的比值为加速度放大系数。各监测点的加速度放大系数见表 6-5，A1、A5 加速度时程曲线见图 6-19。

表 6-5 监测点 A1～A5 加速度峰值及放大系数

监测点号	PGA/（m/s²）		PGA 放大系数	
	水平向	竖直向	水平向	竖直向
A1	3.24	2.77	1.08	1.31
A2	4.68	3.95	1.56	1.87
A3	-7.02	-4.46	2.34	2.11
A4	-8.37	6.75	2.79	3.20
A5	-17.46	-14.24	5.82	6.75

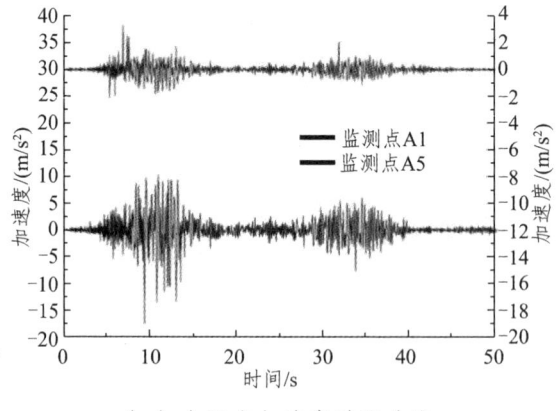

（a）水平向加速度时程曲线

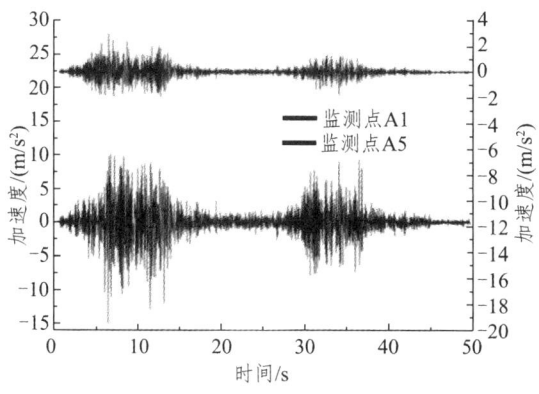

(b）竖直向加速度时程曲线

图 6-19 监测点（A1，A5）加速度时程曲线

从计算结果可以看出，随着高程的增加，斜坡水平及竖直向加速度均存在显著的放大效应，其中靠近滑面的监测点 A5 的水平和竖直向 PGA 分别达到 17.46 m/s²、14.24 m/s²，放大 6～7 倍，远远超过了重力加速度。滑源区斜坡高陡，表现为坡体前缘和后缘临空的单薄山脊。已有研究表明，地震加速度在这些地形部位得到放大；斜坡地形效应造成地震波在斜坡上部表现出异常放大现象，当短时间内积聚的振动能量超过岩土体的强度时，易形成高位滑坡。根据应力波理论，当压缩地震波在传播过程中遇到结构面时，将反射成拉伸波，使结构面处的加速度产生倍增效应，反射波和入射波叠加后则可能在结构面附近产生拉裂破坏。此外，斜坡体锁固段变形体中贮存的弹性应变能得到释放后也产生了加速效应。因此靠近滑面处，加速度放大系数出现陡增现象。

6.5.4 高速远程滑坡-碎屑流全过程分析

根据滑坡运动过程和动力特征，划分为四个连续的活动阶段：启程活动阶段、近程活动阶段、高速远程碎屑流阶段、堆积堵江阶段。各个活动阶段相互联系，又具有各自不同的运动学特征。

1. 启程活动阶段

由于斜坡在矮子沟下切过程中应力重分布，导致坡顶拉应力集中，卸荷裂隙发育且连通率高。地震发生时，先至 P 波的强大竖直上抛作用和紧随而来的 S 波的水平剪切作用，使斜坡上部岩体沿卸荷裂隙震裂松动，使其逐步丧失与下部岩体的结合力；后至的面波经地形及结构面放大后，使岩体进一步沿结构面产生拉裂破坏，坡体顶部形成拉裂缝。地震荷载持续作用，拉裂缝不断地向坡体内部扩张，被拉裂缝切割的外侧岩体有向临空方向运动的趋势，导致底部一定深度处的凝灰岩软弱夹层被强烈挤压并发生剪切破坏而形成底滑面，滑坡出现明显错动（图6-20A），矮子沟滑坡的启动阶段是一个前缘剪切，后缘拉裂的过程，滑坡的变形破坏机制为滑移-拉裂。在地震力持续作用下，随着累积位移和相对运动速度的不断增大，结构面的抗剪强度会不断地衰减，当抗滑力不足以抵抗下滑力时，锁固段突然被剪断，坡体启动（图 6-20B）。

程谦恭对剧冲式高速滑坡的动力学机理进行分析发现，在高强度岩质斜坡破坏产生滑动的启动阶段，滑床面形成的前后，滑床面两侧原有临床岩体的峰值强度，会迅速降低到残余强度，呈现显著的"临床峰残强降"。据已有资料，岩石强度越高，其峰残差值越大。矮子沟滑坡滑源区坡体岩性为玄武岩，通过对玄武岩物理力学性能的研究得知，玄武岩属于密度大、高强度、高弹模的典型脆性岩石。邢爱国曾以云南省昭通市头寨沟大型高速远程滑坡为例，通过常规三轴压缩试验，研究了滑坡区主要工程地质岩组（玄武岩）岩芯的变形破坏特征。试验结果表明，玄武岩的峰值强度与残余强度之间存在显著的差异，峰残强降率为 50%左右。因此，由玄武岩组成的岩体一旦破裂，其抗剪强度特别低。未滑动的天然完整岩体在静力极限平衡状态时形成与抗剪强度相当的推滑应力，一旦剪应力超过了锁固段玄武岩体的抗剪强度时，锁固段岩体会突然被剪断，其抗剪强度就会迅速地按"峰残强降率"降低一半，亦即迅速地释放原有下滑力的 50%左右，赋存在岩体中的弹性应变能则转化为滑体剧动的动能。

根据高速滑坡临床峰残强降加速动力学机理,应用断裂力学原理,分析了高陡斜坡累进性破坏过程中锁固段岩体的剪断释能效应,导出平面应力状态下,滑坡启程初速度 V_s 计算公式为:

$$V_s = \sqrt{\frac{(2+\mu)\pi g G_V \rho}{2E}} \cos\alpha(\tan\varphi_p - \tan\varphi_r) \quad (6\text{-}1)$$

式中:G_V——滑体单位宽度体积;

μ——泊松比;

g——重力加速度;

ρ——滑体容重;

E——岩体的弹性模量;

α——滑床面倾角;

φ_p——岩体峰值内摩擦角;

φ_r——岩体残余内摩擦角。

根据矮子沟滑坡环境地质特征及玄武岩岩石力学试验参数,取 $\mu=0.3$,$G_V=5.5\times10^5$ m³,$\rho=0.028\,6$ MN/m³,$\alpha=30°$,$E=32$ GPa,$\varphi_p=66°$,$\varphi_r=55°$,代入公式,求得 $V_s=4.11$ m/s,可见滑坡体在启程的瞬间便已获得相当高的初速度。

2. 近程滑动阶段

根据能量守恒定律,滑动前滑体系统的总能量,等于滑动时滑体系统每一瞬间所具有的总能量,可导出滑体在滑动过程的某一瞬间其滑体内的能量平衡方程式为:

$$\frac{1}{2}mv_1^2 = \frac{1}{2}mv_s^2 + mgh_0 - mgh_0 f\cot\alpha \quad (6\text{-}2)$$

式中:m——滑体质量;

V_1——滑体在某一瞬间的滑速;

V_s——滑体启程初速度;

h_0——滑体质心高度;

α——滑面倾角;

g——重力加速度；

　　f——动摩擦系数。

　　由式（6-2）可求出滑体启程后进入加速运动阶段，滑体在滑床上运动过程中任一瞬间的滑动速度为：

$$v_1 = \sqrt{v_s^2 + 2gh_0(1 - f\cot\alpha)} \tag{6-3}$$

　　已知滑坡初速度 V_s=4.11 m/s，滑面倾角 α =30°；滑体运动至剪出口上方时，h_0 为 400 m；凝灰岩层构成了滑坡滑面，根据以往研究成果（方健等，2017），摩擦系数可近似取经验值 f=0.25，代入上式得 v_1=50.2 m/s。显然，滑坡体滑出剪出口时，较启程初速度高很多，表现为"高位高速滑坡"。

　　矮子沟滑坡剪出口具有相当大的"临空"高度，滑坡又有启程剧动与庞大的体积，剪出口以下空气难于迅速排空，从而形成气垫，起到擎托滑坡体作用，因此滑坡在高位剧烈起动后保持高速，在近程活动阶段加速下滑（图 6-20C）。

　　3. 高速远程碎屑流阶段

　　滑体下落过程中巨大的势能不断转化为动能，与矮子沟右岸坡体发生猛烈碰撞后进一步碎裂解体转化为碎屑流（图 6-20D），滑坡物质发生转向继续沿矮子沟沟谷高速运动（图 6-20E），进入滑坡-碎屑流高速远程滑移阶段（图 6-20F），该过程滑坡物质沿矮子沟运动约 3 km。

　　邢爱国在进行高速运动条件下玄武岩摩擦系数的实验研究后发现，大型高速玄武岩滑坡滑动过程中，底滑面的摩擦系数随上部载荷的增大呈现减小趋势，而滑坡体积越大，底滑面埋藏就越深，作用在底滑面上的载荷也就越大。因此，高速远程滑坡碎屑流具有"尺寸效应"，目前公认的观点认为，当滑坡体积大于 1.0×10^6 m³ 时，滑坡碎屑流具有明显的高速远程效应，而小于 1.0×10^6 m³ 时，则高速远程效应不明显。张明等以汶川地震触发的文家沟高速远程滑坡碎屑流为研究对象，利用环剪试验对碎屑流流动过程中不同深度处碎屑颗粒的长距离剪切过程进行模拟，发现滑坡碎屑流流动过程中颗粒受力破碎，特别是底部碎屑颗粒破碎程度最高，导致底部碎屑颗粒的剪切强度降幅最大，进一步降低了碎屑流底部与地面之间的摩擦阻力，这是滑坡碎屑流能够高速远程运动的主要原因之一。矮子沟沟谷落差较大，滑坡碎屑流体积达到上亿方，能量巨大，结合以上理论研究的分析，滑坡物质能够沿矮子沟沟谷做高速远程运动也就不难理解了。

4. 堆积堵江阶段

碎屑流体到达矮子沟沟口时，地形由狭窄沟谷向开阔地带突然转变，滑坡物质因地形的变化和能量的不断耗散而逐渐进入堆积阶段。由于滑坡物质动能巨大，此阶段仍有大量的滑坡物质冲出矮子沟，扑向金沙江对岸。滑坡物质受到金沙江对岸山体的阻拦，滑体向后反弹，快速向下坠落，填满河道，形成一个巨型滑坡坝，将金沙江阻断（图6-20G）。

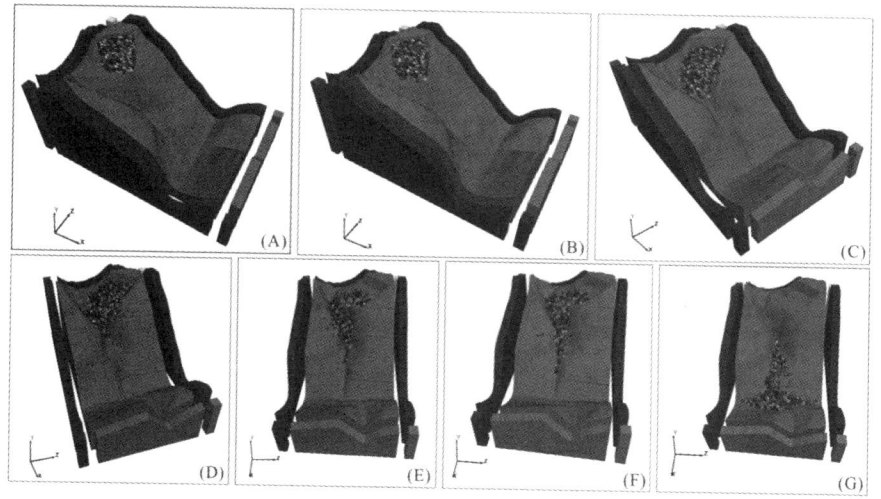

图A—在滑坡启动阶段，滑坡后缘拉裂，出现明显错动；图B—在滑坡启动阶段，锁固段岩体突然被剪断，滑体开始滑动；图C—滑坡在高位剧烈启动后继续保持高速，在短程运动阶段加速下滑；图D—滑坡体与矮子沟右岸山体发生碰撞后解体为碎屑流，改变了运动方向；图E、F—碎屑流继续沿矮子沟河谷高速向下运动，进入了高速远程碎屑流运动阶段；
图G—滑坡堵塞了金沙江，最终形成了堰塞湖。

图6-20 滑坡在不同阶段的运动状态

虽然古堰塞坝已经溃决，被河流冲走，但是根据翔实的地质调查成果，可以对古堰塞坝进行恢复（图 6-4）。古堰塞坝横河向长约 2 300 m，顺金沙江河道平均宽约 1 100 m，最大宽度达 1 300 m，分布面积约为 2.5×10^6 m²，平均堆积厚度 200 m，估算堰塞坝体堆积物方量约 2.73×10^8 m³。

6.6 本章小结

矮子沟滑坡区被断裂切割而形成单斜断块山体，滑源区岩体岩性单一，由峨眉山玄武岩构成，单斜中缓倾高位顺层斜坡因层面倾角小于坡角，致使高位斜坡凝灰岩出露位置（潜在剪出口）与坡脚之间的高差达数百米；凝灰岩层成为潜在的滑动面，岩体由软弱夹层控制，上部坡体在重力作用下沿凝灰岩向临空面顺层滑移，后缘拉裂，并受到卸荷风化、流水侵蚀等其他不利因素的耦合作用，最终在强震触发下发生大规模顺层高位滑坡。因此从滑坡的发育特征上看，矮子沟滑坡属于典型的单斜中缓倾高位顺层滑坡，是峨眉山玄武岩大型高位远程滑坡灾害中的一类重要地质类型。约 3.82×10^8 m³ 的玄武岩顺向坡体高位高速滑出，滑坡体在高速下滑过程中强烈撞击矮子沟右岸后解体、转向，进而以高速碎屑流沿矮子沟运动 3 km，最终抵达金沙江对岸，形成体积为 2.73×10^8 m³ 的巨型堰塞坝，将金沙江阻断。

滑坡形成的四个关键条件是：（1）滑坡剪出口与坡脚之间存在巨大的高差；（2）有利于滑坡产生的坡体结构；（3）玄武岩中的凝灰岩软弱夹层的影响；（4）地处高烈度区强震作用的影响。

运用三维离散元数值模拟软件 3DEC 对滑坡的运动全过程进行分析，根据运动学特征，可划分为四个连续的活动阶段：启程活动阶段、近程活动阶段、高速远程碎屑流阶段、堆积堵江阶段。研究结果表明，随着高程的增加，斜坡水平及竖直向加速度均存在显著的放大效应，结构面附近地震加速度产生倍增效应，地震加速度的显著放大是地震诱发高位滑坡的主要原因。此外，对滑坡启程活动阶段的研究，揭示了滑坡的变形破坏机制为滑移-拉裂；玄武岩的峰值强度与残余强度之间存在显著的差异，根据高速滑坡临床峰残强降加速动力学理论，对该滑坡高速启动机理进行了解释。玄武岩碎屑流滑动过程中的"减阻效应"是矮子沟滑坡能够保持高速远程运动的原因。

  滑坡堰塞坝残体位于金沙江二级阶地之上，表明矮子沟滑坡事件发生在金沙江该河段二级阶地形成之后，可判断滑坡大致发生于晚更新世晚期。此外，对金沙江矮子沟口上游河段采集到的堰塞堆积物进行光释光测年（OSL），结果指示该滑坡形成堰塞湖发生在距今 2.5 万年左右。通过在研究区内进行进一步的断层活动性的调查，发现研究区内的小江断裂北段在晚更新世晚期再次发生活动，对断层露头段的碳化断层泥进行 ^{14}C 测年，结果显示该断层的活动时间为（25.311±0.709）ka，前后的调查结果能够相互吻合。通过以上的综合分析，判断发生在晚更新世晚期的小江断裂北段的地震活动触发了矮子沟滑坡。

第 7 章　峨眉山玄武岩大型高位远程滑坡危险性分析

中国西南地区峨眉山玄武岩广泛分布，峨眉山玄武岩组因其具有巨厚层构造、岩体强度高及多形成峡谷地貌等特点，往往成为大型水电工程大坝坝位的理想场所。虽然峨眉山玄武岩强度高，斜坡岩体一般较为稳定，但是玄武岩具有特殊的岩性特征以及岩体力学特性，这类玄武岩高位坡体一旦失稳，往往能够发展为规模巨大的高速远程滑坡灾害，历史上此类滑坡造成了大量人员伤亡和财产损失。例如：发生于 1965 年 11 月 22 日的云南省禄劝县马鹿塘公社烂泥沟滑坡，掩埋了 4 个村庄，造成 444 人死亡，灾害发生的过程持续不到 10 分钟，是 1949 年以来在国内造成人员伤亡最严重的一次灾难性滑坡事件；发生在 1991 年 9 月 23 日的云南省昭通市盘河乡头寨沟滑坡，体积达到 $900×10^4 \text{ m}^3$，摧毁多个自然村，216 人在此次滑坡中丧生，整个灾害过程持续约 3 min，滑体运动的最大距离约 3.65 km，平均滑移速度约 28 m/s，是世界范围内一起典型的大型灾难性高速远程滑坡事件；发生在 2010 年 7 月 27 日的四川省汉源县万工乡二蛮山大型滑坡碎屑流，最终造成 20 人失踪，97 户房屋受损，1 500 人被迫紧急转移；2014 年云南省鲁甸县发生 Ms6.5 级地震，诱发了位于牛栏江支流沙坝河右岸的甘家寨大型滑坡，滑坡堵塞了沙坝河，致使甘家寨 32 户房屋和 55 名村民被掩埋。这些历史上灾难性的滑坡事件反映了峨眉山玄武岩大型高位远程滑坡的巨大的危险性，滑坡的危险性主要是由滑坡的规模及其运动性所决定的。针对峨眉山玄武岩大型高位远程滑坡的危险性分析，本章主要从滑坡的规模、滑坡运动特性和滑坡灾害链效应这 3 个方面进行研究。

7.1 峨眉山玄武岩大型高位远程滑坡的规模

本书在第 3 章对我国西南地区典型的峨眉山玄武岩高位远程滑坡事件进行了详细调查与统计分析，通过对研究区内 43 处大型-巨型滑坡的规模进行统计分析发现（表 3-1 和图 7-1），43 处滑坡的滑动方量均超过了 $1×10^6$ m³，有部分滑坡的方量超过了 $1×10^8$ m³，可见滑坡的规模巨大。

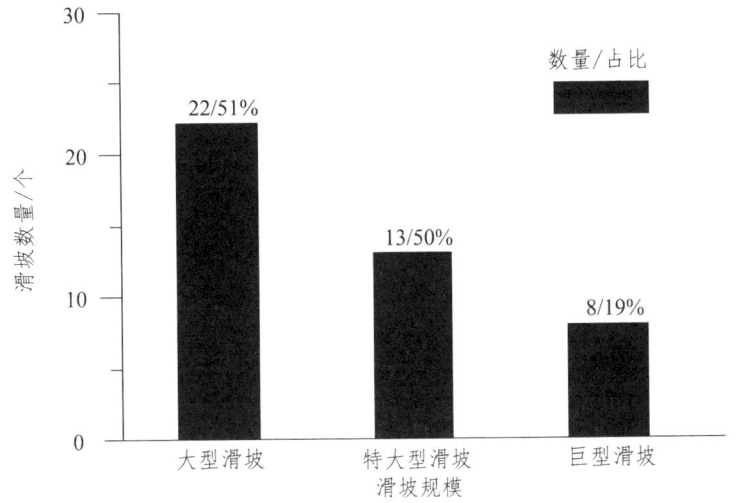

图 7-1 研究区滑坡规模分布

根据目前对滑坡规模划分的标准（大型滑坡：$1×10^6$ m³＜V＜$1×10^7$ m³，特大型滑坡：$1×10^7$ m³＜V＜$1×10^8$ m³ 和巨型滑坡：V＞$1×10^8$ m³，本书在无特指的情况下均统称为大型滑坡），经统计分析得出，研究区内大型滑坡有 22 处，占比 51%；特大型滑坡有 13 处，占比 30%；巨型滑坡有 8 处，占比 19%，其中规模最大的滑坡为马湖 V 期滑坡，其方量超过了 $6×10^8$ m³。

峨眉山玄武岩具有巨厚层状的岩体结构特征，通常表现为不同倾斜状态的巨厚层状的高位岩体，这类岩体一旦失稳往往规模巨大，巨大的规模使滑坡体的危害范围更大，因此峨眉山玄武岩高位远程滑坡能够造成灾难性的后果。

7.2 峨眉山玄武岩大型高位远程滑坡的运动性

滑坡体从高陡位置失稳滑动，如果斜坡体前部开阔或者前缘沟谷为滑坡体继续滑动提供了良好的运移通道，高位滑坡往往转化为碎屑流，继续高速-远程滑动。高位远程滑坡因其超强的运动性能够运动更远的距离，进而造成更大的危害。因此，滑坡体运动性的强弱很大程度上决定了滑坡的危险性。

通过前文的分析可知，峨眉山玄武岩具有特殊的岩性和岩体结构特征，因此其破碎后的碎屑颗粒形态与其他岩性是不同的，那么玄武岩碎屑颗粒的运动是否具有特殊性，玄武岩碎屑颗粒的形态特征会对滑坡的运动特性产生怎样的影响？为了解答这些问题，下面我们通过室内试验进一步地分析。

7.2.1 峨眉山玄武岩碎屑颗粒运动特性的试验研究

目前，有关玄武岩碎屑颗粒形态特征对其运动学特性影响方面的研究是缺失的，本书主要通过室内滑槽模型试验来研究玄武岩碎屑颗粒的形态特征对高位滑坡碎屑流运动学特性产生的影响。为了试验结果的真实准确性，试验材料选用了在脚盆坝滑坡堆积区现场采集到的玄武岩碎屑流物质（参照第5章内容，在调查点D033处采样，采样位置如图5-1和图7-2所示）。此外，为了同其他岩性的碎屑物质进行对比研究，在脚盆坝滑坡区附近还采集了一处小型滑坡堆积体碎屑物质作为对比试验材料（在调查点D056处采样，采样位置如图5-1和图7-2所示），该碎屑物质是由须家河组粉砂岩（T_3x）块碎石构成的。

图 A~C——在脚盆坝滑坡区调查点 D033 处采集玄武岩碎屑流颗粒；
图 D~F——在脚盆坝滑坡区调查点 D056 处采集粉砂岩（T_3x）块碎石颗粒。

图 7-2　试验材料的采集现场情况

7.2.2　物理模拟的相似分析以及试验材料的选择

室内滑槽模型试验在试验条件上具有可操作性和可控性，其研究效果真实可靠，因此成为研究滑坡碎屑流运动特性的有效方法，被众多学者们应用于滑坡动力学特征和机制的研究中。由于室内试验场地和仪器设备尺寸的限制，必须要对试验模型进行缩尺设计，缩尺模型的相似性分析是进行室内试验的关键。对于缩尺模型的相似性分析，Iverson 等推导出了以下分析缩尺模型相似性的公式：

$$\left[\frac{u}{\sqrt{gl}}, \frac{\tau}{\rho gH}\right] = f_{\text{scale}}(N_\text{p}, N_\text{R}, c^*, E^*) \quad (7\text{-}1)$$

其中：

$$N_\text{p} = \frac{\sqrt{l/g}}{\mu H^2 / kE}, N_\text{R} = \frac{\rho H \sqrt{gl}}{\mu H^2 / kE}, c^* = \frac{c}{\rho gH}, E^* = \frac{E}{\rho gH} \quad (7\text{-}2)$$

式中：u——碎屑流的运动速度；
τ——碎屑流动压力；

g ——重力加速度；

l ——碎屑流长度；

H ——碎屑流厚度；

ρ ——碎屑流密度；

μ ——粒间流体的动态黏滞系数；

k ——碎屑颗粒间的固有水力渗透率；

c ——碎屑流黏聚力；

E ——碎屑流单位抗压刚度；

N_p ——时间比尺；

N_R ——碎屑流雷诺数；

c^* ——碎屑流归一化黏聚力；

E^* ——碎屑流归一化刚度。

  由以上公式可见，对于缩尺模型，能够对碎屑流动力相似性产生重要影响的参数有 N_p、N_R、c^* 和 E^*。Iverson 等进一步研究了以上参数对碎屑流动力相似性产生的影响：（1）理想的碎屑流体可视为在运动过程中，流体压力、流体的黏滞性以及颗粒间黏聚力的影响可以忽略不计，也即需要满足 N_p、N_R、E^* 具有较大值，而 c^* 具有较小值的条件。如果流体是由水和黏土等细颗粒组成，流体具有较大的黏滞性，这类由高黏滞性物质组成的流体介质在运动过程中存在显著的尺寸效应，模型尺寸变化越大，则流体介质对碎屑流运动特征的影响越显著，试验结果与实际情况会存在较大的差别。在实际应用中，对于由气体和干的碎块石等固体颗粒组成的流体可视为理想干碎屑流，这样的流体介质在运动过程中不存在明显的尺寸效应，其试验结果也较为符合实际的大型滑坡-碎屑流的运动特性。（2）对于缩尺模型的设计，需要考虑碎屑颗粒间黏聚力产生的影响，颗粒间的黏聚力对碎屑流运动特征的影响也存在显著的尺寸效应，模型尺寸越小，颗粒间的黏聚力对其运动状态的影响就越大；而材料的抗压刚度对碎屑流运动特征的影响不存在明显的尺寸效应。

  滑坡区所处的地质环境条件、流体介质特性以及滑坡运移路径特征等因素都会对滑坡-碎屑流的运动特征产生重要的影响。因而,就室内滑槽模型试验来说,通过建立缩尺模型,对滑坡-碎屑流运动学特性的影响因素进行全面相似性的模拟是非常困难的。所以,更多学者采用的研究方法是对试验模型进行简化处理,并着手于某个单一因素,来对滑坡-碎屑流的动力学特性进行逐步研究。

本书旨在探究玄武岩碎屑颗粒形态特征这一因素对高位滑坡碎屑流运动特性影响,因此在试验过程中只把碎屑颗粒形态特征作为单一变量,而保持试验中其他条件的一致性。对于缩尺模型来说,碎屑流运动路径上的地形地貌特征以及留存的原沟谷堆积物等因素,对碎屑流体运动特性的影响存在明显的尺寸效应,所以本文对缩尺模型试验进行了简化处理,不考虑碎屑流体运动路径上的地形地貌特征以及留存的原沟谷堆积物等因素的影响。

根据以上对缩尺模型相似性的分析,选用了在脚盆坝滑坡堆积区现场采集到的自然状态下的玄武岩碎屑流颗粒作为试验材料,并在该滑坡区附近采集了由须家河组粉砂岩(T_3x)块碎石构成的小型滑坡堆积体物质作为对比试验材料,试验材料均处于干燥状态。此外,由于缩尺模型整体尺寸的限制,还需要重点考虑实验材料中颗粒粒径的选取,首先颗粒粒径不能太大,这样才能满足作为连续性流体的条件,碎屑颗粒的平均粒径一般要小于流体厚度的 1/10;颗粒粒径也不能太小,这样才能避免颗粒间黏聚力所产生的尺寸效应的影响,而且可以消除空气阻力以及颗粒间静电引力的干扰。对于滑槽模型试验,还有一个关于颗粒尺寸的选定标准:为了避免此类试验中的边界效应,除了使用非常光滑的侧壁外,碎屑颗粒的平均粒径应小于滑槽宽度的 1/20。通过 5.5.1 节的分析我们知道,不同颗粒级配的组成情况会对滑坡-碎屑流的动力学特性产生重要的影响,因此在进行对比试验中,将每组试验中碎屑颗粒的级配情况设置基本一致,以消除颗粒级配组成情况这一因素的影响,两组不同岩性碎屑颗粒的级配情况如表 7-1 所示。试验材料均采集于滑坡现场自然状态下的碎屑流堆积物质,通过颗粒筛分试验表明,试验材料中粒径在

1 mm 以下的细颗粒部分所占比例很小，微米级的黏土几乎缺失，在满足了滑槽模型试验对于颗粒尺寸的选定要求后，其级配组成情况也较为符合众多典型的峨眉山玄武岩大型滑坡碎屑流的粒径分布特征（参照 5.5.1 节的分析），因此可以更为科学合理地开展玄武岩碎屑流运动过程的模拟试验。选用的试验材料主要由 0.1~4 cm 的碎块石组成，颗粒间不存在黏聚力，因此在试验过程中可视为无黏性理想干碎屑流。通过斜板实验，对试验材料的内摩擦角进行测试表明，由玄武岩以及粉砂岩组成的碎屑颗粒的平均内摩擦角分别为 21°和 25°，也即为碎屑流堆积体的安息角。

表 7-1 试验材料的级配情况统计

颗粒岩性	总质量/kg	不同粒组颗粒的含量		
		粒径组成/cm	质量/kg	占比/%
玄武岩	78.91	3~4	24.9	32
		2~3	17.65	22
		1~2	23.96	30
		0.5~1	9.0	11
		0.1~0.5	1.42	2
		<0.1	1.98	3
砂岩	80.01	3~4	25.2	31
		2~3	17.83	22
		1~2	23.98	30
		0.5~1	9.3	12
		0.1~0.5	1.6	2
		<0.1	2.1	3

7.2.3 试验装置设计

室内滑槽试验模型由斜坡、侧壁、底板和物料仓组成，模型示意图如图 7-3 所示。众多调查研究发现，滑坡-碎屑流从开始运动到堆积停止，一般要经历加速和减速的运动过程，碎屑流运动路径的地形坡度在纵向上一般呈现为上陡下缓。根据滑坡-碎屑流的运动特征，在试验模型设置上，将倾斜滑槽设置为碎屑流的加速段，并将水平地面作为减速段。

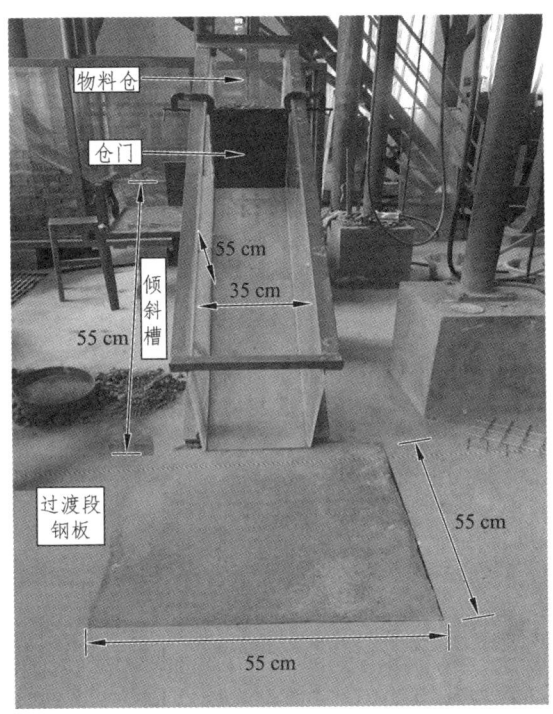

图 7-3　滑槽模型示意图

倾斜滑槽的底板由钢板制成，滑槽侧壁采用透明有机玻璃板制成，以便于观察碎屑流在滑槽内的运动状态；倾斜滑槽纵向长度 2 m，斜坡坡角 35°，滑槽宽 35 cm，深度为 55 cm；倾斜滑槽的顶端为物料仓，用于存储试验材料，为了反映出高位滑坡体启动时的高势能，将物料仓的位置设置较高；物料仓前门通过顶端横轴与物料仓主体相连，可将试验材料封闭在物料仓内，横轴上安装有卡槽，物料仓前门可绕顶端卡槽快速开启，实现碎屑流自斜坡高位的快速滑出。本试验的减速段由水泥地面构成，为了避免倾斜滑槽与水平地面衔接不平顺给试验结果带来干扰，过渡段采用长 1.5 m、宽 1.2 m 的钢板实现平顺衔接；过渡段和减速段均不再设置挡板，以消除试验中边界条件的限制，水泥地面空间开阔，可以更真实地模拟碎屑流进入空间更为开阔的堆积区的运动状态。

试验系统布置了 1 台高速摄像机（黑白成像）和 1 台高清相机（彩色成像），能够从不同角度观察碎屑流滑出后运动的整个过程。

由于本试验旨在研究玄武岩碎屑颗粒的形态特征对高位滑坡碎屑流运动特性的重要影响，不考虑运动路径上滑床表层界面摩擦系数的变化，滑床材料可视为刚性，且假定碎屑流在运动过程中密度保持不变，亦即没有再出现继续破碎的情况。

7.2.4 试验结果描述

将滑坡现场取来的碎屑物质在物料仓内进行装填，两组对比试验样品的初始体积和形态均保持一致（图 7-4）：物料仓内的碎屑物质初始形态均保持为纵长 50 cm、宽为 35 cm、高为 30 cm 的长方体，碎屑物源距离地面的垂直高度为 1.2 m，碎屑物质内部颗粒大小混杂、堆积结构杂乱。

图 A、B—第一组玄武岩碎屑颗粒的初始形态；
图 C、D—第二组粉砂岩碎屑颗粒的初始形态。

图 7-4 两组对比试验样品的初始形态

将物料仓前门快速开启，碎屑物质迅即冲出物料仓，并沿斜槽高速下滑。通过对高速相机抓拍到的图像进行分析可知：第一组试验中，由玄武岩组成的碎屑流的总运动时间为 3.3 s 左右，并计算了碎屑流前缘的平均滑速为 2.16 m/s；第二组试验中，由粉砂岩（T_3x）组成的碎屑流的总运动时间为 3.6 s 左右，碎屑流前缘的平均滑速为 1.84 m/s。

如图 7-5 所示，第一组试验中，玄武岩碎屑流冲出物料仓后，在倾斜滑槽段滑体势能不断转化为滑体运动的动能，整体处于加速阶段；当碎屑流运动至开阔而平缓的斜坡段时，由于地形的转变，碎屑流表现为一种无侧限扩离的运动状态（图 7-5）；碎屑物质继续运动并向周围扩展，滑体能量逐渐释放而进入到减速堆积阶段，碎屑流前部运动速度最快也最先发生停积，碎屑流前部停积后对后部的滑体形成阻碍，使后部碎屑物质逐步停积下来。通过对高速相机抓拍到的影像进行观察发现，有些玄武岩块碎石在运动过程中发生碰撞、弹跳和滚动现象（图 7-5 和图 7-6），相较于其他碎屑物质，能够前进更远的距离，最终呈离散状停积分布在碎屑流堆积体的前部（图 7-6）。碎屑流运动结束后的堆积形态如图 7-6 所示：碎屑流堆积体后缘距离滑源区后部为 1.35 m，堆积体前部多为粒径较大的碎块石，碎块石最远滑动位置距离倾斜滑槽出口处约 2 m；主堆积体前缘整体呈扇形分布，距离倾斜滑槽出口处为 1.36 m。

在第二组对比试验中，试验材料采用由粉砂岩（T_3x）组成的碎屑物质，如图 7-7 所示，碎屑流的整体运动状态与第一组试验相同，整体上也表现为先加速、后减速的运动特征。通过高速相机对运动画面的捕捉，能够较为清晰地观察碎屑流的运动状态，粉砂岩碎屑物质在前进过程中主要表现为滑移运动，并没有出现明显的弹跳和滚动现象。第二组试验中碎屑流停积后的整体堆积形态与第一组试验没有明显的差别（图 7-7），而与第一组试验的差别主要体现在碎屑颗粒的运动距离上：碎屑流堆积体后缘距离滑源区后部为 1.2 m，堆积体前部多为粒径较大的碎块石，碎块石最远滑动位置距离倾斜滑槽出口处约 1.4 m；主堆积体前缘整体上也呈扇形分布，距离倾斜滑槽出口处为 0.65 m。

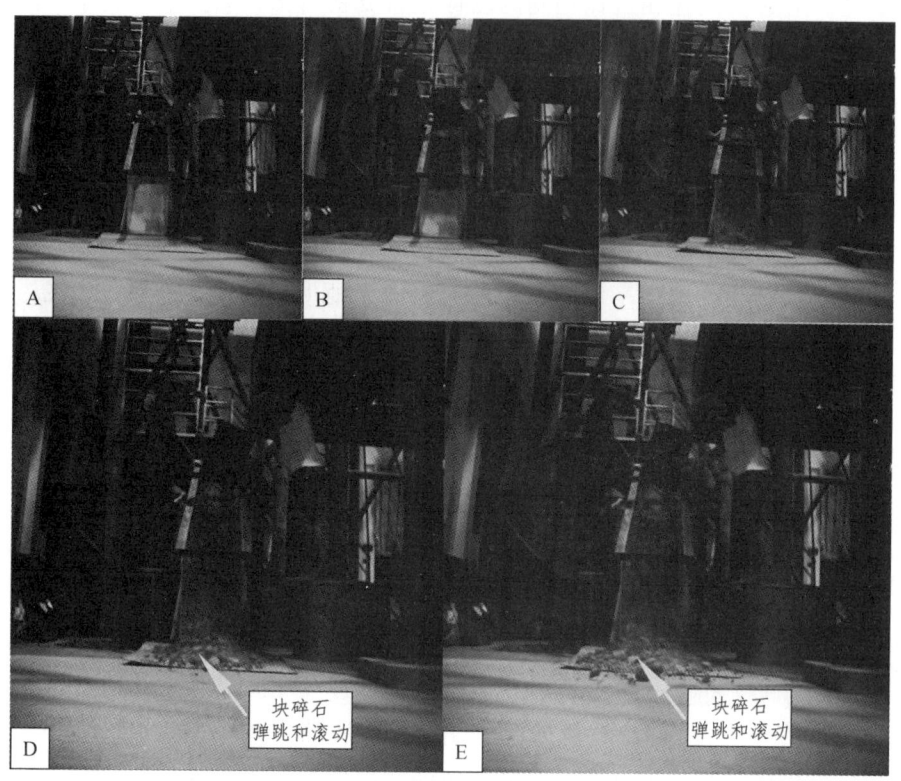

图 A—碎屑流最初状态;图 B—仓门打开后碎屑流迅即冲出物料仓;图 C—碎屑流在斜槽内高速下滑;图 D、E—碎屑流冲出斜槽口后发生无侧限扩离运动(可见碎屑流前部块碎石发生碰撞、弹跳和滚动现象)。

图 7-5 第一组试验中碎屑流的运动过程(0~1.8 s)

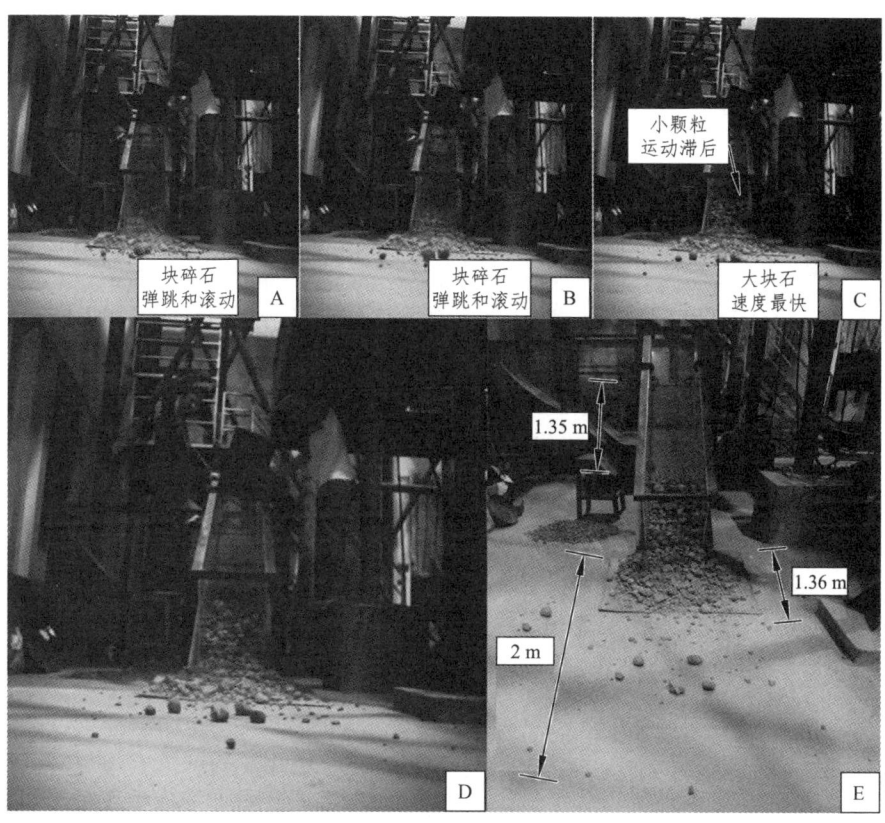

图 A、B—碎屑流整体进入减速堆积阶段；图 C—碎屑流前缘物质已基本停积（只有最前缘的大块石还在滚动），而后缘小颗粒物质还在滞后滑动；图 D—碎屑流前缘物质全部停积，后缘小颗粒物质滞后滑动；图 E—碎屑流最终的堆积状态。

图 7-6　第一组试验中碎屑流的运动过程（1.8～3.3 s）

图 A—碎屑流最初状态；图 B—仓门打开后碎屑流迅即冲出物料仓；图 C—碎屑流在斜槽内高速下滑（碎屑颗粒主要表现为滑移运动）；图 D—碎屑流冲出斜槽口后发生无侧限扩离运动（碎屑颗粒主要表现为滑移运动）；图 E—碎屑流前缘物质已基本停积，而后缘小颗粒物质还在滞后滑动；图 F~H—碎屑流前缘物质全部停积，后缘小颗粒物质滞后滑动过程；图 I—碎屑流最终的堆积状态。

图 7-7　第二组试验中碎屑流的运动过程（0~3.6 s）。

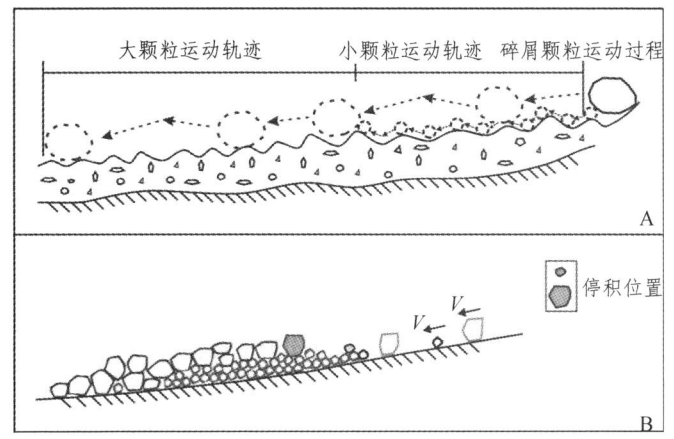

图 A—碎屑流中大、小颗粒的不同运动轨迹示意；图 B—碎屑流堆积形态示意。

图 7-8 粒径大小不同的碎屑颗粒差异运动现象以及堆积形态

两组试验中都表现出了粒径大小不同的碎屑颗粒差异运动的现象（图 7-6 和图 7-7）：在碎屑流加速运动过程中，大颗粒的碎屑物质运动速度更快，往往运动在前，相较于大颗粒的快速运动，小颗粒明显滞后，这样在碎屑流前进方向上表现为大颗粒在前而小颗粒在后的分离现象（图 7-6、图 7-7 和图 7-8A）；运动一段距离后，滑体能量逐渐消耗而进入减速堆积阶段，小颗粒一般先停积，而有些大颗粒能量还没有完全耗散进而能够超覆于小颗粒物质之上，或者越过小颗粒继续前进，再次表现出了大小颗粒差异运动的现象（图 7-8B）。此外，两组试验中碎屑流停积后均表现出了显著的反序堆积结构（图 7-9）：通过对碎屑流堆积体竖向不同高度层位上碎屑颗粒形态的观察发现，两组试验中，从主堆积体的后缘到前缘，在竖向剖面中均呈现出大颗粒与小颗粒分离堆积的现象，即滑坡堆积体上表层多由粒径较大的大块石组成，而位于下部的堆积体中则主要以碎石、角砾等细颗粒为主，形成了较大颗粒停积在较小颗粒上部的颗粒反序堆积特征，这种颗粒反序堆积的特征在堆积体厚度较大的中部最为显著。

图 A~C—玄武岩碎屑流停积后表现出的大颗粒在上、小颗粒在下的反序堆积结构（图 C 为堆积体全貌，图 B 为堆积体侧面堆积形态，图 A 为堆积体后部侧面堆积形态）；图 D~F—粉砂岩碎屑流停积后表现出的大颗粒在上、小颗粒在下的反序堆积结构（图 F 为堆积体全貌，图 E 为堆积体侧面堆积形态，图 D 为堆积体中后部侧面堆积形态）。

图 7-9　碎屑流停积后表现出了显著的反序堆积结构

7.2.5　分析与讨论

因为本章旨在探究玄武岩碎屑颗粒的形态特征这一因素对高位滑坡碎屑流运动特性影响，因此在滑槽试验中选用岩性不同的碎屑颗粒进行对比试验，并将两组试验中有关碎屑源区初始条件（包括碎屑源区的位置、碎屑颗粒的级配、碎屑颗粒的初始体积和形态）和运动路径条件均设置为一致，以尽量避免其他因素的干扰。通过对以上试验结果的分析可知，不同岩性碎屑颗粒形态特征上的差异对碎屑流的整体运动状态以及堆积形态并不产生影响。不同岩性的碎屑颗粒，其整体运动状态具有相似的规律性：因为小颗粒的比表面积大，在运动过程中与滑床及相邻颗粒间的摩擦耗能作用更为显著，所以小颗粒的运动速度较慢，也较先发生停积；而大颗粒在运动过程中因为颗粒间发生碰撞而存在明显的动量传递作用，进而能够以更快的速度运动，相较于小颗粒也能够运动更远的距离。因此碎屑流在加速运动一段距离后，往往在前进方向上表现出大颗粒在前而小颗粒在后的分离现象；而碎屑流进入堆积阶段后，小颗粒最先停积，其后的大颗粒能量还没有完全耗散进而能够超覆于小颗粒物质之上，或者越过小颗粒继续前进，再次表现出了大小颗粒运动分离的现象（图7-8）。

通过观察两组试验中碎屑流最终形成的堆积体形态，可以发现碎屑流堆积体形态也遵循一定的规律性，堆积体在空间上的分布主要包括三部分（图7-10）：（1）连续堆积区，该区域内碎屑颗粒连续分布，颗粒之间相互堆叠，堆积最为密实；（2）间断堆积区，该区域内碎屑颗粒分布较不连续，颗粒之间分离存在一定的空间；（3）离散堆积区，该区域是碎屑流堆积区的最前部，只能看到少数碎屑颗粒零星散布。碎屑流进入堆积阶段后，大部分碎屑颗粒会逐步停积下来，但是碎屑流在运动过程中不断发生动量传递作用，前端部分物质的能量还没有完全耗散，有些碎屑颗粒会继续运动一段距离，由于大小颗粒运动具有差异性，表现出大小颗粒运动分离的现象，因此在碎屑流堆积区前部形成一部分碎屑颗粒间断和离散的堆积区域。间断堆积区和离散堆积区的形成使碎屑颗粒在空间上的分布范围更加广泛，说明高位远程滑坡碎屑流具有很强的运动性，碎屑流最前部个别碎屑物质能够运动更远的距离，也可能造成严重的危害，因此在滑坡危险性分析时需要引起重视。

两组试验中碎屑流停积后均表现出了显著的反序堆积结构，即滑坡堆积体上表层多由粒径较大的大块石组成，而位于下部的堆积体中则主要以碎石、角砾等细颗粒为主，形成了较大颗粒停积在较小颗粒上部的颗粒反序堆积特征，这种反粒序堆积结构特征是众多高速远程滑坡-碎屑流普遍存在的现象。通过前文的分析可知，由于大小颗粒运动具有差异性，在碎屑流加速运动一段距离后，往往发生大颗粒在前而小颗粒在后的运动分离现象；而碎屑流进入堆积阶段后，小颗粒较先停积，其后的大颗粒能量还没有完全耗散进而能够超覆于小颗粒物质之上，或者越过小颗粒继续前进，再次发生大小颗粒运动分离的现象；最终，在滑坡物质完全停止后，碎屑流堆积体整体表现为大颗粒在上而小颗粒在下的反序堆积（图 7-8）。此外，相关学者的研究认为，碎屑流在运动过程中还会发生振动筛分现象，碎屑颗粒在振动作用下，小颗粒会逐步穿过大颗粒之间的空隙而向下运动，最后大颗粒会在下部小颗粒的支持下而停积在上部。针对碎屑颗粒反序堆积的成因机制，还有学者提出了动力破碎的观点，认为碎屑流下部需要承受来自上部巨大的荷载，因此在运动过程中发生碰撞更易破碎，从而造成大颗粒在上小颗粒在下的反序堆积现象；然而在本书试验中，试验材料选用的是已经破碎后的碎屑物质，运动过程中不会再发生进一步的破碎，但是最后碎屑流停积后仍然发生了显著的反序堆积现象，所以动力破碎的观点并不具有普遍的适用性。通过以上的综合分析认为，颗粒反序现象的形成是由大小颗粒运动差异性所造成的运动分离以及碎屑流运动过程中的振动筛分作用等动力学机理耦合作用的结果。

图 A—玄武岩碎屑流堆积形态；图 B—粉砂岩碎屑流堆积形态。

图 7-10 碎屑流堆积体形态示意图

虽然不同岩性碎屑颗粒形态特征上的差异对碎屑流的整体运动状态以及堆积形态并不产生影响。但是，根据两组对比试验的结果发现，第一组试验中由玄武岩组成的碎屑流的滑动距离比第二组中由粉砂岩（T_3x）组成的碎屑流更远。那么，两种岩性不同的碎屑流在滑动距离上为什么会产生明显的差异呢？通过本章5.3和5.4节的分析可知，峨眉山玄武岩中，柱状节理以及与溢流面平行、与柱状节理垂直的层状节理等原生结构面发育，使玄武岩体在成岩之初就存在多套不连续的纵横破裂面，后期岩体又遭受了褶皱、地震等构造活动的影响，以及水流侵蚀、风化卸荷等浅表生改造作用，使原生结构面进一步破裂发展，并在原生结构面的基础上产生了一系列构造结构面和浅表生改造结构面，使滑源区岩体整体结构更为破碎，表现为碎裂或散体结构。更为重要的是，由于玄武岩体结构面发育程度高且分布比较均匀，被结构面所围限的结构体破碎后的碎屑颗粒的球度往往较好，滑坡源区由各级结构面所围限的碎裂块体的尺寸和形态对于结构体破碎后的碎屑粒径组成和颗粒形态起到了控制性的作用。球度是指碎屑颗粒的形态与球体相似的程度，球度反映了颗粒三维空间的形态，通常是用克鲁宾提出的公式来计算球度系数：

$$\phi = \sqrt[3]{BC/A^2} \tag{7-3}$$

式中：ϕ——球度系数；

　　　A——颗粒最大扁平面上的最大直径；

　　　B——最大扁平面内垂直A轴的最大直径；

　　　C——垂直最大扁平面的最大直径。

空间内A、B、C三轴互相垂直，但不一定交于一点（图7-11）。

由球度系数的计算公式可知：三轴相等的碎屑颗粒球度最高，最大球度值接近于1；而片状及长柱状的颗粒球度最低，最小值趋近于0。

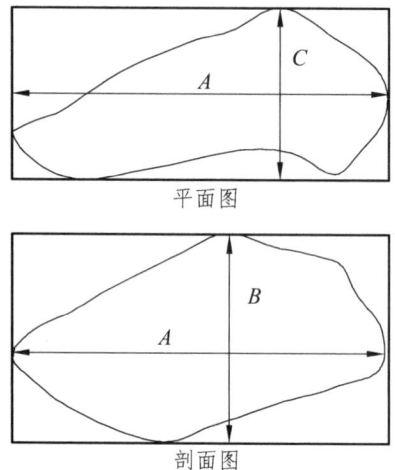

图 7-11 碎屑颗粒的 A、B、C 轴位置示意图平面图

在脚盆坝滑坡堆积区现场对碎屑颗粒球度展开调查。现场在调查点 D026、D032 和 D033 处开展玄武岩碎屑颗粒的球度调查工作（调查点位置如图 5-1、图 5-9、图 5-11 和图 5-12 所示）：在每个出露有良好的碎屑流堆积体剖面的调查现场，随机选定一块测量区域，根据克鲁宾球度系数计算公式，在区域内随机量取 30 个碎屑颗粒的尺寸以计算其球度，最后对碎屑颗粒的球度系数进行统计汇总（表 7-2）。将球度系数值在 0.6 以上的碎屑颗粒视为球度较好，通过调查分析得出，研究区内颗粒球度值在 0.6 以上的玄武岩碎屑颗粒所占的比例约为 60%。在第二组对比试验材料的采集点 D056 处（调查点位置如图 5-1 和图 7-2 所示），采用同样的方法进行碎屑颗粒的球度调查工作（表 7-3），该调查点位于脚盆坝滑坡区附近的一处小型滑坡堆积体，该滑坡堆积体碎屑颗粒的岩性为须家河组粉砂岩（T_3x），该处堆积体中颗粒球度值在 0.6 以上的碎屑颗粒所占的比例约为 33%。由此可见，由粉砂岩构成的碎屑颗粒，其球度值较低，现场发现粉砂岩碎屑颗粒的形态大都呈扁平状，这是由岩体的岩性和结构特征决定的，粉砂岩为沉积岩，具有以水平层理和平行层理为主的结构面，由结构面所围限的结构体破碎后往往形成以扁平状为主的碎屑颗粒，因此颗粒球度较差，诸如泥岩、砂岩、白云岩以及灰岩等沉积

岩破碎后的碎屑颗粒都具有这样的特点。此外，如板岩、千枚岩、片岩以及片麻岩等变质岩，因为岩体多发育板状构造、千枚状构造、片状构造或者片麻状构造等结构面，这些由结构面所围限的结构体破碎后也往往形成以扁平状为主的碎屑颗粒。

表 7-2 玄武岩碎屑颗粒的球度调查汇总表

调查点	颗粒编号	空间三轴的颗粒直径/cm			球度系数 ϕ	球度良好的颗粒占比/%
		A	B	C		
D026	1	4.1	1.5	0.5	0.35	53
	2	1.3	0.9	0.5	0.64	
	3	3.7	2.2	1.1	0.56	
	4	3	1.5	0.4	0.41	
	5	2.8	2.3	1.7	0.79	
	6	3.4	1.2	0.5	0.37	
	7	5.9	5.5	4.8	0.91	
	8	8.2	4.8	2.3	0.55	
	9	6.3	4.1	3.6	0.72	
	10	1.5	1.2	0.5	0.64	
	11	2.4	1.6	0.5	0.52	
	12	4.3	3.2	1.9	0.7	
	13	3.9	1.7	1	0.48	
	14	7.9	6.7	6.2	0.87	
	15	5.3	2.5	1.3	0.49	
	16	5.5	3.4	1.8	0.59	
	17	9.4	6.7	5.1	0.73	
	18	6	5	4.5	0.85	
	19	1.9	1.2	0.4	0.51	
	20	2.1	1.9	0.7	0.67	
	21	6	1.8	1.2	0.39	
	22	5.6	4.8	3.1	0.78	
	23	3.7	1.3	0.6	0.38	

续表

调查点	颗粒编号	空间三轴的颗粒直径/cm			球度系数 ϕ	球度良好的颗粒占比/%
		A	B	C		
D026	24	2.9	2.5	2.3	0.88	53
	25	4.2	1.6	1.1	0.46	
	26	7.1	4.4	2.7	0.62	
	27	2.8	0.6	0.4	0.31	
	28	4.8	3.9	3	0.8	
	29	6.5	6.1	5.6	0.93	
	30	3.4	2.6	1.4	0.68	
D032	1	12.3	5.6	3.6	0.51	60
	2	5	4.5	3.7	0.87	
	3	11	5.1	2.6	0.48	
	4	4.8	4	3.2	0.82	
	5	6.4	4.8	2.5	0.66	
	6	5.2	3.9	2.5	0.71	
	7	3.1	2.6	1.2	0.69	
	8	2.7	2	1.6	0.76	
	9	3.8	3.5	3.2	0.92	
	10	4	2.6	1.1	0.56	
	11	2.2	1.5	0.8	0.63	
	12	7.5	2.4	1	0.35	
	13	8	5.1	3	0.62	
	14	8.6	6.1	3.6	0.67	
	15	5.5	2	0.9	0.39	
	16	2.8	1.5	0.7	0.51	
	17	2.3	1.6	1.3	0.73	
	18	5.8	2.9	1.3	0.48	
	19	3.6	2.3	1.9	0.7	

续表

调查点	颗粒编号	空间三轴的颗粒直径/cm			球度系数 ϕ	球度良好的颗粒占比/%
		A	B	C		
D032	20	12.2	5.8	5.1	0.58	60
	21	8.3	6.8	5	0.79	
	22	1.9	0.8	1	0.61	
	23	6	1.9	0.8	0.35	
	24	2.5	2	1.7	0.81	
	25	10	7.9	5.2	0.74	
	26	5.1	1.2	0.7	0.32	
	27	7.6	7	5.6	0.88	
	28	3	1.5	1	0.55	
	29	9.2	7.2	6.9	0.84	
	30	6.7	3.3	1.5	0.48	
D033	1	8	6.7	4.1	0.75	67
	2	4.9	3	1.3	0.55	
	3	4.3	2.1	0.7	0.43	
	4	20.7	10.6	10.3	0.63	
	5	10.2	7.5	5	0.71	
	6	6.3	5.9	5.2	0.92	
	7	5.1	3.2	0.8	0.46	
	8	8.3	5.2	4.2	0.68	
	9	6.6	3.4	0.8	0.4	
	10	9.1	8.3	6.2	0.85	
	11	8.5	5.4	1.9	0.52	
	12	11.6	10.6	4.8	0.72	
	13	5.6	3.2	2.8	0.66	
	14	7.5	6.8	3.6	0.76	
	15	5	4.1	2	0.69	

续表

调查点	颗粒编号	空间三轴的颗粒直径/cm			球度系数 ϕ	球度良好的颗粒占比/%
		A	B	C		
D033	16	13.7	10.9	6.8	0.73	67
	17	4	3.1	2.1	0.74	
	18	3.2	2	1	0.58	
	19	15.2	11.3	6.7	0.69	
	20	6.5	2.6	0.9	0.38	
	21	4.8	3	1.7	0.6	
	22	5	3.1	1.1	0.51	
	23	5.3	3.9	1.8	0.63	
	24	18.1	17.6	12.8	0.88	
	25	13.6	8.1	2	0.44	
	26	7.7	6	4.9	0.79	
	27	8.5	7.9	6.9	0.91	
	28	5.2	3.4	2.1	0.64	
	29	9.6	7.1	2.4	0.57	
	30	6.4	5.3	4.6	0.84	

表 7-3 粉砂碎屑颗粒的球度调查汇总表

调查点	颗粒编号	空间三轴的颗粒直径/cm			球度系数 ϕ	球度良好的颗粒占比/%
		A	B	C		
D056	1	10.5	6.3	5.1	0.66	33
	2	8.8	2.1	1	0.3	
	3	7.6	1.7	0.6	0.26	
	4	5.3	2.7	1	0.46	
	5	4.8	3.7	2.2	0.71	
	6	11.2	3.6	2.1	0.39	
	7	12.5	4.2	2.6	0.41	
	8	3.6	2.5	1.7	0.69	

续表

调查点	颗粒编号	空间三轴的颗粒直径/cm			球度系数 ϕ	球度良好的颗粒占比/%
		A	B	C		
D056	9	8	2	1.2	0.33	33
	10	7.3	2.2	1.6	0.4	
	11	3.1	2.9	0.8	0.62	
	12	4.1	2.6	0.8	0.5	
	13	5	2.4	1.5	0.52	
	14	5.6	4.8	3	0.77	
	15	8.4	3.5	2.9	0.52	
	16	9.5	2.7	2	0.39	
	17	4	3.1	1.3	0.63	
	18	3.3	1.2	0.7	0.43	
	19	6	4.3	1.6	0.58	
	20	2.5	0.8	0.4	0.37	
	21	4.8	3.5	1.9	0.66	
	22	5.7	1.7	0.9	0.36	
	23	13	3	2	0.32	
	24	8.3	6.2	4.7	0.75	
	25	9.1	4.5	1.3	0.41	
	26	13.8	3.9	2.3	0.36	
	27	6.4	3.7	1.2	0.48	
	28	3.5	2.6	1.3	0.65	
	29	2.9	1	0.5	0.39	
	30	5.2	4	2.6	0.73	

通过滑槽试验的结果发现：第一组试验中由玄武岩组成的碎屑流明显滑动了更远的距离，而且碎屑流的平均滑动速度也比第二组中由粉砂岩（T_3x）组成的碎屑流更快。这是由碎屑颗粒的球度所决定的，因为在碎屑颗粒运动过程中，球度不同的颗粒运动方式是不同的，球度较好的

颗粒易发生弹跳和滚动现象，这种运动方式下的颗粒与滑面的有效摩擦系数更低；而球度不良的扁平状颗粒则多以滑移的方式运动，颗粒与滑面之间会产生更大的摩擦作用。因此，如果在碎屑源区初始条件和运动路径条件等其他条件一致的情况下，相较于球度不良的扁平状颗粒，球度较好的颗粒往往滑动更快，并能够滑动更远的距离。

峨眉山玄武岩具有特殊的岩性和岩体结构特征，使滑源区由结构面所围限的岩体多表现为碎裂状或散体状，这样的岩体一旦失稳就会碎裂为大小不同的岩块。研究表明，碎屑颗粒间相互碰撞引起的动量传递作用，也能够促进碎屑流发生高速远程滑动，并且颗粒越破碎，颗粒间发生碰撞的概率就会越大。此外，由于玄武岩体结构面发育程度高且分布比较均匀，被结构面所围限的结构体破碎后的碎屑颗粒的球度往往较好，球度良好的颗粒在运动过程中易发生弹跳和滚动现象，这种运动方式下颗粒与滑面的有效摩擦系数更低。因此，破碎程度较高的碎屑颗粒具备较好的颗粒球度，并且在运动过程中具有动量传递作用，使玄武岩碎屑颗粒表现出更强的运动性，进而能够滑动更远的距离，滑坡的治灾范围也会更大。

试验中倾斜滑槽的坡角设置为 35°，超过了玄武岩碎屑颗粒的内摩擦角 21°，因此玄武岩碎屑颗粒能够在重力作用下整体保持高速运动。我们假设滑动面是平滑的，并且滑动面的倾斜角度远大于碎屑颗粒的内摩擦角，那么玄武岩碎屑颗粒能够整体沿滑槽高速下滑，对于这种情况 Ahmadipur 提出了一个经验公式来计算滑体的速度：

$$V = \sqrt{2gL(\sin\theta - \cos\theta\tan\delta)} \qquad (7\text{-}4)$$

式中：V——滑体的速度；

g——重力加速度；

L——滑体滑动的距离；

θ——滑动面的倾角；

δ——碎屑颗粒的内摩擦角。

以上的计算公式所基于的假设条件是碎屑颗粒在运动过程中不发生变形,而且能量耗散只发生在滑动面上,这是一种理想情况的假设。如果滑动面的倾斜角度比较小,那么碎屑颗粒在运动过程中就无法保持整体性的运动,能量耗散不仅会发生在滑动面上,还会因为颗粒内部之间产生的摩擦而消耗能量,因此可以将式(7-4)计算所得的速度 V 作为滑坡体运动速度的上限。

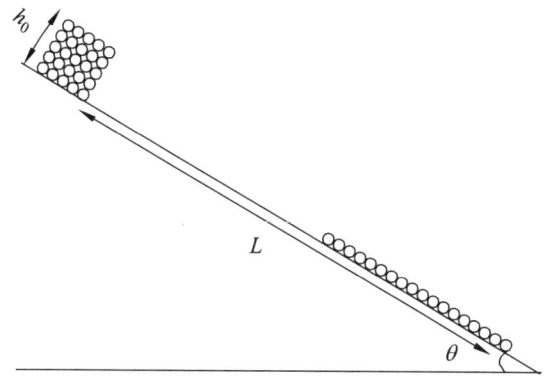

图 7-12　碎屑流远距离滑动示意图(假设滑动面是平滑的)

滑体的动能来自滑体初始位置所产生的势能,如图 7-12 所示,如果碎屑颗粒在运动过程中由于颗粒之间的摩擦而无法保持整体运动,同样假设滑动面是平滑的,那么碎屑流能够运动足够长的距离,碎屑流在运动过程中由于颗粒之间的摩擦而分离,滑体厚度会逐渐变薄,最终达到单个颗粒的厚度,并假设最后碎屑颗粒均保持相同的速度运动,不再有能量因为颗粒内部摩擦而耗散。对于这种情况下碎屑流的运动速度可以通过以下公式进行计算:

$$V^* = \sqrt{2gL(\sin\theta - \cos\theta\tan\delta) - gh_0\cos\theta} \qquad (7\text{-}5)$$

式中: h_0——滑体初始的高度,其他参数同上。

可以将式(7-5)计算所得的速度 V^* 作为滑坡体运动速度的下限。虽然现实中滑坡碎屑流的运动不会具备这些理想条件,但是通过以上经验公式可以对滑坡碎屑流的运动速度范围进行限定,还是具有重要意义的。

Ahmadipur 进一步通过碎屑流滑槽试验的研究发现，碎屑流的运动速度大部分介于速度上限 V 和速度下限 V^* 之间，随着滑动面倾斜角度的增大，碎屑流更趋向于整体的快速滑动，碎屑流的运动速度会更趋近于速度上限 V。

7.3 峨眉山玄武岩大型高位远程滑坡的灾害链效应

通过前文分析可知，峨眉山玄武岩大型高位远程滑坡的规模巨大，个体滑坡的方量可以达到上亿方，而且滑坡具有超强的运动性，故而一个单体滑坡也可能造成灾难性的后果。此外，峨眉山玄武岩大型高位远程滑坡在高烈度的高山峡谷地区最为发育，玄武岩坡体由高位失稳滑落后，如果地形条件允许，往往转化为高速-远程滑坡，造成河流阻塞、形成堰塞湖等重大地质灾害，从而形成了一条完整的地质灾害链，即"玄武岩高位滑坡-碎屑流-堵江堰塞-堰塞湖"，此类地质灾害链在我国西南地区广泛存在，灾害链的产生使滑坡的危险性进一步增大，并可能对当地产生深远的环境效应。

峨眉山玄武岩大型高位远程滑坡的规模巨大，往往阻塞河流，通过 5.5 节对众多峨眉山玄武岩大型滑坡碎屑流堆积物的调查研究发现，构成玄武岩滑坡堆积体的碎屑物质多以粗大粒径的碎块石为主（粒径＞2 mm），而细颗粒组分（粒径＜2 mm）占比较小，以粗大粒径碎块石为主的滑坡物质堆积堵江后，由于玄武岩堆积体孔隙率较高，阻塞的河流能够以"坝"中渗流和"坝"上漫流的方式排泄，堰塞湖的补给和排泄就达到了平衡；而且滑坡堆积体具有"上部大颗粒下部小颗粒"的反粒序堆积结构，这种堆积结构也更利于坡体的长期稳定，因此玄武岩滑坡坝就可能留存数百年甚至更长时间，堰塞湖的形成对下游构成严重威胁，滑坡坝的长期存在也会对当地的地形地貌演化产生深远影响。马湖滑坡就形成了永久的堰塞湖，通过在堰塞坝体前后不同位置处进行水化学检测分析（表 7-4），试验结果表明，马湖堰塞坝前后的水质相同，而与马湖湖尾的水质不同，因此证明了堰塞坝体后的流水正是由马湖经玄武岩堆积体渗流而来。永久堰塞湖的形成在马湖当地塑造了独特的小气候，并使堰塞坝下游的侵蚀下切速率增强，而缓解了湖区内的侵蚀下切强度。研究区内的矮子沟滑坡也曾长期阻塞金沙江，堰塞湖的长期存在使上游河段沉积了大量的堰塞湖堆积物，对上游巧家盆地等堆积地貌的形成产生了重要影响；而堰塞坝下游河段的侵蚀下切速率加快，古堰塞湖溃决后的洪水对金沙江下游河床的下切和河岸的侧切作用是普通时期的数倍到数十倍，在雕刻出金沙江下游地区峡谷段的地形地貌过程中也可能扮演了重要的作用。

表 7-4 马湖水样水质检测结果

取样位置	总硬度/(mg/L)	永久硬度/(mg/L)	暂时硬度/(mg/L)	总碱度/(mg/L)	游离CO_2/(mg/L)	总矿化度/(mg/L)	pH	电导率/(μS/cm)	水化学类型
马湖水闸出口水样	55.48	4.14	51.35	51.35	13.73	69.02	6.95	120	HCO_3-Ca-Mg 型水
马湖坝体渗透水样	47.56	6.48	41.08	41.08	5.49	58.84	7.75	100	HCO_3-Ca-Mg 型水
马湖湖尾水样	17.83	0.38	17.46	17.46	6.86	20.50	7.43	30	HCO_3-Ca-Mg 型水

注：（1）按舒卡列夫法对水化学类型分类。
（2）试验依据中华人民共和国电力行业标准《水电水利工程地质勘察水质分析规程》(DL/T 5194—2004)。

7.4 本章小结

从峨眉山玄武岩大型高位远程滑坡的规模、运动特性和滑坡灾害链效应这 3 个方面对滑坡的危险性进行分析。研究区内 43 处滑坡的滑动方量均超过了 $100 \times 10^4 \text{ m}^3$，其中大型滑坡有 22 处，占比 51%；特大型滑坡有 13 处，占比 30%；巨型滑坡有 8 处，占比 19%，规模最大的滑坡为马湖 V 期滑坡，其方量超过了 6×10^8 m³。

通过室内滑槽模型试验来研究玄武岩碎屑颗粒的形态特征对高位滑坡碎屑流运动学特性产生的影响：① 不同岩性碎屑颗粒形态特征上的差异对碎屑流的整体运动状态以及堆积形态并不产生显著影响，碎屑颗粒在运动过程中都表现出了大小颗粒运动分离的现象。而且，碎屑流堆积体形态也遵循一定的规律性，堆积体在空间上的分布主要包括了连续堆积区、间断堆积区和离散堆积区这三部分。间断堆积区和离散堆积区的形成使碎屑颗粒在空间上的分布范围更加广泛，说明高位远程滑坡碎屑流具有很强的运动性，碎屑流最前部个别碎屑物质能够运动更远的距离，也可能造成严重的危害。② 不同岩性的碎屑流停积后均表现出了显著的反序堆积结构，通过对试验结果的综合分析认为，颗粒反序现象的形成是由大小颗粒运动差异性所造成的运动分离以及碎屑流运动过程中的振动筛分作用等动力学机理耦合作用的结果。③ 破碎程度较高的玄武岩碎屑颗粒具备较好的颗粒球度，球度良好的颗粒在运动过程中易发生弹跳和滚动现象，这种运动方式下颗粒与滑面的有效摩擦系数更低，并且在运动过程中具有动量传递作用，使玄武岩碎屑颗粒表现出更强的运动性，进而能够滑动更远的距离，滑坡的治灾范围也会更大。

玄武岩坡体由高位失稳滑落后，如果地形条件允许，往往转化为高速-远程滑坡，造成河流阻塞、形成堰塞湖等重大地质灾害，从而形成"玄武岩高位滑坡-碎屑流-堵江堰塞-堰塞湖"的地质灾害链。以粗大粒径碎块石为主的滑坡物质堆积堵江后，由于玄武岩堆积体孔隙率较高，阻塞的河流能够以"坝"中渗流和"坝"上漫流的方式排泄，堰塞湖的补给和排泄就达到了平衡；而且滑坡堆积体具有"上部大颗粒下部小颗粒"的反粒序堆积结构，这种堆积结构也更利于坡体的长期稳定，因此玄武岩滑坡坝就可能留存数百年甚至更长时间，堰塞湖的形成对下游构成严重威胁，滑坡坝的长期存在也会对当地的地形地貌演化产生深远影响。

结　论

　　本书依托国家创新研究群体科学基金（41521002）研究项目、国家重点研发计划项目"强震山区特大地质灾害致灾机理与长期效应研究"（2017YFC1501000）以及成都理工大学地质灾害防治与地质环境保护国家重点实验室自主课题项目"川西北地区大型堆积体发育特征及其环境效应研究"（SKLGP2015Z001）的资助，以西南地区典型的峨眉山玄武岩大型高位远程滑坡为研究对象，从大型滑坡分布特征、发育特征、影响因素、滑坡地质类型、运动演化过程等方面对峨眉山玄武岩大型高位远程滑坡的发育分布规律展开研究。通过进一步对研究区内典型滑坡的环境地质特征进行深入详细的地质调查，结合西南地区独特的地质环境条件、峨眉山玄武岩体的工程地质特性以及滑坡运动学的研究成果，运用遥感解译、室内试验以及数值模拟等研究手段，对峨眉山玄武岩大型高位远程滑坡的形成机制进行综合分析，得到的具体研究成果如下：

　　（1）峨眉山玄武岩大型高位远程滑坡在Ⅶ度以及Ⅶ度以上的高烈度区最为发育。

　　大型玄武岩滑坡多发生在陡峭孤立的单斜断块，或者隔挡式褶皱的翼部。

　　（2）峨眉山玄武岩大型高位远程滑坡在高山峡谷区发育最为广泛。滑坡在空间上主要沿大型河流的干流及其支流呈条带状密集成群分布，在研究区内主要形成 4 个分布区：金沙江上游及各级支流（雅砻江、安宁河）分布区、金沙江中下游及各级支流（白水河、黑水河、牛栏江、横江等）分布区、大渡河中游及各级支流（黑竹沟等）分布区、大渡河下游及各级支流（青衣江等）分布区。

（3）峨眉山玄武岩大型高位远程滑坡多孕育于顺层中倾斜坡结构的坡体中。

玄武岩体具有巨厚层状的岩体结构特性，且岩体质硬，性脆，单层巨厚，层间发育凝灰岩等软弱夹层，产出状态倾斜。以上的特性决定了玄武岩斜坡体难以发生大规模的倾倒破坏、玄武岩横向坡切层破坏，斜坡体唯一可以产生变形破坏的方式为中缓倾的顺层滑移-中陡倾高陡斜坡的拉破坏，从而限定了这种特殊岩组顺层变形破坏的力学模式。研究发现，泥化率为60%的凝灰岩层的内摩擦角为24°甚至更低。因此具有中倾角岩层的岩体，既有足够的下滑力，又具备了良好的下滑空间，凝灰岩层往往成为控制岩体滑动的软弱结构面，在强震等外力作用下岩体沿凝灰岩层等软弱面发生类似"剥洋葱"一样的逐层滑动。

（4）峨眉山玄武岩大型高位远程滑坡主要分为3种地质类型：隔挡式背斜翼部顺层滑坡、单斜中缓倾高位顺层滑坡和断层上盘顺层滑坡。

在背斜形成过程中，会在坡顶处产生放射状拉张裂隙、剖面X剪节理，垂直背斜轴向的横向节理；在背斜与向斜转折部位因层厚大、性脆，在埋深数千米深度脆韧性环境下岩体发生扭转，进而发育一系列压扭性、张性为主的构造裂隙（平面及剖面X长大节理发育），这些次生结构面进一步发展，会形成前缘折断带，该带岩体破碎，溪流、沟谷沿该带发育。地质演化的结果是背斜成山、向斜成山、翼部成河谷，受河流强烈的下切作用，玄武岩坡体临空及谷坡岩体强烈卸荷，顺凝灰岩层层间滑移致背斜顶部张节理进一步张开，有利于地表水的入渗，长期的水岩作用，凝灰岩的强度不断削弱，层间结合力随之不断减弱，背斜横向节理构成侧裂面。至此，受原生结构面及构造结构面切割的顺层结构体形成，最终强震事件造成岩体拉裂失稳。

单斜中缓倾高位顺层斜坡因层面倾角小于坡角，致使高位斜坡凝灰岩出露位置（潜在剪出口）与坡脚之间的高差达数百米。凝灰岩层成为潜在的滑动面，岩体由软弱夹层控制，上部坡体在重力作用下沿凝灰岩向临空面顺层滑移，后缘拉裂，并受到卸荷风化、流水侵蚀等其他不利因素的耦合作用，最终在强震触发下发生大规模顺层高位滑坡。

断层上盘顺层滑坡的剪出口位于坡脚附近，虽不具备较好的临空高度，但是坡脚处有逆冲断层发育，滑坡体位于断层上盘，断层上盘受断裂活动的影响，层状坡体完整性差、顺层结合力弱；断层附近的岩体受到断层活动的剪切、挤压破碎，成为整个坡体最为薄弱的部位，坡脚临空后断层带受压塑性挤出，牵动斜坡岩体顺层滑移，大幅度削弱层间结合力，当与两侧长大结构面耦合形成侧裂面时，形成巨型顺倾板状结构体；在强震等外力作用下断层附近的岩体能够发生拉破坏，以压致-滑移-拉裂模式而形成大型高位滑坡。

（5）马湖滑坡、脚盆坝滑坡和矮子沟滑坡在地质类型上分别属于隔挡式背斜翼部顺层滑坡、断层上盘顺层滑坡以及单斜中缓倾高位顺层滑坡。分别对这3类典型滑坡事件的发育特征进行调查研究，分析总结了峨眉山玄武岩大型高位远程滑坡形成的5个关键条件：斜坡体处于高位；斜坡体前部空间开阔；滑坡区遭受河流、地下水的长期侵蚀；有利于滑坡发生的岩体结构；滑坡区地处高烈度区，受到强震作用的影响。

斜坡体处于高位为滑坡体提供了巨大的势能。斜坡体前部开阔的空间为滑坡体继续高速远程滑动提供了良好的运移通道。河流不断发生溯源侵蚀，在玄武岩盖层的剥离过程中发挥了重要作用。滑坡体中地下水的浸润侵蚀作用不断增大滑坡体的下滑力。峡谷区岩体的卸荷裂隙与构造裂隙发育，与凝灰岩层等软弱结构面的耦合作用，为滑坡提供了潜在滑动面或滑动边界。峨眉山玄武岩体具有强度高、厚度大、单层巨厚的特性，只有发生在高烈度区的强震事件能够触发其大规模的失稳滑动。

（6）峨眉山玄武岩大型高位远程滑坡的变形失稳机理主要包括"变形累积"和"触发失稳"两个方面：硬岩夹软岩的岩性组合，强烈的构造改造致岩体断层、节理及层间错动发育；活跃的新构造运动使变形、破裂的峨眉山玄武岩形成峡谷地貌，河谷应力场背景下岩体强烈卸荷及水-岩的反复作用，斜坡岩体顺层滑移、顺侧裂面剪切，层间联结力及斜坡岩体整体性遭到彻底破坏，分割的顺倾板状结构体在地震惯性力作用下突然失稳形成大型高位滑坡。变形破坏模式主要有折断-滑移-拉裂、滑移-拉裂、压致-滑移-拉裂 3 种类型，典型代表分别为马湖滑坡、矮子沟滑坡及脚盆坝滑坡。

玄武岩滑坡能够发生远程滑动，需要满足 4 个要素：滑坡体处于高位，具有较高的势能；滑源区存在原生结构面及构造结构面分割的结构体，岩体的碎裂化程度较高；解体后的颗粒近乎等轴状（球度好），缺乏细颗粒物质；滑坡体启程剧动后，颗粒间摩擦耗能偏弱，能够长时间保持高速运动。

滑源区坡体的碎裂化程度较高，这为形成高速远程滑坡提供了物质基础。

玄武岩具有很好的储能条件，其破坏特征为非稳定破裂传播型，并且玄武岩破坏后的峰值强度与残余强度之间存在显著的差异，具有临床峰残强降加速效应。因此当锁固段岩体突然被剪断，会释放出大量的应变能，为滑坡体发生高速远程滑动提供了初始动能。

玄武岩碎屑颗粒在运动过程中具有碰撞加速效应，碎屑流的"尺寸效应"使滑体在滑动过程中具有较小的摩擦系数。此外，玄武岩体外部因长期的风化作用成为腐岩壳，岩体失稳滑动后，腐岩壳很快破碎为细颗粒物质并散布充填在碎块石周围，充当了"润滑剂"；而且滑坡体运移路径上存在含水量较高的河流堆积物，也起到了一定的润滑作用。在以上因素的综合作用下，滑坡体能够保持较高的速度运动较远的距离。

（7）通过室内滑槽模型试验对高位滑坡碎屑流运动学特性进行研究：破碎程度较高的玄武岩碎屑颗粒具备较好的颗粒球度，球度良好的颗粒在运动过程中易发生弹跳和滚动现象，这种运动方式下颗粒与滑面的有效摩擦系数更低，并且在运动过程中具有动量传递作用，使玄武岩碎屑颗粒表现出更强的运动性，进而能够滑动更远的距离，滑坡的治灾范围也会更大。

（8）运用三维离散元数值模拟软件 3DEC 对矮子沟滑坡的运动堵江全过程进行分析，根据运动学特征，可划分为 4 个连续的运动阶段：启程活动阶段、近程活动阶段、高速远程碎屑流阶段、堆积堵江阶段。研究结果表明，随着滑源区坡体高程的增加，斜坡水平及竖直向加速度均存在显著的放大效应，结构面附近地震加速度产生倍增效应（放大 6~7 倍），地震加速度的显著放大是地震诱发高位滑坡的主要原因。

参考文献

[1] 崔芳鹏，胡瑞林，殷跃平，等. 地震纵横波时差耦合作用的斜坡崩滑效应研究[J]. 工程地质学报，2009，17（4）：455-462.

[2] 程谦恭，王玉峰，朱圻，等. 高速远程滑坡超前冲击气浪动力学机理[J]. 山地学报，2011，29（1）：70-80.

[3] 程谦恭，彭建兵，胡广韬，等. 高速岩质滑坡动力学[M]. 成都：西南交通大学出版社，1999.

[4] 程谦恭，胡厚田. 剧冲式高速岩质滑坡全程运动学数值模拟[J]. 西南交通大学学报，2000，05（1）：18-22.

[5] 程谦恭，张倬元，黄润秋. 侧翼与滑床复合锁固切向层状岩体滑坡动力学机理与稳定性判据[J]. 岩石力学与工程学报，2004，23（11）：1874-1882.

[6] 程谦恭，张倬元，黄润秋. 高速远程崩滑动力学的研究现状及发展趋势[J]. 山地学报，2007，25（1）：72-84.

[7] 成都勘测设计研究院. 金沙江溪落渡水电站可行性研究勘测设计科研大纲（修编本）[R]. 成都：成都勘测设计研究院，1999.

[8] 成都勘测设计研究院. 金沙江溪落渡水电站坝址外围区域地质调查报告[R]. 成都：成都勘测设计研究院，1997.

[9] 陈自生. 高位滑坡的运动转化形式[J]. 山地学报，1992，10（4）：225-228.

[10] 崔建凯. 大渡河长河坝水电站河谷应力场特征及应用研究[D]. 成都：成都理工大学，2007.

[11] 崔玉龙，邓建辉，戴福初，等. 基于地貌与运动学特征的古滑坡群成因分析[J]. 四川大学学报（工程科学版），2015，47（1）：68-75.

[12] 邓起东，张培震，冉勇康，等. 中国活动构造与地震活动[J]. 地学前缘，2003，8（10）：66-73.

[13] 邓起东，高翔，杨虎. 断块构造、活动断块构造与地震活动[J]. 地质科学，2009，44（4）：1083-1093.

[14] 邓映香. 循环爆破加载下工程岩体损伤演化特性研究[D]. 赣州：江西理工大学，2013.

[15] 杜鹃，殷坤龙，王佳佳. 基于有限体积法的滑坡-碎屑流三维运动过程模拟分析[J]. 岩石力学与工程学报，2015，34（3）：480-488.

[16] 方健，尹小涛，周磊，等. 金沙江中游凝灰岩强度参数综合识别研究[J]. 应用力学学报，2017，34（3）：507-513.

[17] 费鸿禄，苑俊华. 基于爆破累积损伤的边坡稳定性变化研究[J]. 岩石力学与工程学报，2016，35（增刊2）：3868-3877.

[18] 樊晓一，杨海龙，田述军，等. 滑坡碎屑流运动参数与影响因素敏感度研究[J]. 山地学报，2016，34（6）：724-731.

[19] 龚宇. 易贡滑坡液化土动三轴试验分析[D]. 成都：西南交通大学，2014.

[20] 顾成壮，胡卸文，方力，等. 四川汉源二蛮山高速滑坡-碎屑流基本特征及地质演化[J]. 山地学报，2014，32（5）：568-578.

[21] 黄润秋，李为乐. 汶川地震触发崩塌滑坡数量及密度特征分析[J]. 地质灾害与环境保，2009，20（3）：1-7.

[22] 黄润秋，许强. 中国典型灾难性滑坡[M]. 北京：科学出版社，2008.

[23] 黄润秋. 20世纪以来中国的大型滑坡及其发生机制[J]. 岩石力学与工程学报，2007，26（3）：433-454.

[24] 黄润秋. 汶川8.0级地震触发崩滑灾害机制及其地质力学模式[J].

岩石力学与工程学报，2009，28：1239-1249.

[25] 黄润秋. 中国西部岩石高边坡应力场特征及其卸荷破裂机理[C]//中国地质学会. 第七届全国工程地质大会论文集. 北京：中国地质学会，2004.

[26] 胡广韬，毛延龙，赵法锁. 论基岩滑坡的启程弹冲与行程高速[J]. 灾害学，1992（3）：1-7.

[27] 胡广韬. 滑坡动力学[M]. 北京：地质出版社，1995.

[28] 胡卸文，黄润秋，施裕兵，等. 唐家山滑坡堵江机制及堰塞坝溃坝模式分析[J]. 岩石力学与工程学报，2009，28（1）：181-189.

[29] 胡卸文. 金沙江溪洛渡水电站坝区软弱层带工程地质系统研究[D]. 成都：成都理工大学，1995.

[30] 黄典，杨达源，李郎平，等. 金沙江白鹤滩河段下切速率初步研究[J]. 第四纪研究，2010，30（5）：872-876.

[31] 胡厚田，杨明. 头寨大型高速远程滑坡流体动力学机制的分析研究[J]. 工程地质学报，2000，8（增刊）：85-89.

[32] 韩刚. 一类不对称发育的深部变形破裂成因机理-以白鹤滩水电站坝址区深部变形破裂为例[D]. 成都：成都理工大学，2015.

[33] 韩刚，赵其华，彭社琴. 白鹤滩水电站坝区深部破裂岩体地应力演化特征[J]. 岩土力学，2011，32（增刊1）：583-589.

[34] 韩德润. 马湖与马湖地震[J]. 中国地震，1994，10（1）：97-98.

[35] 何斌，徐义刚，肖龙，等. 峨眉山大火成岩省的形成机制及空间展布：来自沉积地层学的新证据[J]. 地质学报，2003，77（20）：194-202.

[36] 郝明辉，许强，杨兴国，等. 高速滑坡-碎屑流颗粒反序试验及其成因机制探讨[J]. 岩石力学与工程学报，2015，34（3）：472-479.

[37] 黄河清，赵其华. 汶川地震诱发文家沟巨型滑坡-碎屑流基本特征及成因机制初步分析[J]. 工程地质学报，2010，18（2）：168-177.

[38] 阚荣举，张四昌，晏凤桐，等. 我国西南地区现代构造应力场与现代构造活动特征的探讨[J]. 地球物理学报，1977，20（2）：96-109.

[39] 刘传正. 论崩塌滑坡-碎屑流高速远程问题[J]. 地质论评, 2017, 63（6）: 1563-1575.

[40] 刘永权. 频发微震下库区顺层岩质边坡累积损伤演化机理及稳定性研究[D]. 重庆: 重庆大学, 2017.

[41] 李秀珍, 孔纪名, 邓红艳, 等. "5·12"汶川地震滑坡特征及失稳破坏模式分析[J]. 岩石力学与工程学报, 2009, 28（1）: 181-189.

[42] 李坪. 鲜水河-小江断裂带[M]. 北京: 地震出版社, 1993: 22-100.

[43] 李国和, 王思敬, 孙承志. 金沙江水电开发区域工程地质环境综合评价[J]. 地球科学, 2001, 26（3）: 309-313.

[44] 李稳哲. 山区剧动高速滑坡形成机制及涌浪模拟研究-以唐家山滑坡为例[D]. 西安: 长安大学, 2013.

[45] 罗永红, 王运生. 汶川地震诱发山地斜坡地震动地形放大效应研究[J]. 山地学报, 2013, 31（2）: 200-210.

[46] 梁庆国, 韩文峰, 谌文武, 等. 岩体地震动力破坏问题研究[J]. 岩石力学与工程学报, 2003, 22（增刊2）: 2783-2788.

[47] 梁庆国, 韩文峰, 李雪峰. 极震区岩体地震动力破坏若干问题探讨[J]. 岩土力学, 2009（30）: 37-40.

[48] 梁龙华. 循环爆破加载对露天采场边坡岩体的累积损伤研究[D]. 赣州: 江西理工大学, 2015.

[49] 刘涌江. 大型高速岩质滑坡流体化理论研究[D]. 成都: 西南交通大学, 2002.

[50] 刘涌江, 胡厚田, 赵晓彦. 高速滑坡岩体碰撞效应的试验研究[J]. 岩土力学, 2004, 25（2）: 255-260.

[51] 李天话, 樊晓一, 姜元俊. 不同颗粒级配滑坡碎屑流等效冲击力及作用位置分布研究[J]. 山地学报, 2018, 36（5）: 740-749.

[52] 李天话, 樊晓一, 姜元俊. 滑坡碎屑流颗粒分选效应的数值模拟[J]. 西南科技大学学报, 2019, 34（1）: 26-33.

[53] 刘动, 陈晓平. 滑带土环剪剪切面的微观观测与分析[J]. 岩石力学

与工程学报, 2013, 32 (9): 1827-1834.

[54] 刘宝田, 江耀明, 曲景川, 等. 四川理塘—甘孜一带古洋壳的发现及其对板块构造的意义[J]. 青藏高原地质文集, 1983 (04): 119-127.

[55] 林建英. 峨眉山玄武岩系的岩石组合及其地质特征[J]. 中国地质科学院成都地质矿产研究所文集, 1987 (00): 109-122.

[56] 林建英. 中国西南三省二叠纪玄武岩系的时空分布及其地质特征[J]. 科学通报, 1985, 30 (12): 929-932.

[57] 刘发荣, 田震远, 李登科. 老挝南部地区红土风化壳残余型铝土矿矿床成因分析及找矿[J]. 中国非金属矿工业导刊, 2008 (6): 52-54.

[58] 李欣泽. 马湖滑坡群发育特征与形成、演化过程研究[D]. 成都: 成都理工大学, 2015.

[59] 毛彦龙, 胡广韬, 毛新虎, 等. 地震滑坡启程剧动的机理研究及离散元模拟[J]. 工程地质报, 2001, 9 (1): 74-80.

[60] 马毅杰, 罗家贤, 蒋梅茵, 等. 我国南方铁铝土矿物组成及其风化和演变[J]. 沉积学报, 1999 (17): 681-686.

[61] 穆鹏, 董兰凤, 吴玮江. 兰州市九州石峡口滑坡形成机制与稳定[J]. 地震工程学报, 2008, 30 (4): 332-336.

[62] 穆鹏, 吴玮江, 杨涛. 2009年兰州市九州石峡口滑坡成因及其西侧高边坡稳定性研究[J]. 地震工程学报, 2010, 32 (4): 343-348.

[63] 祁生文, 伍法权, 刘春玲, 等. 地震边坡稳定性的工程地质分析[J]. 岩石力学与工程学报, 2004, 23 (16): 2792-2808.

[64] 祁生文, 伍法权, 严福章, 等. 岩质边坡动力反应分析[M]. 北京: 科学出版社, 2007.

[65] 巧家县志编纂委员会. 巧家历史[M]. 昆明: 云南人民出版社, 1997.

[66] 沈军辉, 王兰生, 徐林生, 等. 峨眉山玄武岩的岩相与岩体结构[J]. 水文地质工程地质, 2001, 28 (6): 1-4.

[67] 沈军辉. 川西南玄武岩岩体结构的浅表生改造与水电工程[D]. 成都: 成都理工大学, 2000.

[68] 沈军辉. 川西南玄武岩的岩体结构特征[J]. 成都：成都理工大学，2002，29（6）：680-685.

[69] 孙书勤. 峨眉山玄武岩结构面类型及其工程效应研究[D]. 成都：成都理工大学，2011.

[70] 孙广忠. 岩体力学基础[M]. 北京：科学出版社，1983.

[71] 宋谢炎，张成江，胡瑞忠，等. 峨眉火成岩省岩浆矿床成矿作用与地幔柱动力学过程的耦合关系[J]. 矿物岩石，2005（4）：35-44.

[72] 沈伟，李同录. 高速远程滑坡运动学研究综述[J]. 工程地质学报，2016，24（增刊1）：958-969.

[73] 苏生瑞，张永双，李松，等. 汶川地震引发高速远程滑坡运动机理数值模拟研究——以谢家店子滑坡为例[J]. 地球科学与环境学报，2010（3）：277-287.

[74] 苏伯苓. 洒勒山滑坡机制研究[J]. 河北地质学院学报，1986，9（3-4）：327-346.

[75] 申通，王运生，吴龙科. 重庆小南海滑坡形成机制离散元模拟分析[J]. 岩土力学，2014，35（增刊2）：667-675.

[76] 宋方敏，汪一鹏，俞维贤，等. 中国活断层研究专辑-小江活动断裂带[M]. 北京：地震出版社，1998.

[77] 田继龙. 露天边坡爆破振动累积损伤效应及稳定性研究[D]. 阜新：辽宁工程技术大学，2012.

[78] 田颖颖，许冲，徐锡伟，等. 2014年鲁甸Ms6.5地震震前与同震滑坡空间分布规律对比分析[J]. 地震地质，2015，37（1）：291-306.

[79] 王士天，詹铮，刘汉超. 洒勒山高速滑坡的基本特征及动力学机制[J]. 地质灾害与环境保护，1990，1（2）：68-76.

[80] 王运生，徐鸿彪，罗永红，等. 地震高位滑坡形成条件及抛射运动程式研究[J]. 岩石力学与工程学报，2009，28（11）：2360-2368.

[81] 王运生，李永昭，陆彦，等. 金沙江溪洛渡段河谷地貌分析[J]. 成都理工大学学报（自然科学版），2010，37（6）：625-631.

[82] 王运生, 王登攀, 王奖臻, 等. 峨眉断块山的形成[J]. 南水北调与水利科技, 2013, 11 (1): 6-11.

[83] 闻学泽. 小江断裂带的破裂分段与地震潜势概率估计[J]. 地震学报, 1993, 15 (3): 322-330.

[84] 王玉峰, 程谦恭, 朱圻. 汶川地震触发高速远程滑坡-碎屑流堆积反粒序特征及机制分析[J]. 岩石力学与工程学报, 2012, 31 (6): 1089-1106.

[85] 王玉峰, 许强, 程谦恭, 等. 复杂三维地形条件下滑坡-碎屑流运动与堆积特征物理模拟实验研究[J]. 岩石力学与工程学报, 2016, 35 (9): 1776-1791.

[86] 王兰生, 詹铮, 苏道刚, 等. 新滩滑坡发育特征和起动、滑动及制动机制的初步研究[C]//中国岩石力学与工程学会. 中国岩石力学与工程学会会议论文集. 北京: 中国岩石力学与工程学会, 1988.

[87] 汪云亮, 李巨初, 韩文喜, 等. 幔源岩浆岩源区成分判别原理及峨眉山玄武岩地幔源区性质[J]. 地质学报, 1993, 67 (1): 52-62.

[88] 汪茜. 地震作用下顺层岩质边坡变形破坏机理研究[D]. 长春: 吉林大学, 2010.

[89] 王旺章, 汪云亮, 曾昭贵, 等. 峨眉山玄武岩母岩浆的性质及其成因类型[J]. 矿物岩石, 1996, 16 (1): 17-23.

[90] 王红晓. 峨眉山玄武岩大规模高速远程崩滑流事件多因素复合约束机制[D]. 昆明: 昆明理工大学, 2010.

[91] 王品. 头寨滑坡源岩体碎裂化机理[D]. 昆明: 昆明理工大学, 2013.

[92] 王志兵, 申林方, 徐则民. 头寨滑坡地下水化学特征及其反映的水-岩 (土) 相互作用[J]. 水文地质工程地质, 2016, 43 (1): 111-123.

[93] 王得双, 梁收运, 赵红亮. 高位滑坡特征与防治[J]. 地质灾害与环境保护, 2018, 29 (3): 5-11.

[94] 魏云杰. 中国西南水电工程区峨眉山玄武岩岩体结构特性及其工程应用研究[D]. 成都: 成都理工大学, 2007.

[95] 王刚,王二七. 挤压造山带中的伸展构造及其成因-以滇中地区晚新生代构造为例[J]. 地震地质,2005,27(2):188-199.

[96] 魏云杰,褚宏亮,庄茂国,等. 四川省峨眉山市王山-抓口寺滑坡成因机理研究[J]. 工程地质学报,2016,24(3):476-483.

[97] 许强. 汶川大地震诱发地质灾害主要类型与特征研究[J]. 地质灾害与环境保护,2009(20):86-92.

[98] 许强,裴向军,黄润秋,等. 汶川地震大型滑坡研究[M]. 北京:科学出版社,2009.

[99] 许强,陈建君,冯文凯,等. 斜坡地震响应的物理模拟试验研究[J]. 四川大学学报(工程科学版),2009,41(3):266-272.

[100] 许强,董秀军,邓茂林,等. 2010年7·27四川汉源二蛮山滑坡-碎屑流特征与成因机理研究[J]. 工程地质学报,2010,18(5):609-622.

[101] 肖龙,徐义刚,何斌. 峨眉地幔柱-岩石圈的相互作用:来自低钛和高钛玄武岩的Sr-Nd和O同位素证据[J]. 高校地质学报,2003,9(2):207-217.

[102] 熊舜华,李建林. 峨眉山区晚二叠世大崇裂谷边缘玄武岩的特征[J]. 成都地质学院学报,1984(3):43-59.

[103] 邢爱国,胡厚田,杨明. 大型高速滑坡滑动过程中摩擦特性的试验研究[J]. 岩石力学与工程学报,2002,21(4):522-525.

[104] 邢爱国,殷跃平,齐超,等. 高速远程滑坡气垫效应的风洞模拟试验研究[J]. 上海交通大学学报,2012,46(10):1642-1646.

[105] 邢爱国,高广运,陈龙珠,等. 大型高速滑坡启程流体动力学机理研究[J]. 岩石力学与工程学报,2004,23(4):607-613.

[106] 邢爱国,殷跃平. 云南头寨滑坡全程流体动力学机理分析[J]. 同济大学学报(自然科学版),2009,37(4):481-485.

[107] 邢爱国. 云南头寨大型高速岩质滑坡流体动力学机理的研究[D]. 成都:西南交通大学,2001.

[108] 徐义刚, 钟孙霖. 峨眉山大火成岩省: 地幔柱活动的证据及其熔融条件[J]. 地球化学, 2001, 30 (1): 1-9.

[109] 徐义刚. 地幔柱构造、大火成岩省及其地质效应[J]. 地学前缘, 2002, 9 (4): 341-353.

[110] 徐则民, 黄润秋, 唐正光. 硅酸盐矿物溶解动力学及其对滑坡研究的意义[J]. 岩石力学与工程学报, 2005, 24 (9): 1479-1491.

[111] 徐则民, 黄润秋, 唐正光. 头寨滑坡的工程地质特征及其发生机制[J]. 地质论评, 2007, 53 (5): 691-698.

[112] 徐则民, 黄润秋. 峨眉山玄武岩大规模灾难性崩滑事件的地质构造约束[J]. 地质论评, 2010, 56 (2): 224-236.

[113] 胥良. 金沙江白鹤滩水电站金江滑坡成因机制及稳定性研究[D]. 成都: 成都理工大学, 2004.

[114] 徐湘涛. 金沙江白鹤滩水电站高边坡岩体力学特性及其稳定性研究[D]. 成都: 成都理工大学, 2012.

[115] 杨溢. 爆破荷载对蠕动边坡的累积效应及稳定性影响研究[D]. 昆明: 昆明理工大学, 2010.

[116] 殷跃平. 汶川八级地震地质灾害研究[J]. 工程地质学报, 2008, 16 (4): 433-444.

[117] 殷跃平. 汶川八级地震滑坡特征分析[J]. 工程地质学报, 2009, 17 (1): 29-38.

[118] 殷跃平, 张永双, 等. 汶川地震工程地质与地质灾害[M]. 北京: 科学出版社, 2013.

[119] 殷跃平, 王文沛, 张楠, 等. 强震区高位滑坡远程灾害特征研究-以四川茂县新磨滑坡为例[J]. 中国地质, 2017, 44 (5): 827-841.

[120] 赵晓彦, 胡厚田, 齐明柱. 云南头寨沟大型岩质高速滑坡碰撞模型试验[J]. 自然灾害学报, 2003, 12 (3): 99-103.

[121] 张倬元, 王士天, 王兰生. 工程地质分析原理[M]. 北京: 地质出版社, 1993.

[122] 张永双, 石菊松, 孙萍, 等. 汶川地震内外动力耦合及灾害实例[J]. 地质力学学报, 2009, 15 (2): 131-141.

[123] 赵家骧. 中国西南部二叠纪玄武岩系成因及时代之检讨[J]. 地质论评, 1942 (Z2): 131-144.

[124] 张云湘, 骆耀南. 攀西裂谷[M]. 北京: 地质出版社, 1988.

[125] 张文佑. 断块构造导论[M]. 北京: 石油工业出版社, 1984.

[126] 张招崇. 关于峨眉山大火成岩省一些重要问题的讨论[J]. 中国地质, 2009, 36 (3): 634-646.

[127] 张修硕. 斜坡非饱和带低渗透岩石结构体风化前锋扩展机理[D]. 昆明: 昆明理工大学, 2017.

[128] 张欣, 王运生. 白鹤滩水电站库区小江断裂带活动性研究[J]. 工程地质学报, 2017, 25 (2): 531-540.

[129] 张曙光. 金沙江白鹤滩水电站高拱坝建设工程地质适宜性研究[D]. 成都: 成都理工大学, 2007.

[130] 张明, 殷跃平, 吴树仁, 等. 高速远程滑坡-碎屑流运动机理研究发展现状与展望[J]. 工程地质学报, 2010, 18 (6): 805-817.

[131] 张明, 王正波, 孙琳. 滑坡碎屑流高速远程机制环剪试验研究[J]. 岩石力学与工程学报, 2016, 35 (增刊1): 2673-2681.

[132] 钟立勋. 中国重大地质灾害实例分析[J]. 中国地质灾害与防治学报, 1999, 10 (3): 1-10.

[133] 中国水电顾问集团华东勘测设计研究院. 金沙江白鹤滩水电站可行性研究阶段坝线选择工程地质勘察报告[R]. 杭州: 中国水电顾问集团华东勘测设计研究院, 2007.

[129] AHMADIPUR AMIR, QIU TONG, SHEIKH BAHMAN. Investigation of basal friction effects on impact force from a granular sliding mass to a rigid obstruction[J]. Landslides, 2019, 16(6): 1089-1105.

[134] AOI SHIN, KUNUGI TAKASHI, FUJIWARA HIROYUKI. Trampoline effect in extreme ground motion[J]. Science, 2008(322): 727-730.

[135] AUSILIO E, CONTE E, DENTE G. Seismic stability analysis of reinforced slopes[J]. Soil dynamics and earthquake engineering, 2000, 19(3): 159-172.

[136] ABELE G. Rockslide movement supported by the mobilization of groundwater-saturated valley floor sediments[J]. Zeitschrift Fur Geomorphologie, 1997, 41(1): 1-20.

[137] ALLEGRE C H, TURCOTTE D L. Geodynamic mixing in the mesosphere boundary layer and the origin of oceanic islands[J]. Geophysical Research Letters, 1985(97): 10997-11009.

[138] BOMMER J J, RODRIGUEZ C E. Earthquake-induced landslides in Central America[J]. Engineering Geology, 2002, 63(3): 189-220.

[139] BEDFORD A, DRUMHELLER D S. Introduction to elastic wave propagation[J]. International Journal of Rock Mechanics and Mining Sciences, 1994, 31(3): 141-142.

[140] BAGNOLD R A. Experiments on a gravity-free dispersion of large solid spheres in a Newtonian fluid under shear[J]. Proceedings of the Royal Society of London A: Mathematical, Physical and Engineering Sciences, 1954, 225(1160): 49-63.

[141] BERTRAN P. The rock-avalanche of february 1995 at Claix (French Alps)[J]. Geomorphology, 2003, 54(3): 339-346.

[142] BOULTBEE N, STEAD D, SCHWAB J, et al. The Zymoetz River rock avalanche, June 2002, British Columbia, Canada[J]. Engineering Geology, 2006, 83(1/3): 76-93.

[143] BEYABANAKI S A R, BAGTZOGLOU A C, LIU L. Applying disk-based discontinuous deformation analysis (DDA) to simulate Donghekou landslide triggered by the Wenchuan earthquake[J]. Geomechanics and Geoengineering: An International Journal, 2016, 11(3). 177-188.

[144] CHEN X, CUI Y. The formation of the Wulipo landslide and the

resulting debris flow in Dujiangyan city, China[J]. J Mt Sci., 2017, 14(6): 1100-1112.

[145] CHEN Z. Motion transformation of high-locality landslide[J]. Journal of Mountain Research, 1992, 10(4): 225-228.

[146] COSTA J E, SCHUSTER R L. The formation and failure of natural dams[J]. Geological Society of America Bulletin, 1988, 100(7): 1054-1068.

[147] COROMINAS J, MOYA J. Reconstructing recent landslide activity in relation to rainfall in the Llobregat River basin, Eastern Pyrenees, Spain[J]. Geomorphology, 1999, 30(1): 79-93.

[148] COICO P, CALCATERRA D, DE PIPPO T, et al. A preliminary perspective on landslide dams of Campania region, Italy[J]. Landslide Science and Practice, 2013: 83-90.

[149] CUI F, YIN Y, HU R. A variation trend analysis of key controlling factors on slope dynamic response due to seismic action[J]. Disaster Advances, 2012, 5(4): 51-57.

[150] CATANE S G, CABRIA H B, JR C P T, et al. Catastrophic rockslide-debris avalanche at St. Bernard, Southern Leyte, Philippines[J]. Landslides, 2007, 4(1): 85-90.

[151] CUI Y, DENG J, XU C. Volume estimation and stage division of the Mahu landslide in Sichuan province, China[J]. Natural Hazards, 2018, 93: 941-955.

[152] CHO S H, OGATA Y, KANEKO K. Strain rate dependency of the dynamic tensile strength of rock[J]. International Journal of Rock Mechanics and Minning Scienees, 2003(40): 763-777.

[153] CHO S H, KANEKO K. Influence of the applied pressure waveform on the dynamic fracture processes in rock[J]. International Journal of Rock Mechanics and Minning Scienees, 2004(41): 771-784.

[154] CRANDELL D R, MILLER C D. Catastrophic debris avalanche from ancestral Mount Shasta volcano[J]. California Geology, 1984(12): 143-146.

[155] CRUDEN D M, HUNGR O. The debris of the Frank Slide and theories of rockslide-avalanche mobility[J]. Canadian Journal of Earth Sciences, 1986, 23(3): 425-432.

[156] CUNDALL P A. A Computer Model for Simulating Progressive, Large Scale Movements in Block Rock Systems[J]. Proc. Int. Symp. on Rock Fracture, 1971, 1(ii-b): 8-11.

[157] CHEN G. Practical techniques for risk analysis of earthquake-induced landslide[J]. Chinese Journal of Rock Mechanics & Engineering, 2008, 27(12): 2395-2402.

[158] COURTILLOT V, JAUPART C, MANIGHETTI I, et al. On causal links between flood basalts and continental breakup[J]. Earth Planet. Sci. Lett. , 1999, 166(3-4): 177-195.

[159] CHUNG S L, JAHN B M. Plume-lithospher interaction in generation of the Emeishan flood basalts at the Permian-Trassic boundary[J]. Geology, 1995(23): 889-892.

[160] CHUNG S L, WANG K L, CRARWFORD A J, et al. High-Mg potassic rocks from Taiwan: implications for the genesis of orogenic potassic lavas[J]. Lithos, 2001, 9(4): 153-170.

[161] CHEN ZUYU, MENG XINGMIN, YIN YUEPING, et al. Landslide research in China[J]. Quarterly Journal of Engineering Geology & Hydrogeology, 2016, 49(4): 279-285.

[162] CAGNOLI B, ROMANO G P. Effect of grain size on mobility of dry granular flows of angular rock fragments: an experimental determination [J]. Journal of Volcanology and Geothermal Research, 2010, 193(1/2): 18-24.

[163] DAI F C, LEE C F, DENG J H, et al. The 1786 earthquake- triggered landslide dam and subsequent dam-break flood on the Dadu River, southwestern China[J]. Geomorphology, 2005, 65(3): 205-221.

[164] DAVIES T R. Spreading of rock avalanche debris by mechanical fluidization[J]. Rock Mechanics, 1982(15): 9-24.

[165] DAVIES T R, MCSAVENEY M J, HODGSON K A. A fragmentation-spreading model for long-runout rock avalanches[J]. Can. J. Geotech., 1999, 36: 1096-1110.

[166] DELINE P. Interactions between rock avalanches and glaciers in the mont blanc massif during the late holocene[J]. Quaternary Science Reviews, 2009, 28(11): 1070-1083.

[167] DONG Y P, ZHU B Q. Characteristics of the island-arc pillow lavas from southeast Yunnan Province, and its tectonic implications for Paleo-Tethys in South China[J]. Chinese Science Bulletin, 2000, 45: 753-758.

[168] DEL GAUDIO, WASOWSKI J. Advances and problems in understanding the seismic response of potentially unstable slopes[J]. Engineering Geology, 2011, 122(1): 73-83.

[169] DEL GAUDIO, WASOWSKI J. Directivity of slope dynamic response to seismic shaking[J]. Geophysical Research Letters, 2007, 34(12): 1-8.

[170] DUFRESNE A. Granular flow experiments on the interaction with stationary runout path materials and comparison to rock avalanche events[J]. Earth Surfure Process and Landforms, 2012, 37(14): 1527-1541.

[171] EVANS S G. Rock avalanche run-up record[J]. Nature, 1989(340): 371.

[172] EVANS S G, SCARASCIA M G, STROM A, et al. Landslides from

massive rock slope failure[M]. Berlin, Germany: Springer, 2006: 551-570.

[173] ERISSMANN T H. Mechanism of large landslide[J]. Rock Mechanics, 1979(12): 15-46.

[174] EISBACHER G H. Cliff collapse and rock avalanches (sturstroms) in the Mackenzie Mountains, northwestern Canada[J]. Canadian Geotechnical Journal, 1980(17): 149-151.

[175] ERISMANN T H, ABELE G. Dynamics of Rockslides and Rockfalls [J]. Engineering Geology, 2002, 66(3): 320-322.

[176] FAN X, G SCARINGI, XU Q, et al. Coseismic landslides triggered by the 8th August 2017 Ms 7. 0 Jiuzhaigou earthquake (Sichuan, China): factors controlling their spatial distribution and implications for the seismogenic blind fault identification[J]. Landslides, 2018, 15(5): 967-983.

[177] FAN X, XU Q, SCARINGI G, et al. Failure mechanism and kinematics of the deadly June 24th 2017 Xinmo landslide, Maoxian, Sichuan, China[J]. Landslides, 2017, 14(6): 2129-2146.

[178] FRANCIS P W, BAKER M C W. Mobility of pyroclastic flows[J]. Nature, 1977(270): 164-165.

[179] FAHNESTOCK R K. Little Tahoma Peak rockfalls and avalanches, Mount Rainier, Washington, U. S. A[J]. Developments in Geotechnical Engineering, 1978(14): 181-196.

[180] FRIEDMANN S J, TABERLE N, LOSERT W. Rock-avalanche dynamics: insights from granular physicsexperiments[J]. International Journal of Earth Sciences, 2006, 95(5): 911-919.

[181] FENG C, LI S, LIU X, et al. A semi-spring and semi-edge combined contact model in CDEM and its application to analysis of Jiweishan landslide[J]. Journal of Rock Mechanics & Geotechnical Engineering,

2014, 6(1): 26-35.

[182] FANG C, LI Y S. Numerical Simulation Analysis and Research of Huanglang Valley Ancient Landslide[J]. Fifth International Conference on Intelligent Systems Design and Engineering Applications, 2014: 645-649.

[183] FOURNEY W L. Mechanisms of rock fragmentation by blasting[J]. Comprehensive rock engineering, 1993(4): 39-69.

[184] FARIN M, MANGENEY A, ROCHE O. Fundamental changes of granular flow dynamics, deposition, and erosion processes at high slope angles: insights from laboratory experiments[J]. Journal of Geophysical Research: Earth Surface, 2014, 119(3): 504-532.

[180] GUO D, HAMADA M. Qualitative and quantitative analysis on landslide influential factors during Wenchuan earthquake: a case study in Wenchuan County[J]. Engineering Geology, 2013, 152(1): 202-209.

[185] HAS B, NOZAKI T. Role of geological structure in the occurrence of earthquake-induced landslides, the case of the mid-Niigata offshore earthquake, Japan[J]. Eng. Geol., 2014(182): 25-36.

[186] HUANG R, XU Q. Mechanism and geo-mechanics models of landslides triggered by 5·12 Wenchuan earthquake[J]. J. Mt. Sci., 2011(8): 200-210.

[187] HUNGR O, LEROUEIL S, PICARELLI L. The Varnes classification of landslide types, an update[J]. Landslides, 2014, 11(2): 167-194.

[188] HERMANNS R L, HEWITT K, STROM A, et al. The classification of rockslide dams[J]. Natural and Artificial Rockslide Dams, 2011(133): 581-593.

[189] HUANG R, PEI X, FAN X, et al. The characteristics and failure mechanism of the largest landslide triggered by the Wenchuan

earthquake, May 12, 2008, China[J]. Landslides, 2012, 9(1): 131-142.

[190] HSU K J. Catastrophic debris streams (sturzstrom) generated by rock falls[J]. Geological Society of America Bulletin, 1975, 86(1): 129-140.

[191] HEIM A. Landslides and human lives[M]. Translated by Skermer N. Vancouv: Bitech Publishers, 1989: 80-88.

[192] HOWARD K A. Avalanche Mode of Motion: Implications from Lunar Examples[J]. Science, 1973, 180(4090): 1052-1055.

[193] HUNGR O. A model for the runout analysis of rapid flow slides, debris flows, and avalanches[J]. Canadian Geotechnical Journal, 1995, 32(4): 610-623.

[194] HUNGR O, EVANS S G. Entrainment of debris in rock avalanches: an analysis of a long run-out mechanism[J]. Geological Society of America Bulletin, 2004, 116(9-10): 1240-1252.

[195] HUTTER K, KOCH T. Motion of a granular avalanche in an exponentially curved chute:experiments and theoretical predictions[J]. Philosophical Transactions of the Royal Society of London: Series A, 1991, 334(1633): 93-138.

[196] International Union of Geological Sciences Working Group on Landslide. A suggested method for describing the rate of movement of a landslide[J]. Bulletin of the International A sociation of Engineering Geology, 1995(52): 75-78.

[197] IMRE B, LAUE J, SPRINGMAN S M. Fractal fragmentation of rocks within sturzstroms: insight derived from physical experiments within the ETH geotechnical drum centrifuge[J]. Granular Matter, 2010, 12(3): 267-285.

[198] IVERSON R M, MATTHEW L, LAHUSEN R G, et al. The perfect debris flow? Aggregated results from 28 large-scale experiments[J].

Journal of Geophysical Research, 2010, 115(F3): 438-454.

[199] IVERSON R M, LOGAN M, DENLINGER R P. Granular avalanches across irregular three-dimensional terrain: 2 experimental tests[J]. Journal of Geophysical Research, 2004, 109(F01015): 1-16.

[200] JIANG Y J, ZHAO Y, TOWHATA I, et al. Influence of particle characteristics on impact event of dry granular flow[J]. Powder Technology, 2015(270): 53-67.

[201] KORUP O. Geomorphic hazard assessment of landslide dams in South Westland, New Zealand: fundamental problems and approaches[J]. Geomorphology, 2005, 66(1): 167-188.

[202] KEEFER D K. Landslides caused by earthquakes[J]. Geological Society of America Bulletin, 1984. 95(4): 406-421.

[203] KRAMER S L. Geotechnical Earthquake Engineering[M]. New Jersey: Prentice-Hall Inc., 1996.

[204] KUO C Y, TAI Y C, BOUCHUT F, et al. Simulation of Tsaoling landslide, Taiwan, based on Saint Venant equations over general topography[J]. Engineering Geology, 2008, 104(3): 181-189.

[205] KOBAYASHI Y. Effect of basal guided waves on landslides[J]. Pure & Applied Geophysics, 1994, 142(2): 329-346.

[206] KEN P E. The Transportmechanism in catastrophic rock falls[J]. Geology, 1966(74): 79-83.

[207] KORNER H J. Flow mechanisms and resistances in the debris streams of rock slides[J]. Bulletin of the international association of engineering geology, 1977(16): 101-104.

[208] KLEINBROD U, BURJANEK J, FAH D. Ambient vibration classification of unstable rock slopes: A systematic approach[J]. Engineering Geology, 2019(249): 198-217.

[209] LEGROS F. The mobility of long-runout landslides[J]. Eng Geol.,

2002, 63(3): 301-331.

[210] LEEDER M. Sedimentology and sedimentary basins: from turbulence to tectonics[M]. Malaysia: Vivar Printing Sdn Bhd, 2011: 171-197.

[211] LUCAS A, MANGENEY A. Mobility and topographic effects for large Valles Marineris landslides on Mars[J]. Geophysical Research Letters, 2007, 34(34): 265-278.

[212] LIN M L, WANG K L, HUANG J J. Debris flow run off simulation and verification case study of Chen-You-Lan Watershed, Taiwan[J]. Natural Hazards & Earth System Sciences, 2005, 5(3): 439-445.

[213] LUNA B Q, BLAHUT J, CAMERA C, et al. Physically based dynamic run-out modelling for quantitative debris flow risk assessment: A case study in Tresenda, northern Italy[J]. Environmental Earth Sciences, 2013, 72(3): 645-661.

[214] LO C M, LIN M L, TANG C L, et al. A kinematic model of the Hsiaolin landslide calibrated to the morphology of the landslide deposit[J]. Engineering Geology, 2011, 123(1): 22-39.

[215] LI Y, TANG W. Sliding Distance Prediction of Loess Landslide based on the Discrete Element Method[C]. Paris: Atlantis Press, 2015.

[216] LUO Y, DEL GAUDIO V, HUANG R, et al. Evidence of hillslope directional amplification from accelerometer recordings at Qiaozhuang (Sichuan-China)[J]. Engineering Geology, 2014(183): 193-207.

[217] LYSMER J, KNHLMEYER R L. Finite Dynamic model for infinite media[J]. Joumal of the Engineering Mechanics Division, ASCE, 1969(95): 377-392.

[218] MASSEY C, MCSAVENEY M, DAVIES T. Evolution of an overflow channel across the Young River landslide dam, New Zealand[J]. Landslide Science and Practice, 2013: 43-49.

[219] MASSEY C, PASQUA F D, HOLDEN C, et al. Rock slope response to

strong earthquake shaking[J]. Landslides, 2017, 14(1): 1-20.

[220] MANZELLA I, LABIOUSE V. Qualitative analysis of rock avalanches propagation by means of physical modelling of non-constrained gravel flows[J]. Rock Mechanics and Rock Engineering, 2008, 41(1): 133-151.

[221] MCDOUGALL S, HUNGR O. A model for the analysis of rapid landslide motion across three-dimensional terrain[J]. Canadian Geotechnical Journal, 2004, 41(6): 1084-1097.

[222] MELOSH H J. The physics of very large landslides[J]. Acta Mechanica, 1986, 64(1): 89-99.

[223] MORGAN W J. Plate motions and deep mantle convection[J]. Geol Soc Am Mem, 1972(132): 7-22.

[224] NEWMARK N M. Effects of earthquake on dams and embankments [J]. Geotechnique, 1965(15): 139-160.

[225] NICOLETTI P G, VALVO M S. Geomorphic controls of the shape and mobility of rock avalanches[J]. Geological Society of America Bulletin, 1991, 103(10): 1365-1373.

[226] NGECU W M, ICHANG'I D W. The environmental impact of landslides on the population living on the eastern footslopes of the Aberdare ranges in Kenya: a case study of Maringa Village landslide[J]. Environmental Geology, 1999, 38(3): 259-264.

[227] OUIMET W B, WHIPPLE K X, ROYDEN L H, et al. The influence of large landslides on river incision in a transient landscape: Eastern margin of the Tibetan Plateau (Sichuan, China)[J]. Geological Society of America Bulletin, 2007, 119(11): 1462-1476.

[228] OWEN L A, ULRICH KAMP, KHATTAK G A, et al. Landslides triggered by the 8 October 2005 Kashmir earthquake[J]. Geomorphology, 2008, 94(1): 1-9.

[229] OKADA Y, SASSA K, FUKUOKA H. Liquefaction and the Steady State of Weathered Granitic Sands Obtained by Undrained Ring Shear Tests: A Fundamental Study of the Mechanism of Liquidized Landslides[J]. Journal of Natural Disaster Science, 2000, 22(2): 75-85.

[230] O'BRIEN J S, JULIEN P Y, FULLERTON W T. Two-Dimensional Water Flood and Mudflow Simulation[J]. Journal of Hydraulic Engineering, 1993, 119(2): 244-261.

[231] PUDASAINI S P, HSIAU S S, WANG Y Q, et al. Velocity measurements in dry granular avalanches using particle image velocimetry technique and comparison with theoretical predictions[J]. Physics of Fluids, 2005, 17(9): 1-10.

[232] ROMEO R. Seismically induced landslide displacements: a predictive model[J]. Engineering Geology, 2000,58(3): 337-351.

[233] SASSA K, FUKUOKA H, WANG G, et al. Undrained dynamic-loading ring-shear apparatus and its application to landslide dynamics[J]. Landslides, 2004, 1(1): 7-19.

[234] SCHEIDEGGER A E. On the prediction of the reach and velocity of catastrophic landslides[J]. Rock Mechanics, 1973(5): 231-236.

[235] SHREVE R L. Sherman landslide, Alaska[J]. Science, 1966(154): 1639-1643.

[236] SHREVE R L. The Blackhawk landslide[J]. Geol. Soc. America Spec., 1968(108): 47.

[237] SHREVE R L. Leakage and fluidization in air-layer lubricated avalanches[J]. Geol. Soc. America Bull., 1968(79): 653-658.

[238] STROM A. Morphology and internal structure of rockslides and rock avalanches grounds and constraints for their modeling[J]. Landslides, 2006(49): 305-326.

[239] STROM A. Evidence of momentum transfer during large-scale

rockslides' motion[C] //WILLIAMSA L, PINCHESGM, CHINCY, et al. Geologically Active Presented at the 11th Congress of the IAEG. London: CRC Press, 2010: 73-86.

[240] SKEMPTON A W. Bedding-plane slip residual strength and vaiont landslide[J]. Geotechnique, 1966, 16(1): 82.

[241] SEPULVEDA S A, WILLIAM M, RANDALL W J, et al. Seismically induced rock slope failures resulting from topographic amplification of strong ground motions: the case of Pacoima Canyon, California[J]. Eng. Geol. , 2005(80): 336-348.

[242] SCHEIDL C, MCARDELL B W, RICKENMANN R. Debris-flow velocities and superelevation in a curved laboratory channel[J]. Canadian Geotechnical Journal, 2015, 52(3): 305-317.

[243] TANG H, LIU X, HU X, et al. Evaluation of landslide mechanisms characterized by highspeed mass ejection and long-run-out based on events following the Wenchuan earthquake[J]. Eng Geol. , 2015(194): 12-24.

[244] TRALLI D M, BLOM R G, ZLOTNICKI V, et al. Satellite remote sensing of earthquake, volcano, flood, landslide and coastal inundation hazards[J]. ISPRS Journal of Photogrammetry and Remote Sensing, 2005, 59(4): 185-198.

[245] TOMMASI P, CAMPEDEL P, CONSORTI C, et al. A Discontinuous Approach to the Numerical Modelling of Rock Avalanches[J]. Rock Mechanics & Rock Engineering, 2008, 41(1): 37-58.

[246] VALENTINO R, BARLA G, MONTRASIO L. Experimental analysis and micromechanical modelling of dry granular flow and impacts in laboratory flume tests[J]. Rock Mech Rock Eng, 2008, 41(1): 153-177.

[247] WANG Y, ZHAO B, LI J. Mechanism of the catastrophic June 2017

landslide at Xinmo Village, Songping River, Sichuan Province, China[J]. Landslides, 2018(15): 333-345.

[248] WIECZOREK G F, SNYDER J B, WAITT R B, et al. Unusual July 10, 1996, rock fall at Happy Isles, Yosemite National Park, Califomia[J]. Geological Society of America Bulletin, 2000, 112(1): 75-85.

[249] WIGNALL P B. Large igneous provinees and mass extinctions[J]. Earth Science Reviews, 2001(53): 1-33.

[250] XU Q, FAN X, HUANG R, et al. A catastrophic rockslide-debris flow in Wulong, Chongqing, China in 2009: background, characterization, and causes[J]. Landslides, 2010, 7(1): 75-87.

[251] XU Q, ZHANG S, LI W L. Spatial distribution of large-scale landslides induced by the 5·12 Wenchuan earthquake[J]. Journal of Mountain Science, 2011, 8(2): 246-260.

[252] XIAO L, XU Y G, MEI H J, et al. Distinct mantle sources of low-Ti and high-Ti basalts from the western Emeishan large igneous province, SW China: implications for plume-lithosphere interaction[J]. Earth and Planetary Science Letters, 2004(228): 525-546.

[253] YIN Y, CHENG Y, LIANG J, et al. Heavy-rainfall-induced catastrophic rockslidedebris flow at Sanxicun, Dujiangyan, after the Wenchuan Ms 8.0 earthquake[J]. Landslides, 2016, 13(1): 9-23.

[254] YANG Q Q, CAI F, UGAI K, et al. Some factors affecting the frontal velocity of rapid dry granular flows in a large flume[J]. Engineering Geology, 2011, 122(3/4): 249-260.

[255] YARNOLD J C. Rock-avalanche characteristics in dry climates and the effect of flow into lakes: Insights from mid-Tertiary sedi mentary breccias near Artillery Peak, Arizona[J]. Geological Society of America Bulletin, 1993(105): 345-360.

[256] YOICHI O, HIKARU K, TOSHIAKI S. The effects of rockfall volume

on runout distance[J]. Engineering Geology, 2000(58): 109-124.

[257] ZHAO BO, WANG Y, LUO Y, et al. Landslides and dam damage resulting from the Jiuzhaigou earthquake (8 August 2017), Sichuan, China[J]. Royal Society Open Science, 2018, 5(3): 1-17.

[258] ZHANG F, WANG G, KAMAI T, et al. Effect of pore-water chemistry on undrained shear behaviour of saturated loess[J]. Quarterly Journal of Engineering Geology & Hydrogeology, 2014(47): 201-210.

[259] ZHAO D W, NEZAMI E G, HASHASH Y M A, et al. Three-dimensional discrete element simulation for granular materials[C]. Engineering Computations, 2006, 23(7): 749-770.

[260] ZHOU J W, CUI P, YANG X G. Dynamic process analysis for the initiation and movement of the Donghekou landslide-debris flow triggered by the Wenchuan earthquake[J]. Journal of Asian Earth Sciences, 2013, 76(20): 70-84.

[261] ZHOU L H, WANG J, GOU S Y, et al. Development of utilization of vanadic titanomagnetite[J]. Applied Mechanics and Materials, 2012: 949-953.

[262] ZHANG Y S, CHENG Y L, YIN Y P, et al. High-position debris flow: a long-term active geohazard after the wenchuan earthquake[J]. Engineering Geology, 2014(180): 45-54.

[263] ZHOU J W, CUI P, HAO M H. Comprehensive analyses of the initiation and entrainment processes of the 2000 Yigong catastrophic landslide in Tibet, China[J]. Landslides, 2014, 13(1): 39-54.